"十三五"普通高等教育本科部委级规划教材

波谱分析基础及应用

马明明　安凤秋　编写

中国纺织出版社

内 容 提 要

本书系统地介绍了波谱有机化学的基础理论和分析技术。全书包括紫外光谱、红外光谱、核磁共振谱、质谱和综合解析五部分内容，增加色谱质谱联用技术及四谱现代常用仪器技术介绍，并配有相关视频和微课作品。

本书可供高等院校应用化学、化学化工、轻化工程、生物化工、材料工程、高分子材料等相关专业师生和科技工作者参考。

图书在版编目（CIP）数据

波谱分析基础及应用/马明明，安凤秋编写. --北京：中国纺织出版社，2018.9（2022.7 重印）

"十三五"普通高等教育本科部委级规划教材

ISBN 978-7-5180-4842-7

Ⅰ. ①波… Ⅱ. ①马… ②安… Ⅲ. ①波谱分析—高等学校—教材 Ⅳ. ①O657.61

中国版本图书馆 CIP 数据核字（2018）第 056705 号

策划编辑：范雨昕 孔会云 责任编辑：范雨昕
责任校对：寇晨晨 责任印制：何 建

中国纺织出版社出版发行
地址：北京市朝阳区百子湾东里 A407 号楼 邮政编码：100124
销售电话：010—67004422 传真：010—87155801
http://www.c-textilep.com
E-mail：faxing@ c-textilep.com
中国纺织出版社天猫旗舰店
官方微博 http://weibo.com/2119887771
北京虎彩文化传播有限公司印刷 各地新华书店经销
2018 年 9 月第 1 版 2022 年 7 月第 2 次印刷
开本：787×1092 1/16 印张：15
字数：325 千字 定价：68.00 元

前　言

　　紫外光谱、红外光谱、核磁共振谱及质谱统称为波谱分析技术，在表征有机合成、物质之间相互作用等领域显示了非凡的实用性。随着科技的高速发展和知识的日新月异，新型原理和技术已渗透到波谱分析技术的各个方面；此外，在当今"互联网+"的时代，信息化技术与传统教育的深度融合已经成为一种发展趋势，传统的教材—课堂教学模式根本无法满足学习者的多元化需求。为了使原教材的主题内容更具时代感，杨定国授权本人对1993年版的《波谱分析基础及应用》进行修订再版。在1993年版《波谱分析基础及应用》的基础上，编者对部分内容、习题进行了修订补充，删去了已过时的仪器介绍，将新型的四谱仪器操作部分录制为视频资料，并将其以二维码的形式附在书中相关章节，便于初学者学习和实际操作。书后附有习题集和习题解答，便于教学参考。

　　全书由马明明负责主编和策划。西安工程大学的安凤秋参加了第四章质谱法的编写及质谱仪器操作的视频录制工作；李庆参加了紫外光谱、红外光谱仪器操作的视频录制。陕西师范大学的郭新爱参加了核磁共振谱仪器操作视频的录制。

　　在仪器操作视频录制过程中，西安工程大学的朱文庆、同帜给予了很大帮助；在本书的出版过程中，得到西安工程大学退休教授杨定国的大力支持和帮助；西安工程大学的梁娟丽、楚楚等为本书的出版做了大量的辅助工作；在此一并表示感谢。

　　由于时间和编者水平所限，书中难免存在疏漏和不足之处，欢迎广大读者关注、使用本书，并提出宝贵意见。

马明明

2018 年 2 月于西安

目　　录

第一章 紫外光谱

第一节 概述

众所周知，原子中的电子都处在一定的原子轨道中，各能级之间电子的跃迁会产生原子光谱。同样分子中的电子也处在一定能级的分子轨道中，这些能级之间的跃迁也会放出或吸收辐射。分子中的电子发生跃迁时所吸收的辐射能量范围（$\Delta E = E_2 - E_1 = h\nu$）在可见光区域或紫外光区域内，即紫外—可见吸收光谱来源于分子中价电子的跃迁。根据价电子跃迁能级的不同，紫外—可见吸收光谱分为三个区域：100~200nm 为远紫外区，因为空气中的 O_2、N_2 和 CO_2 等物质在该区有吸收，待测样品必须置于真空装置中，所以，又称真空紫外区；200~400nm 为近紫外区，大部分有机物在这一区域是"透明"的，即无吸收，只有那些含有共轭体系或不饱和杂原子基团的有机物会产生吸收；400~800nm 为可见区。本章仅讨论近紫外区，即通常所谓的紫外光谱，简称 UV，主要可以提供分子的芳香结构和共轭体系信息，电磁辐射与光谱的光系见表 1-1 和图 1-1。

表 1-1 电磁辐射与光谱

电磁辐射	光谱类型	波长	跃迁能（J/mol）	跃迁种类
远紫外线	真空紫外光谱	100~200nm	280~143	σ 电子跃迁
近紫外线	近紫外光谱	200~400nm	143~72	n 及 π 电子跃迁
可见光线	可见光谱	400~800nm	72~36	n 及 π 电子跃迁
近红外线	近红外光谱	0.75~2.5μm	36~11	振动组频
中红外线	红外光谱	2.5~25μm	11~0.2	振动能级跃迁
远红外线	远红外光谱	25~1000μm	$(0.2~2.86)\times10^{-2}$	纯转动及晶格振动
微波	顺磁共振谱	cm	10^{-3}	电子自旋跃迁
无线电波	核磁共振谱	m	10^{-5}	核自旋跃迁

一、紫外光谱基本原理

1. 紫外吸收的产生

光是电磁波，其能量（E）高低可以用波长（λ）或频率（ν）来表示：

$$E = h\nu = h \times \frac{c}{\lambda}$$

式中：c——光速（3×10^8 m/s）；

h——普朗克常数（$h = 6.62\times10^{-34}$ J·s）。

频率与波长的关系为：

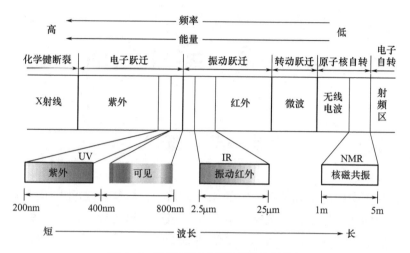

图 1-1 光波谱区及能量跃迁相关图

$$\nu = \frac{c}{\lambda}$$

光子的能量与波长成反比，与频率成正比，即波长越长，能量越低；频率越高，能量越高。

2. 朗伯—比尔定律

朗伯—比尔定律是吸收光谱的基本定律，也是吸收光谱定量分析的理论基础。定律指出：被吸收的入射光的分数正比于光程中吸光物质的分子数目；对于溶液，如果溶剂不吸收，则被溶液所吸收的光的分数正比于溶液的浓度和光在溶液中经过的距离。朗伯—比尔定律可用下式表示：

$$A = \lg \frac{I_0}{I_1} = \lg \frac{1}{T} = \varepsilon c l$$

式中：A——吸光度，即单色光通过试液时被吸收的程度，为入射光强度 I_0 与透过光强度 I_1 的比值的对数；

T——透光率，也称透射率，为透过光强度 I_1 与入射光强度 I_0 之比值；

l——光在溶液中经过的距离，一般为吸收池厚度；

ε——摩尔吸光系数，它是浓度为 1mol/L 的溶液在 1cm 的吸收池中，在一定波长下测得的吸光度。ε 表示物质对光能的吸收程度，是各种物质在一定波长下的特征常数，因而是鉴定化合物的重要数据，其变化范围从几到 10^5。从量子力学的观点来看，若跃迁是"禁阻的"，则 ε 值小于几十。在一般文献资料中，紫外吸收中最大吸收波长位置及摩尔吸光系数表示为：

$$\lambda_{\max}^{\text{EtOH}} 204\text{nm} \quad (\varepsilon 1120)$$

此式表示样品在乙醇溶剂中，最大吸收波长为 204nm，摩尔吸光系数为 1120。

吸光度具有加和性，即在某一波长 λ，当溶液中含有多种吸光物质时，该溶液的吸光度等于溶液中每一成分的吸光度之和，这一性质是紫外光谱进行多组分测定的依据。

理论上，朗伯—比尔定律只适用于单色光，而实际应用的入射光往往有一定的波长宽度，因此要求入射光的波长范围越窄越好。朗伯—比尔定律表明，在一定的测定条件下，吸光度与溶液的浓度成正比，但通常样品只在一定的低浓度范围才呈线性关系，因此，定量测定时必须注意浓度范围、放置时间、pH 等因素也会对样品的光谱产生影响，必须引起注意。

3. 溶剂选择

测定化合物的紫外吸收光谱时，一般均应配成溶液，故选择合适的溶剂很重要。选择溶剂的原则如下。

（1）样品应在溶剂中溶解良好，能达到必要的浓度（此浓度与样品的摩尔吸光系数有关），以得到吸光度适中的吸收曲线。

（2）溶剂应不影响样品的吸收光谱，因此在测定范围内溶剂应是紫外透明的，即溶剂本身没有吸收，透明范围的最短波长称为透明界限，测试时应根据溶剂的透明界限选择合适的溶液。

（3）为降低溶剂与溶质分子间的作用力，减少溶剂吸收光谱的影响，应尽量采用低极性溶剂。

（4）尽量与文献中所用溶剂一致。

（5）溶剂应挥发性小、不易燃、无毒性、价格便宜。

（6）所选用的溶剂应不与待测组分发生化学反应。

二、电子能级与跃迁类型

1. 电子能级

由分子轨道理论可知，有机化合物分子中的价电子有 σ 电子、π 电子和未键合电子（n 电子），它们所处的能级各不相同，换句话说，三种类型价电子具有不同的能量。图 1-2 所示为电子能级示意图。

例如，甲醛分子中就存在着上述三种类型电子。

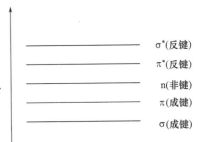

图 1-2　电子能级示意图

2. 电子跃迁类型

当有机化合物吸收紫外光后，一般会产生以下几种电子跃迁。

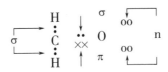

（1）σ→σ* 跃迁。σ→σ* 跃迁需要较高能量，一般情况下总是不能在近紫外区域观测到，因此，仅由单键构成的有机化合物，例如饱和烷烃，在近紫外区域中没有吸收，其中环丙烷的 λ_{max} 值较大，仍然无吸收（190nm）。

（2）n→σ* 跃迁。具有未共用电子对（非成键电子）原子的饱和有机化合物都会发生 n→π* 跃迁，其跃迁能通常要比 σ→σ* 跃迁类型小，但大多数吸收峰都落在远紫外区。

（3）n→π* 跃迁。n→π* 跃迁是未共用电子对的电子（n 电子）转入不稳定 π*（反键）轨道上的跃迁，例如，羰基（ $\diagdown$C=O ）氧上未共用电子跃迁到 π* 轨道上就属于这类跃迁。

$$\begin{matrix} \diagdown \\ C = \ddot{O} \end{matrix} \xrightarrow{n \to \pi^*} \begin{matrix} \diagdown \\ C \dot{=} \dot{O} \end{matrix}$$

n→π*跃迁所需要的能量较小，分子中需有不饱和官能团存在，以提供 π 轨道，200～700nm 波长的光子可以引起 n→π* 跃迁。

（4）π→π*跃迁。π→π*跃迁的能量比 n→π*大，但小于 n→π* 跃迁能，这种跃迁是从电子成键 π 轨道转入不稳定的跃迁 π* 轨道。例如， $\begin{matrix} \diagdown \\ C \dot{\cdots} O \end{matrix} \xrightarrow{n \to \pi^*} \begin{matrix} \diagdown \\ C = \ddot{O} \end{matrix}$。 π→π*跃迁必须有不饱和官能团存在，以提供 π 轨道。

这里应该指出的是，对于 n→π* 跃迁来说，要把离域 π 轨道的非键分子轨道和电子定域在杂原子上的非键原子轨道加以区别。例如，苯胺分子中氮的孤对电子是处于 p 态的原子轨道中，并且与苯环发生共轭效应，因此，孤对电子在整个分子中是离域的。吡啶中氮的孤对电子处于 sp^2 杂化原子轨道中，这个轨道所处的平面和吡啶的 π 系统的 p 轨道相互垂直，因而，轨道间重叠程度小，孤对电子和吡啶环的 π 轨道并没有相互作用，苯胺只显示 π→π* 跃迁，而吡啶除有 π→π* 跃迁外，又有一个 n→π* 跃迁。

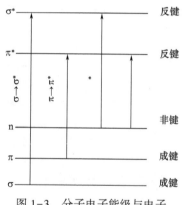

图 1-3　分子电子能级与电子
跃迁示意图

上述四种类型的电子跃迁能量大小顺序为：$E_{\sigma \to \sigma^*} > E_{n \to \sigma^*} > E_{\pi \to \pi^*} > E_{n \to \pi^*}$。图 1-3 是各类电子的跃迁示意图。

电子从成键轨道跃迁到反键轨道需要一定的能量，这种能级的跃迁是量子化的（$h\nu = E_2 - E_1 = \Delta E$），即符合一定选律时才能在瞬间跃迁到反键轨道上。既然电子跃迁能级为量子化的，那么，其吸收谱线似乎应呈线状光谱，但实际上并非线状光谱。电子能级产生跃迁时，总是伴随着各种可能的振动和转动能级的跃迁，这样就在特定的光谱范围内出现许多吸收线或小吸收带，结果使吸收图谱呈带状。

3. 电子跃迁选律

原子和分子与电磁波相互作用，从一个能量状态跃迁到另一个能量状态要服从一定的规律，这些规律称为光谱选律。

（1）允许跃迁。如果两个能级之间的跃迁根据选律是可能的，称为允许跃迁，其跃迁概率大，吸收强度大。如 σ→σ*、π→π*、n→π*、n→σ* 是允许跃迁。

（2）禁阻跃迁。如果两个能级之间的跃迁根据选律是不可能的，称为禁阻跃迁，其跃迁概率小，吸收强度很弱，甚至观察不到吸收信号。如 σ→π*、π→σ* 是禁阻跃迁。

（3）自旋定律。电子自旋量子数发生变化的跃迁是禁止的，即分子中的电子在跃迁过程中自旋方向不能发生改变。

（4）对称性选律。在光谱学中，$\psi_i \to \psi_j$ 电子跃迁的强度依赖于电荷跃迁偶极矩矢量 μ，相应的矩阵元 μ_{ij} 为：

$$I \propto \int \psi_i \mu \psi_j d\tau$$

如果 ψ_i，μ，ψ_j 对应的不可约表示的直积包括全对称的不可约表示，则矩阵元 μ_{ij} 不为 0，这就是光谱选律。所以并不是电子在任意两个能级之间都可以发生跃迁，电子跃迁必须满足一定的条件。

三、测定与表示方法

有机化合物的紫外光谱测定常用到的一些重要的光谱术语和符号见表 1-2。

表 1-2　重要术语和符号

术语	符号	定义
透射率，又称透射比	T	$T=\dfrac{I}{I_0}$（I 为透射单光强度，I_0 为入射单光强度） $T_1 = T \times 100\%$（T_1 为透射百分率，在红外光谱中常用）
吸光度，又称光密度、消光值、吸收值	A 或 D 或 E	$A = \lg I_0/I = \lg \dfrac{1}{T}$
摩尔消光系数（Molar Extinction Coefficient），又称摩尔吸收度	ε	$\varepsilon = \dfrac{A}{cl}$（$c$ 为摩尔浓度，mol/L；l 为吸收池长度，cm） 当图中各峰的 ε（相差很大的常用 $\lg\varepsilon$）
百分消光系数（Extinction Coefficient），又称消光系数、比消光系数	$E_{1cm}^{1\%}$	$E_{1cm}^{1\%} = \dfrac{A}{CL}$（$C$ 为百分浓度，g/100mL，常用在样品的相对分子质量还不清楚时；L 为光程，指光在溶液中经过的实际距离常用 cm 表示）

紫外吸收光谱一般采用样品溶液测定，样品量为 0.1~100mg；对于微量分析，样品量可取 0.001mg。气体样品可以直接测定，以溶液测量紫外光谱时，所选溶液除了具有不与样品发生反应和有良好的溶解性能外，在所测定波长范围内应该是透明的。表 1-3 列出了一些常用溶剂的透明范围。

表 1-3　常用溶剂的透明范围

溶剂	透明范围（nm）	溶剂	透明范围（nm）
己醇（95%）	210 以上	乙醚	210 以上
水	210 以上	异辛烷	210 以上
正己烷	210 以上	二氯甲烷	235 以上
环己烷	210 以上	1,2-二氯乙烷	235 以上
二氧环己烷	230 以上	甲酸甲酯	260 以上
氯仿	245 以上	四氯化碳	265 以上
苯	280 以上	N,N-二甲基甲酰胺	270 以上
正丁醇	210 以上	丙酮	330 以上
异丙醇	210 以上	吡啶	305 以上
甲醇	210 以上		

紫外光谱可以用几种方法表示，常用频率、波长或波数（波长的倒数）作横坐标，用摩尔消光系数 ε、透光率 T 或 $\lg\varepsilon$ 等作纵坐标来表示。纵坐标选用摩尔消光系数 ε 时，能够比较清楚地表示各个吸收峰的相对强度，但有时会使弱吸收带消失。若选用 $\lg\varepsilon$ 作纵坐标，可使弱带加强。当样品的分子结构不清楚时，常选用透光率 T、吸收度 A 或 $\lg A$ 作纵坐标。应该指出的是，选用透光率 T 作纵坐标，光谱图中的吸收峰是朝下的，即以"谷"的形式出现。可见同一物质用不同的表示方法，所得吸收曲线也不相同，图 1-4 所示为同一物质紫外光谱的

不同表现形式。

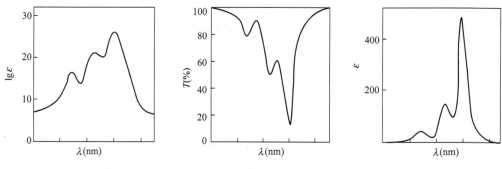

图 1-4　同一物质纵坐标不同紫外光谱的不同表现形式

四、有关光谱术语

1. 发色团

发色团又称生色基团。光谱学中，某一基团或结构能导致在某一光谱范围内出现吸收带，便称为这一段波长范围的发色团。发色团一般都是能够引起电子跃迁的不饱和基团，例如，$C＝C$、$C＝O$、$C＝N$、$N＝N$、NO_2 等都被称为发色团。但在紫外光谱中，由于 σ 键以及非共轭系统中的 π 键在真空紫外区才会有吸收，而在近紫外区是透明的，所以，这些结构不是近紫外的发色团，常见发色团的特征吸收见表 1-4。

表 1-4　常见发色团的特征吸收

发色团	例子	溶剂	λ_{max}（nm）	ε_{max}	跃迁类型
链烯	$C_5H_{13}CH＝CH_2$	正庚烷	177	13000	$\pi \to \pi^*$
炔	$C_5H_{11}C≡C—CH_3$	正庚烷	178	10000	$\pi \to \pi^*$
			196	2000	—
			225	160	—
羰基	$\overset{O}{\underset{}{\overset{\|\|}{CH_3CCH_3}}}$	正己烷	186	1000	$n \to \sigma^*$
			280	16	$\pi \to \pi^*$
醛基	$\overset{O}{\underset{}{\overset{\|\|}{CH_3CH}}}$	正己烷	180	—	$n \to \sigma^*$
			293	约 12	$n \to \pi^*$
羧基	$\overset{O}{\underset{}{\overset{\|\|}{CH_3COH}}}$	乙醇	204	41	$n \to \pi^*$
酰氨基	$\overset{O}{\underset{}{\overset{\|\|}{CH_3CNH_2}}}$	水	214	60	$n \to \pi^*$
偶氮基	$CH_3N＝NCH_3$	乙醇	339	5	$n \to \pi^*$
硝基	CH_3NO_2	异辛烷	280	22	$n \to \pi^*$
亚硝基	C_4H_9NO	乙醚	300	100	—
			665	20	$n \to \pi^*$
硝酸酯	$C_2H_5ONO_2$	二氧杂环己烷	270	12	$n \to \pi^*$

2. 助色团

凡含有不成键电子对的基团与共轭重键连接，能使共轭系统吸收波长移向长波一端的基团称为助色团。助色团在紫外区无吸收。常见的助色团有—OH、—NH_2、—SO_3H、—COOH和卤素等。

3. 向红效应

由于分子结构的变化（Z/E 等），共轭系统的延长以及助色团的引入等因素，使吸收向长波区发生移动的现象称为向红效应。

4. 向紫效应

由于溶液 pH 的变化或取代基等因素引起最大吸收向短波方向移动，称为向紫效应。

5. 增色效应与减色效应

简单来讲，凡是能够提高 ε 值的称为增色效应，降低 ε 值者称为减色效应。一般，共轭体系的增长，含有吸电子或给电子基团，分子内过剩正负电荷的存在以及能够增加 π 电子流动性的因素都会产生增色效应。相反，阻碍分子空间共面性及能减少其电子流动性等因素均能产生减色效应。

6. 强带

在紫外光谱中，凡摩尔消光系数大于 10^4 的吸收带称为强带。产生这种吸收带的电子跃迁往往是允许的。

7. 弱带

凡摩尔消光系数小于 1000 的吸收带称为弱带。产生这种吸收带的电子跃迁往往是禁阻的。

各种效应示意如图 1-5 所示。

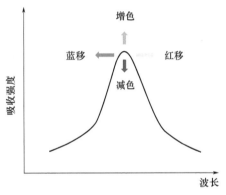

图 1-5 各种效应示意图

五、吸收带类型

1. R 吸收带

R 吸收带是由 n→π^* 电子跃迁产生的。相当于分子中一端的单个生色基，如 C=O、NO_2、N=N 和 NO 等的跃迁，R 吸收带为"禁忌谱带"，跃迁概率小，系弱吸收带，ε_{max} < 100，并且随着溶剂极性的增加发生紫移现象。

2. K 吸收带

由 π→π^* 电子跃迁产生 K 吸收带。脂肪族 π→π 共轭结构和芳核上有发色取代时，都会出现 K 吸收带。K 吸收带为强吸收带，ε_{max} < 10000。例如：⬡—CH=CH_2 、⬡—CHO 等取代共轭芳香化合物，共轭二烯（—C=C—C=C—），多烯共轭类（—C=C—）$_n$ 以及烯酮类化合物$\left(\begin{matrix}&&O\\&&\parallel\\—C=&C—&C—\end{matrix}\right)$都存在着 K 吸收带。

应指出共轭烯类的 K 吸收带与溶剂的极性无关，而烯酮类的 K 吸收带则随着溶剂极性的增大发生红移，同时吸收强度增加。

3. B 吸收带

B 吸收带即苯环型谱带，是苯环上 π→π^* 电子跃迁与苯环振动能级跃迁重叠而产生的，是芳香环或杂芳香环的特征吸收带，其强度介于 K 带与 R 带之间，ε_{max} 为 200~3000，苯的 B 谱带在 230~270nm 出现多重微细结构。

4. E 吸收带

芳香族化合物的 K 谱带在有些文献上叫作 E 吸收带，是芳香化合物的特征吸收之一。E 吸收带来源于苯环闭合共轭体系中三个双键的电子跃迁（$\pi \to \pi^*$ 跃迁）。ε_{max} 为 2000~14000，苯在 180nm 和 200nm 附近出现两个吸收带，分别称为苯 E_1 谱带和 E_2 谱带。E_1 谱带系苯环内乙烯键的 π 电子激发而产生，E_2 谱带是苯环共轭二烯 π 电子跃迁的结果。苯的 E_1、E_2 和 B 谱带如图 1-6 所示。

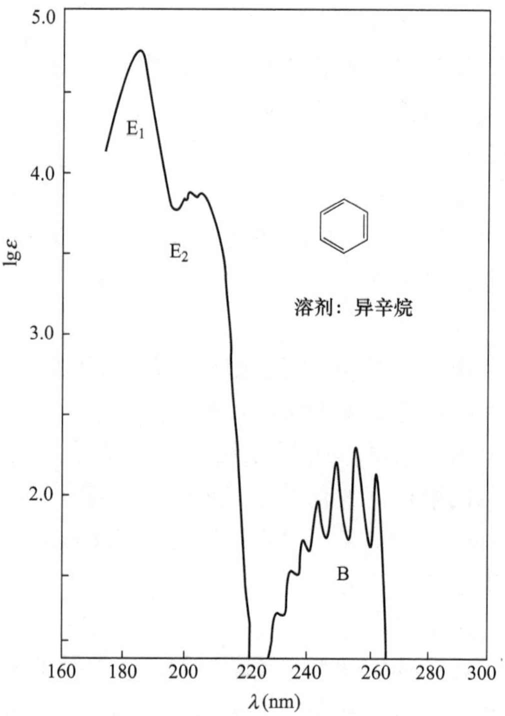

六、影响紫外光谱的因素

1. 助色团的作用

当—NH_2、—OH、—SO_3H 和卤素等助色团与 π 电子体系相连时，除产生 $n \to \pi^*$ 新的吸收带外，还使 $\pi \to \pi^*$ 电子跃迁的 λ_{max} 发生红移。

图 1-6　苯的紫外光谱图

2. 结构的变化

对于共轭体系，当共轭单元增加，λ_{max} 值增大，ε_{max} 亦增大。例如，[结构式] 的 λ_{max}（B 谱带）随着共轭单元的增加，λ_{max} 值明显增大。

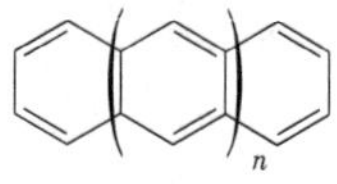

对于 2,2-二甲基苯 [结构式]，由于甲基的位阻效应，两个苯环不在一个平面上，因而影响了共轭效应，所以，其光谱与苯相似。λ_{max}（E_2）= 220nm，λ_{max}（B）= 270nm。又如隐色孔雀绿 $(H_3C)_2N$—[结构式]—$N(CH_3)_2$ 为无色，原因是中心碳原子为 sp^3 杂化，正四面体结构，三个苯环无共轭作用发生。碱性孔雀绿 $(H_3C)_2N$—[结构式]—$N^+(CH_3)_2Cl^-$，中心碳原子 sp^2 杂化，三个苯环共平面，具有

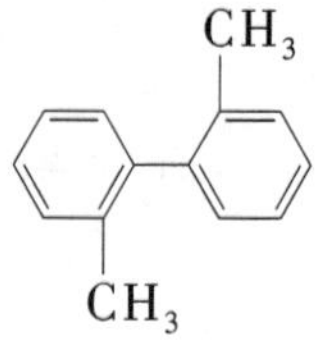

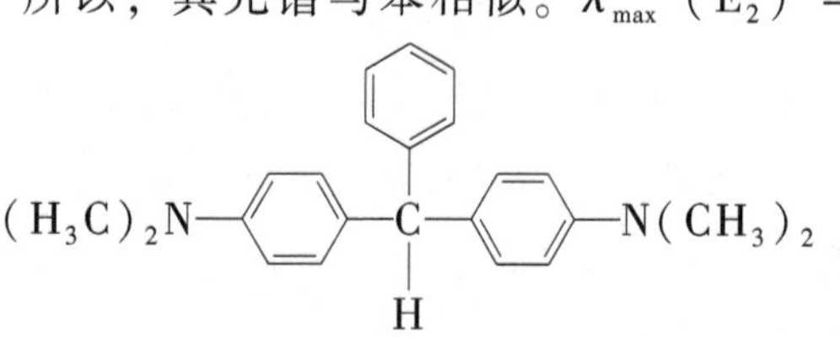

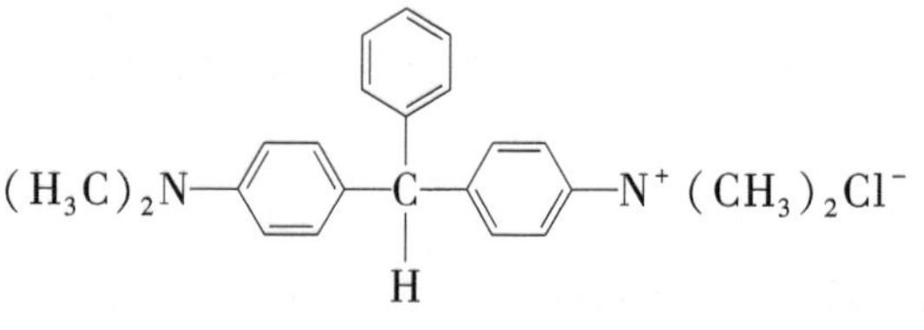

醌型结构，产生红移，$\lambda_{max} \approx 617$，所以呈现颜色。

3. 溶剂的极性

对于 $n \rightarrow \pi^*$ 跃迁，其吸收峰随溶剂极性的增大而产生蓝移现象。产生这一现象的原因是由于 n 轨道中未成对的电子溶剂化（类似于同溶剂中的质子形成氢键）从而降低了 n 轨道的能级。以异丙烯丙酮 $CH_3 \overset{O}{\overset{\|}{-}} C \overset{}{-} CH \overset{}{=} C(CH_3)_2$ 为例，$n \rightarrow \pi^*$ 跃迁中（C=O），基态比激发态极性大，因基态能够与极性溶剂之间产生较强的氢键，基于基态易被极性溶剂稳定化，结果使跃迁的能量增大，产生蓝移现象。

对于 $\pi \rightarrow \pi^*$ 跃迁中，双键的激发态比基态的极性大，即激发态容易被极性溶剂稳定化，使跃迁能降低，从而产生红移现象，异丙烯丙酮的溶剂效应如图 1-7 所示。

4. 介质的酸碱性

有机物的紫外光谱与介质的酸碱性有关。

例如 ⬡—NH₂，分子中含有可和苯环的

—Ṅ—，除了 E 谱带和 B 谱带外，还可产生

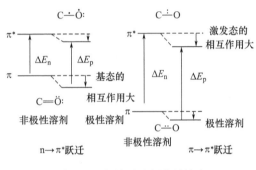

图 1-7　电子跃迁与溶剂效应

$n \rightarrow \pi^*$ 跃迁，相应出现 R 谱带。若在酸性介质中，氮原子上的孤对电子进入分子轨道，n 电子消失，R 谱带也就不存在。

$$\underset{NH_2}{⬡} + H_3OCl \rightleftharpoons \underset{N^+H_3Cl^-}{⬡} + H_2O$$

对于酚类化合物，例如，苯酚在碱性介质中，由于形成了负氧离子，增强了与苯环的共轭作用，结果 λ_{max} 增大。

除此以外，温度和仪器的分辨率对紫外光谱也会产生影响。

第二节　有机化合物紫外光谱各论

一、饱和有机化合物

1. 仅含有 σ 电子的有机化合物

这类有机化合物为饱和烷烃，仅产生 $\sigma \rightarrow \sigma^*$ 跃迁，所需跃迁能较高，所以，只能在远紫外区有吸收，在近紫外区是透明的。例如 CH_4 的 λ_{max} 为 125nm，CH_3CH_3 的 λ_{max} 为 135nm。

2. 含有 n 电子的饱和化合物

对于含有 O、N、S 和卤素等原子的饱和化合物，除了 σ 电子以外，还有非键电子存在，由于 $n \rightarrow \sigma^*$ 跃迁能比 $\sigma \rightarrow \sigma^*$ 跃迁能小，所以，吸收向长波方向移动，但这类化合物中的大部分在近紫外区仍然没有吸收，表 1-5 列出了一些含有杂原子的饱和化合物的特征吸收数据。

表 1-5 含有杂原子的饱和化合物的特征吸收数据（n→σ*）

化合物	λ_{max}（nm）	ε_{max}	溶剂
甲醇	177	200	己烷
2-正丁基硫醚	210	1200	乙醇
	229S		
2-正丁基二硫醚	204	2089	乙醇
	251	398	
1-己硫醇	224S	126	环己烷
三甲基胺	199	3950	己烷
N-甲基呱啶	213	1600	乙醚
氯代甲烷	173	200	己烷
溴丙烷	208	300	己烷
碘代甲烷	259	409	己烷

注 S 为尖峰或拐点。

二、脂肪族有机化合物

1. 烯基生色团

孤立双键（乙烯键）的 π→π* 跃迁在近紫外区无吸收，强吸收带出现在 170～200nm，$\varepsilon=10000$，由于烯键的非极性，烯键吸收的强度基本与溶剂无关。

含有两个或两个以上双键时，存在着以下三种情况。

（1）两个双键在分子中处于非共轭状态，其吸收光谱的 ε_{max} 位置与孤立双键无区别，只是吸收强度有所增大。

（2）两个双键直接连接在一起，例如，丙二烯基（C=C=C），λ_{max} 移到 225nm 附近，ε_{max} 减少 500 左右。

（3）两个双键处于共轭状态，出现红移效应，ε_{max} 增大。

例如，1,3-丁二烯的简单衍生物，其吸收谱带范围在 217～230nm，ε_{max} 约 20000。

共轭二烯类的 λ_{max} 与取代基的种类、数目以及双键的聚集方式等因素有关，可采用伍德沃德—费塞尔（Woodward-Fieser）经验规则进行推断。

推断波长=基本值+增值

以己烷作为溶剂时，链状二烯—C=C—C=C—基本值为 217nm，同一环内二烯 ⬡ 基本值为 253nm；不同环内二烯 ⬡⬡ 基本值为 214nm，由增值因素即可推断共轭二烯的 λ_{max} 值。

例 1.2.1 推定 [A|B]—CH₃ 的 λ_{max} 值（己烷中）。

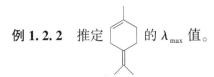

取代基　　　　CH₃ 取代基

环外双键（相对 A 环）

[推定] 推定前先确定结构中的增值因素。

217nm（基本值）

36nm（共轭双键同环）

20nm（四个烷基取代）

5nm（环外双键）

+ 30nm（共轭双键延长）

308nm（推定值）

例 1.2.2 推定 的 λ_{max} 值。

[推定]

217nm（基本值）

20nm（四个烷基取代）

+ 5nm（环外双键）

242nm（推定值）

2. 炔基生色团

炔基生色团的特征比烯基生色团要复杂些，乙炔在 173nm 处有一个由 $\pi \rightarrow \pi^*$ 跃迁引起的弱吸收谱带，共轭多炔类在近紫外区有两个主要谱带，具有特征性的精细结构，短波长的谱带是非常强的，由 $\pi \rightarrow \pi^*$ 跃迁而引起。

3. 羰基生色团

（1）饱和醛和酮。羰基基团（ $C=O$ ）除含有一对 σ 电子外，还含有一对 π 电子和两对非键 n 电子，因此，含有羰基的饱和酮和醛化合物显示三个吸收带，即 $\pi \rightarrow \pi^*$ 跃迁（150nm）、$n \rightarrow \sigma^*$ 跃迁（190nm）、$n \rightarrow \pi^*$（270～300nm）。可以看出，前两个吸收谱带落在远紫外区，只有 $n \rightarrow \pi^*$ 跃迁吸收谱带在紫外区可以观测到，但为弱吸收带（ $\varepsilon_{max} < 30$ ）。

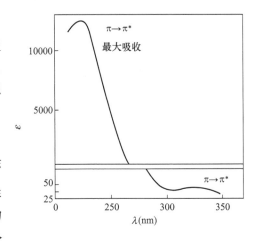

图 1-8　$CH_3-CH_2-CH=CH-\overset{CH_3}{\underset{}{C}}=O$ 的紫外光谱图（甲醇）

（2）α、β-不饱和醛类和酮类化合物。烯键与羰基共轭形成 α、β-不饱和羰基化合物，

一般表示为： $\underset{\delta}{C}=\underset{\gamma}{C}-\underset{\beta}{C}=\underset{\alpha}{C}-\overset{R(H)}{C}=O$ （图 1-8），$\pi \rightarrow \pi^*$ 跃迁为强吸收带，ε 值约 10000，吸收

范围为 206~215nm。n→π* 为弱吸收谱带，ε 值在 100 以下，吸收在 310~330nm 区域。

α、β-不饱和醛类和酮类化合物的光谱吸收位置是由取代基的种类、数目以及双键的结合方式决定，其 λ_{max} 值根据伍德沃德—费塞尔经验规则推定。

例如，在己醇或甲醇中烯酮类基本值分为三种情况，即链状 α、β-不饱和酮的基本值为 215nm；α、β-不饱和和六元环酮基本值为 215nm；α、β-不饱和和五元环酮基本值为 202nm。然后按表 1-6 数据，就可以推定 λ_{max} 值。如果改用其他溶剂，λ_{max} 值必须按表 1-7 所列校正因素加以校正。

表 1-6　α、β-不饱和酮或醛λ_{max} 的增值

增值因素	增量（nm）
每延伸一个共轭双键	30
存在一个环外双键	5
存在一个同环二烯	39
取代一个烷基：α 位	10
β 位	12
γ 位以上	18
取代一个羟基：α 位	35
β 位	30
δ 位	50
取代一个烷氧基：α 位	35
β 位	30
γ 位	17
δ 位	31
取代一个酰氧基：α、β 或 δ 位	6
取代一个二烷基胺基：β 位	95
取代一个氯：α 位	15
β 位	12
取代一个硫烷基：β 位	85
取代一个溴：α 位	25
β 位	30

表 1-7　溶剂校正因素

溶剂	校正因素（nm）
水	-8
氯仿	+1
二氧杂环己烷	+5
乙醚	+7
己烷	+11
环己烷	+11

例 1.2.3 推定下列二烯酮的 λ_{max}。

A   B

[**推定**] 对于化合物 A：

$$
\begin{array}{r}
215nm（基本值）\\
+\quad 24（两个 \beta\text{-烷基}）\\
\hline
239nm（推定值）\\
\end{array}
$$

实测值：237nm

对于化合物 B：

$$
\begin{array}{r}
215nm（基本值）\\
10nm\ \alpha\text{-烷基}\\
12nm（\beta\text{-烷基}）\\
+\quad 5nm\ \text{环外双键}\\
\hline
242nm（推定值）\\
\end{array}
$$

实测值：244nm

（3）α、β-不饱和羧酸及其酯。α、β-不饱和羧酸及其酯，若 α 或 β 位为单烷基取代基，基本值为 208nm；具有 α、β 或 β、β 双烷基取代基，则其基本值为 217nm；具有 α、β、β-三烷基取代基，基本值为 225nm，按照表 1-6 中的增量因素，就可以计算出 α、β-不饱和羧酸或酯的 λ_{max} 值。

如果双键嵌在五元环或七元环内，在计算 λ_{max} 终了还要加上 5nm。

例 1.2.4 计算 3-甲基-2-丁烯酸的 λ_{max} 值。

[**推定**] $CH_3—\overset{\overset{CH_3}{|}}{C}\!=\!CH—\overset{\overset{O}{\|}}{C}—OH$ 为 β、β 双烷基取代的 α、β-不饱和羧酸，故 λ_{max} 值为 217nm，增值因素为零。

例 1.2.5 计算环庚烯-1-羧酸的 λ_{max} 值。

[**推定**] 为 α、β 双烷基取代的 α、β-不饱和羧酸，基本值应为 217nm，无其他增值因素，因 C$\!=\!$C 双键嵌在六元环内，还应加上 5nm，故 $\lambda_{max}=222$nm。

4. 氰和偶氮生色团

α、β-不饱和氰在 213nm 附近有 K 吸收带，ε_{max} 约 10000，偶氮基的 K 吸收带在远紫外区，脂肪族偶氮化合物在 350nm 出现 n→π^* 吸收带。

5. 氮氧基生色团

含有 N—O 键的硝基、亚硝基、硝酸基和亚硝酸酯，在近紫外区有 R 吸收带。硝基烯在

220~225nm 有一很强的 K 吸收带，R 吸收带常被 K 吸收带掩盖。

6. 含硫生色团

脂肪族砜在近紫外区没有吸收带，212nm 附近出现 α、β-不饱和砜的 K 吸收带。饱和亚砜的 R 吸收带在 220nm 附近，芳香族亚砜有 B 吸收带。对于含有 $-\overset{\overset{\text{O}}{\|}}{\text{S}}-\text{X}$ 基化合物，$n \rightarrow \pi^*$ 跃迁谱带位置与卤素 X 的电负性有关，X 的电负性越大，λ_{max} 值越小。在硫酮中，C=S 基的 $n \rightarrow \pi^*$ 跃迁吸收波长比 C=O 基的 $n \rightarrow \pi^*$ 跃迁吸收波长更长。此外，C=S 基在 250~320nm 区域还会出现 $\pi \rightarrow \pi^*$ 和 $n \rightarrow \sigma^*$ 跃迁的强吸收谱带。

三、芳香族有机化合物

苯有三个吸收谱带：184nm，$\varepsilon_{max} = 60000$；240nm，$\varepsilon_{max} = 7900$；256nm，$\varepsilon_{max} = 200$。这些谱带都是由 $\pi \rightarrow \pi^*$ 跃迁而产生的。

1. 单取代苯

当苯环与含有 n 电子或 π 电子的取代基共轭时，E 或 B 吸收带均发生红移，消光系数相应增大。

2. 双取代苯

对于二元取代苯，当推电子基和吸电子基与苯环处于共轭位置时，吸收带出现红移现象，同时 ε_{max} 增大，对苯 E 谱带的影响由小到大的顺序如下。

推电子取代基：$CH_3 < Cl < Br < OCH_3 < NH_3 < O^-$

吸电子取代基：$NH_3^+ < SO_2NH_2 < CO_2^- = CN < CO_2H < COCH_3 < CHO < NO$

对于两个取代基在苯环上的取代，当两个取代基位置互为对位时，存在着两种情况。若两个取代基同为推电子取代基或同是吸电子取代基，这时双取代苯的吸收光谱的 λ_{max} 值以这两个取代基分别构成的单取代苯中 λ_{max} 的值较大者相近。若两个取代基分别为不同种类的取代基，在这种情况下，双取代基引起苯的吸收光谱的 λ_{max} 的移动，一般大于由两个取代基单独取代时所引起的 λ_{max} 移动的总和。

当两个取代基的位置互为邻位或间位，不论两个取代基是否属于同一类型，两个取代基引起的苯的吸收光谱的 λ_{max} 的移动，近似等于两个取代基单独取代时所引起的苯的 λ_{max} 移动的总和。

3. 稠环芳香化合物

稠环芳香化合物母体及其衍生物的吸收光谱的 λ_{max} 值由于共轭体系的存在，其吸收带移向长波区，并且 ε_{max} 值亦随着芳环数目的增加而增大。

四、杂环化合物

芳香族五元环化合物的 UV 谱与苯相比较，苯的吸收带类似于环戊二烯，吸收光谱与它们相当的芳香族化合物类似。

吡啶、嘧啶和吡嗪芳香族六元杂环化合物的 UV 谱与苯没有什么不同，但是 N 原子上非键电子对的存在，除了 $\pi \rightarrow \pi^*$ 吸收带外，在最长波一端还出现 $n \rightarrow \pi^*$ 吸收带（图 1-9）。

$\lambda_{max} = 207\text{nm}$　　　$\lambda_{max} = 208\text{nm}$　　　$\lambda_{max} = 206\text{nm}$

$\varepsilon_{max} = 9100$　　　$\varepsilon_{max} = 7700$　　　$\varepsilon_{max} = 4800$

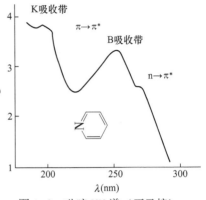

图 1-9　吡啶 UV 谱（正己烷）

对于含有取代基的杂环化合物，若取代基与杂原子处于共轭位置时，UV 谱变化较大。杂环化合物的 UV 吸收带见表 1-8。

表 1-8　杂环化合物的 UV 吸收带

化合物	$\pi \rightarrow \pi^*$ K 吸收带		$\pi \rightarrow \pi^*$ B 吸收带		$n \rightarrow \pi^*$	
	吸收位置（nm）	ε	吸收位置（nm）	ε	吸收位置（nm）	ε
苯	204	8800	254	250	—	—
吡啶	198	6000	251	2000	270	450
吡嗪	194	6000	260	6000	328	1040
哒嗪	192	5400	251	1400	340	315
嘧啶	189	10000	244	2050	298	325

第三节　应用

一、结构分析

1. 共轭体系判断

从紫外光谱研究可以得到有机化合物结构中的共轭系统和芳香结构的有关信息。如前所述，一未知化合物在近紫外区是透明的（$\varepsilon < 10$），则表明分子结构中不含有共轭系统、芳香结构以及 $n \rightarrow \pi^*$、$n \rightarrow \sigma^*$ 等易于跃迁的生色团。如果在 $200 \sim 250\text{nm}$ 有强吸收带（$\varepsilon < 10000$ 左右），表明有共轭二烯和 α、β-不饱和酮。如果在 260nm、300nm 或 330nm 附近出现强吸收带，可能有芳香环存在。如果在 290nm 附近有弱吸收带（$\varepsilon = 20 \sim 100$），就有醛或酮结构存在。如果存在共轭系统，还可以根据 K 吸收带波长推定取代基的种类、位置和数目。

2. 结构推定

结合其他物理方法，利用 UV 可以进行化合物结构推定。例如，由某化合物的红外光谱（第二章）和核磁共振谱推定其结构式可能是 A 或 B，UV：$\lambda_{max}^{MeOH} = 291\text{nm}$，$\varepsilon = 9700$。

$\lambda_{max}^{MeOH} = 291\text{nm}$，$\varepsilon = 9700$ 为 K 吸收带，根据 α、β-不饱和羰基的增量因素，分别计算 A 和 B 的 λ_{max} 值。

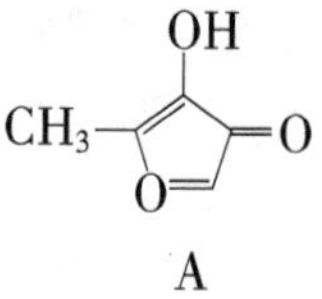

A：$\lambda_{max} = 202+35+12+30+5 = 284$（nm）

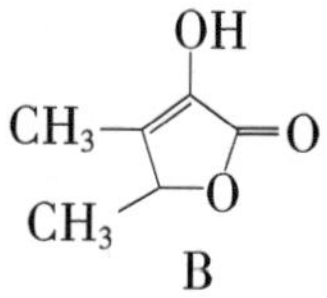

B：$\lambda_{max} = 202+35+2\times12+5 = 266$（nm）

所以，A 的结构是合理的。

3. 有机异构体的判别

（1）顺反异构体的测定。由于顺反两种异构体的空间排列方式不同，因而两者的吸收光谱亦不同。例如，1,2-二苯乙烯的顺式异构体因空间阻碍，使两个苯环不能处于同一平面上，电子从一个苯环向另一个苯环的移动受到限制，结果使 ε_{max} 值约为反式异构体的一半。顺式异构体的激发态比基态受到更大的位阻，所以 λ_{max} 产生蓝移。

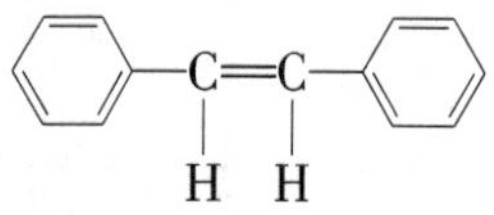

$\lambda_{max} = 280nm$

$\varepsilon_{max} = 14000$

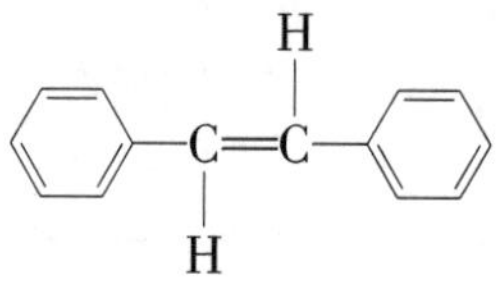

$\lambda_{max} = 290nm$

$\varepsilon_{max} = 27000$

（2）互变异构体的判别。某些有机物在溶液中可能有两个或两个以上互变异构体处于动态平衡，例如，乙酰乙酸乙酯有酮式和烯醇式两种互变异构体。

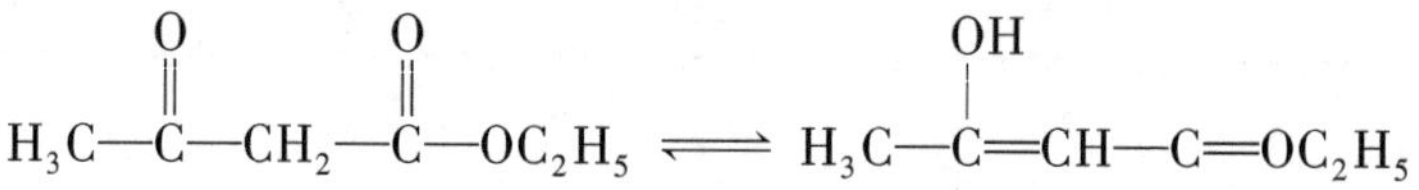

酮式　　　　　　　　烯醇式

在极性溶剂中，出现一弱峰，$\lambda_{max} = 272nm$（$\varepsilon_{max} = 16$），表明该峰是由 n→π* 跃迁而产生，由此可以推断在极性溶剂中，乙酰乙酸乙酯主要是以酮式异构体形式存在。这是由于酮式可与极性溶剂形成分子间氢键，因而较稳定，在非极性溶剂中，主要以烯醇式为主，与非极性溶剂形成分子内氢键，出现 $\lambda_{max} = 243nm$（$\varepsilon_{max} = 16000$）强峰。

又如，丙酮自缩合产物异丙烯丙酮可能有下面两种异构体。

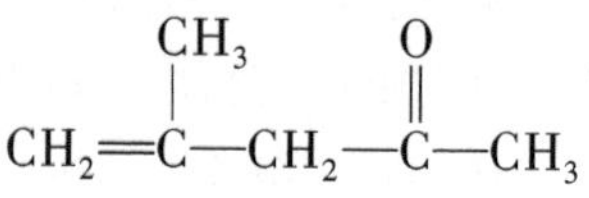

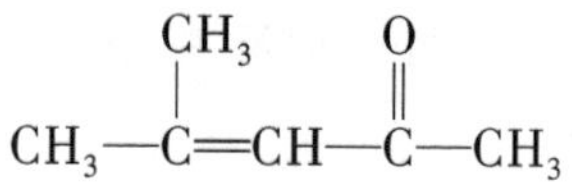

实验测得异丙烯基丙酮的 $\lambda_{max} = 235nm$，因此，可以判断它应该具有 B 式的构型，因为 B 式含共轭体系，吸收峰在较长波长处，A 式构型中不存在共轭体系，λ_{max} 在 220nm 附近。

4. 染料及中间体结构的测定

紫外—可见光谱可以用来估计染料和中间体的属性，因此，在染料及中间体结构的测定中，紫外—可见光谱具有一定的实用意义。λ_{max} 和摩尔消光系数 ε 是紫外—可见光谱用于分析、推测未知染料和中间体结构的两个重要参数，例如，n→π^* 跃迁存在，且 $\varepsilon < 100$ 时，分子中可能含有未共用孤对电子的 N、O、S 原子存在；芳香环系存在时，ε 值常在 10000 以上，共轭链增长，则 λ_{max} 红移，若芳环上有能增加发色团共轭作用的取代基，ε 值可能超过 10000，根据这些一般规律，可以估计试样可能的结构范围。

（1）芳烃及染料中间体。前面已经讲到芳烃的 B 吸收带及 E 吸收带是其特征谱带，可以作为鉴定芳香烃的依据。苯、奈和蒽是染料及中间体的重要原料，三者的光谱吸收特征如图 1-10 所示。

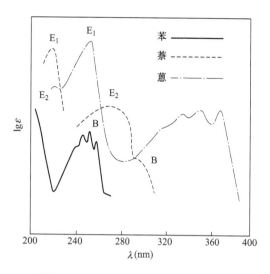

图 1-10　苯、萘和蒽的紫外吸收光谱

苯及其同系物的 B 谱带在 245～265nm 出现精细结构，有四个明显的峰，萘系化合物在 312nm 处有精细结构，蒽系化合物在 265nm 附近有较强的吸收峰，三者的 E 谱带和 B 谱带见表 1-9。

表 1-9　苯、萘、蒽的 E 谱带和 B 谱带

化合物	E_1		E_2		B	
	λ_{max}	ε_{man}	λ_{max}	ε_{man}	λ_{max}	ε_{man}
苯	180	68000	204	8800	254	150
萘	221	133000	286	9300	312	289
蒽	256	180000	376	9000	—	—

芳香化合物的取代基会对 B 谱带和 E 谱带产生很大的影响，因而，可根据谱带位移情况推测苯环的取代情况，见表 1-10。

表 1-10　取代基团对苯系化合物紫外吸收光谱的影响

取代基	202nm（第一带）	ε_{max}	255nm（第二带）	ε_{max}	溶剂
—NH_3	203	7500	254	169	2%甲醇水溶液
—H	203.5	7400	254	204	2%甲醇水溶液
—CH_3	206.5	7000	261	225	2%甲醇水溶液
—l	207	7000	257	700	2%甲醇水溶液
—Cl	209.5	7400	263.5	190	2%甲醇水溶液
—Br	210	7900	261	192	2%甲醇水溶液

续表

取代基	202nm （第一带）	ε_{max}	255nm （第二带）	ε_{max}	溶剂
—OH	210.5	6200	270	1450	2%甲醇水溶液
—OCH$_3$	217	6400	269	1480	2%甲醇水溶液
—SO$_2$NH$_2$	217.5	9700	264.5	740	2%甲醇水溶液
—CN	224	13000	271	1000	2%甲醇水溶液
—COO$^-$	224	8700	268	560	2%甲醇水溶液
—COOH	230	11600	273	970	2%甲醇水溶液
—NH$_2$	230	8600	280	1430	2%甲醇水溶液
—O$^-$	235	9400	287	2600	2%甲醇水溶液
—C≡CH	236	15500	278	650	庚烷
—NHCOCH$_3$	238	10500	—	—	水
—CH═CH$_2$	244	12000	282	450	乙醇
—COCH$_3$	240	13000	278	1100	乙醇
—C$_6$H$_6$	246	20000	—	—	庚烷
—CHO	44	15000	280	1500	乙醇
—NO$_2$	252	1000	280	1000	乙烷
—N═N—C$_6$H$_6$（反式）	319	19500	—	—	氯仿

从表 1-10 可以看出，当苯环上有—OH、—NH$_2$ 等助色团存在时，λ_{max} 红移，这是由于助色团的 N、S、O 等原子上的非键电子（n 电子）与苯环上的 π 电子发生共轭作用的结果。—NR$_2$ 使 λ_{max} 移动 40~95nm，—SR 使 λ_{max} 移动 23~85nm，—OR 使 λ_{max} 移动 15~17nm。所以，了解取代芳烃吸收光谱的一些规律，对于判断中间体和染料裂解产物的结构很有用。另外，中间体及其异构体的紫外吸收光谱是有差别的，例如，硝基苯胺、氨基苯磺酸、萘胺和羧基蒽醌等的紫外光谱，其异构体的谱形互有差别，所以，可用于结构鉴定（图 1-11~图 1-14）。

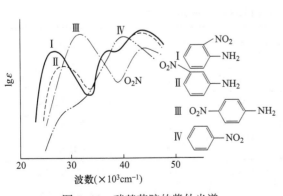

图 1-11　硝基苯胺的紫外光谱

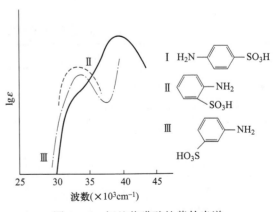

图 1-12　氨基苯磺酸的紫外光谱

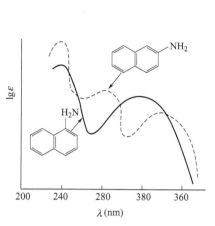

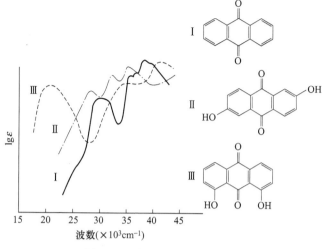

图 1-13 萘胺的紫外光谱

图 1-14 羟基蒽醌的紫外光谱

（2）染料助剂。常采用紫外光谱来鉴别染料助剂是否含有苯环，图 1-15 和图 1-16 分别是芳香季铵盐及烷基季铵盐的紫外光谱，两者差别明显，前者在 240~280nm 有苯环的特征吸收，后者的吸收则偏向短波处，因此，从紫外光谱上容易辨别。

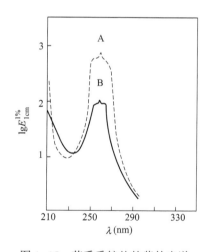

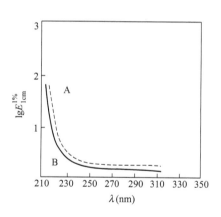

图 1-15 芳香季铵盐的紫外光谱

A—十六烷基三甲铵溴化物　B—标准样

图 1-16 烷基季铵盐的紫外光谱

A—十六烷基三甲铵溴化物　B—标准样

表面活性剂是一类很重要的染料助剂，在纺织助剂中占有相当大的比例，表 1-11 列出了部分表面活性剂的紫外光谱数据。

表 1-11 部分表面活性剂的紫外光谱数据

表面活性剂	λ_m	$\lg\varepsilon_m$	λ_m	$\lg\varepsilon_m$	λ_m	$\lg\varepsilon_m$
十二烷基苯磺酸钠	225	2.6	261	1.2	—	—
丁基苯基苯酚磺酸钠	230	2.5	285	1.7	—	—

续表

表面活性剂	λ_m	$lg\varepsilon_m$	λ_m	$lg\varepsilon_m$	λ_m	$lg\varepsilon_m$
任基苯酚缩合物	226	2.2	277	1.4	—	—
十八烷基甲酚缩合物	—	—	280	1.4~2.1	—	—
苄基甲酚缩合物	—	—	275	1.4	—	—
双苄基对氨基苯磺酸钠	—	—	275	2.8	—	—
硬脂酸基二甲基苄基铵氯盐	215	2.0	263	1.3	—	—
卤化烷基吡啶	—	—	260	2.0	—	—
丁基萘磺酸钠	235	3.3	280	2.3	315	1.3
四氢萘磺酸钠	225	2.7	270	1.6	315	0.3
甲醛萘磺酸缩合物	—	—	290	—	—	—
2-萘酚缩合物	225	3.2	275	2.0	3.20	1.6
烷基异喹啉卤化物	230	3.2	270	2.0	3.35	2.0
油酸钠盐	225	1.7	—	—	—	—
三乙醇胺油酸盐	235	1.6	—	—	—	—

（3）偶氮染料。偶氮染料一般没有典型的特征吸收峰，取代基对 λ_{max} 值影响很大，图 1-17 是单偶氮染料的紫外—可见光吸收光谱。从图中可以看出，随着共轭链的加长，电子流动性增大，吸收光谱向长波方向移动。

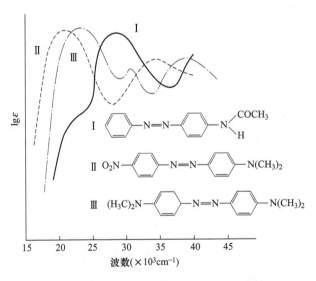

图 1-17　单偶氮染料的紫外—可见光吸收光谱

用单取代的苯胺衍生物合成一系列单偶氮分散染料，其 λ_{max} 值与重氮组分和偶合组分上取代基的性质有关。例如，下列类型偶氮染料结构中，由于取代基 Z、R_1、R_2 和 R_3 的不同，致使染料的 λ_{max} 值相差 100nm。

这类染料一般都出现三个吸收带，即 227~245nm（A 带）、260~282nm（B 带）和 382~475nm（C 带）。A 带和 B 带仅由苯环产生，C 带起因于两个苯环和偶氮基整个共轭系统的电子跃迁，即由 $\pi \rightarrow \pi^*$ 跃迁引起，所以，A 带和 B 带（$\lg \varepsilon$ 为 3.64~4.09）比 C 带（$\lg \varepsilon$ 为 4.42~4.51）弱，由这些规律可以对偶氮染料同系物进行鉴定。

（4）蒽醌染料。蒽醌结构的吸收光谱可以看作是由苯甲酮和醌两部分光谱组成，用紫外—可见吸收光谱可以进行蒽醌染料与结构之间关系的研究。

$\lambda_{max} = 262nm, 272nm$（醌）

$\lambda_{max} = 250nm$ 和 $330nm$

$\lambda_{max} \approx 400nm$（羰基）

单取代蒽醌的紫外吸收峰见表 1-12。苯型吸收和醌型吸收在 255nm、262nm、272nm 及 325nm 附近具有普遍规律性，蒽醌衍生物的 λ_{max} 与萘醌衍生物相同，但蒽醌衍生物的强度几乎是两个酮和一个醌的总和，而萘醌衍生物的光谱强度只是一个酮和一个醌之和。

表 1-12　在甲醇溶液中单取代蒽醌的紫外吸收带

取代基 R	苯型吸收带		醌型吸收带[①]	
NO$_3$	255（37000）	325（4300）	—	—
CN	257（43000）	325（3400）	—	~272（约 12000）
Cl	253（42800）	333（5000）	~266（约 14000）	~270（约 13000）
H	252（48100）	323（45000）	~262（约 20000）	272（18400）
CH$_3$	252（45200）	331（4800）	~263（约 18000）	272（14500）
OH	252（29000）	327（3300）	~266（约 14000）	~277（约 12000）
OCH$_3$	254（32800）	328（2900）	~262（约 23000）	~270（约 15000）
NH$_2$	236（32200）	298（5500）	261（12400）	~270（约 1100）
O$^-$	246（35000）	313（5000）	—	273（11400）
NHCH$_3$	243（31400）	312（7000）	—	272（1100）
NNH$_{32}$	246（33000）	317（6400）	~272（约 11000）	

① 波长以 nm 为单位，（ ）内为消光系数值。

（5）三苯甲烷染料。碱性三苯甲烷染料的隐色体在紫外区的270nm和300nm处皆有强弱两个吸收峰，可作为该类染料分类或母体骨架的依据。羟基三苯甲烷染料的吸收光谱如图1-18所示。

260nm，300nm

262nm，300nm

（6）靛族染料。在不同介质中靛蓝的吸收光谱差异比较大，例如，在$CHCl_3$中，λ_{max}为604nm，在CH_3CH_2OH中，λ_{max}为610nm，在CCl_4中，λ_{max}则为590nm。靛蓝的结晶固态λ_{max}为663nm，无定形固态λ_{max}为640nm，如图1-19所示。

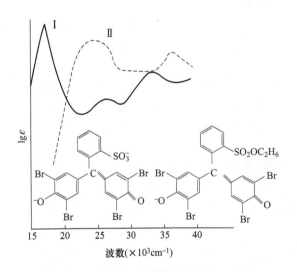

图1-18　羟基三苯甲烷染料的吸收光谱

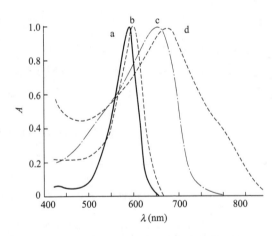

图1-19　靛蓝在不同介质中的光谱差异
a—氯仿　b—乙醇　c—无定形固态　d—结晶固态

（7）酞菁颜料。铜酞菁衍生物不溶于大部分溶剂中，只溶在浓硫酸中，图1-20为铜酞菁蓝、（氯化）铜酞菁绿和（氯化、溴化）铜酞菁绿A在硫酸中的吸收光谱。

（8）共轭多烯染料。共轭多烯染料 $N(CH_3)_2$——⬡——$(CH=CH)_n$——⬡——$N(CH_3)_2$ 的λ_{max}值与多烯染料中双键数目呈线性关系。

二、定量分析

紫外—可见吸收光谱广泛地用于染化助剂、中间体等定量分析和生产控制反应分析中。例如，荧光增白剂荧光强度的测定、不同类型助剂和染料含量的分析，以及纤维上染料固色率的测定等都用到紫外—可见光谱。做定量分析时，紫外—可见光谱具有很高的灵敏度和很好的重复性，定量分析的理论基础是比尔定律。

1. 组分测定

单组分定量分析比较简单，对于多组分，例如由 n 个组分组成的体系，可以根据吸收光谱加合原理，在 n 个不同波长下进行测定，选择的定量分析峰应该具有较高的吸光值。

以在异辛烷溶液中测定甲基苯酚三种异构体（o、m、p）含量为例。测定时首先由三个单独异构体的光谱曲线选定三个波长，作为各自定量分析的吸收峰波长。图 1-21 是甲基苯酚三种异构体在异辛烷溶液中的紫外光谱，o-甲酚分析波长 272.8nm，m-甲酚波长为 227.4nm，p-甲酚波长为 285.8nm，根据吸收光谱的加合性，分别在 272.8nm、277.4nm 和 285.8nm 处测定总的吸光值 A，得到下面式子。

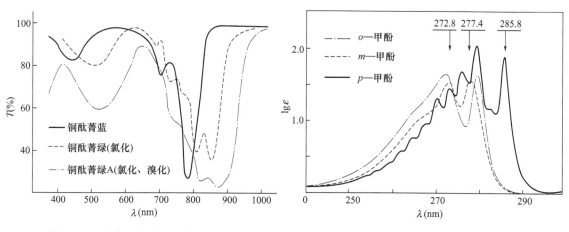

图 1-20　酞菁颜料在硫酸中的光谱　　　图 1-21　甲基苯酚异构体在异辛烷溶液中的紫外光谱

$$A_{272.8}^{总} = \varepsilon_{272.8}^{o} C^{o} + \varepsilon_{272.8}^{m} C^{m} + \varepsilon_{272.8}^{p} C^{p}$$

$$A_{277.4}^{总} = \varepsilon_{277.4}^{o} C^{o} + \varepsilon_{277.4}^{m} C^{m} + \varepsilon_{277.4}^{p} C^{p}$$

$$A_{285.8}^{总} = \varepsilon_{285.8}^{o} C^{o} + \varepsilon_{285.8}^{m} C^{m} + \varepsilon_{285.8}^{p} C^{p}$$

式中：ε^{o}、ε^{m}、ε^{p} 分别是甲酚异构体在指定波长吸收的摩尔消光系数。解联立方程式，即可求出该溶液中甲酚异构体的浓度 C。

2. 有机化合物相对分子质量的测定

紫外光谱的产生是基于有机分子中存在着生色基团，在同一含量的溶液中由于生色基团在分子中所占的比例不同，其对紫外光谱的吸光值亦不相同，显然，相对分子质量大时，生色基的比例小，吸光值也相应减少，生色基在分子中比例增大，吸光值也随之增大。

吸光值：

$$A = abc$$

式中：a——吸光系数；

  b——光程；

  c——光速。

a 与摩尔消光系数 ε 的关系是：

$$\varepsilon = aM$$

M——相对分子质量。则：

$$M = \varepsilon / a$$

对于含有生色基的未知有机物，求其相对分子质量 M 时，可以用与未知物含有相同生色基有机物的摩尔消光系数 ε 作为待测物的消光系数，未知物的百分吸光值与摩尔消光系数存在着这样的关系：

$$E_{1cm}^{1\%} \times M = 10\varepsilon$$

测定不含生色基的有机化合物的相对分子质量 M 时，可以利用一种具有生色基的试剂与它作用，生成在紫外区有强吸收的衍生物后再进行测定，这一做法是基于同类衍生物摩尔消光系数相近的原理，即所生成衍生物的摩尔消光系数与试剂的摩尔消光系数很接近。

$$E_{1cm}^{1\%} \times (M + M^1) = 10\varepsilon$$

式中：M^1——试剂的相对分子质量。

从表1-13可以看出苦味酸及其衍生物的 ε 值是很相近的。

表 1-13　苦味酸及衍生物 ε 值

化合物（发色团系 m-三硝基苯基）	ε_{380}
苦味酸	13450
乙醇胺苦味衍生物	13390
六氢吡啶苦味酸衍生物	13510
N-乙基苯胺苦味酸衍生物	13450

三、纯度鉴定

由于一般能够吸收紫外光的物质其 ε 值都很高，所以，一些对近紫外光透明的化合物，如果其中的杂质能吸收近紫外光，且 $\varepsilon > 2000$ 时，检出的灵敏度可以达到 0.05%。

例如，环己烷中有苯杂质存在时，255nm 附近便有苯的吸收峰出现。又如锦纶单体 1,6-己二胺和 1,4-己二酸若含有微量的不饱和或芳香性杂质，即可干扰直链高聚物的生成，但这两个单体本身在近紫外区是透明的，而干扰杂质是有吸收的，因而很容易被鉴别出来。

此外，紫外光谱在有机配合物配合比的测定和不稳定常数测定等方面亦有应用。

第四节　紫外—可见光谱仪

紫外光谱仪
操作讲解

紫外—可见光谱仪由光源（辐射源）、分光系统、吸收池、检测系统和记录系统五部分组成。

1. 光源

理想的紫外光谱仪光源应当能提供所用光谱区内所有波长的连续辐射光，强度足够大，并且在整个光谱区内，强度随波长的改变没有明显的变化。但实际的光源往往只能在一定波长内强度稳定，因此紫外光谱仪的光源在不同波长范围内使用不同的光源，在检测过程中自动切换光源。紫外区的连续光谱由氢灯和氘灯提供，其光谱范围为 160~390nm。由于玻璃对紫外光有吸收，灯管用石英玻璃制成，灯管内充几十帕的高纯氢（或同位素氘）气体。当灯管内的一对电极受到一定的电压脉冲后，自由电子加速穿过气体，电子与气体分子碰撞，引起气体分子电子能级、振动能级、转动能级的跃迁，当受激发的分子返回基态时，即发出相应波长的光。氘灯的辐射光强度大于氢灯，寿命也长于氢灯。

可见光的连续光谱由白炽钨丝灯（即普通电灯泡）提供，其波长在 350~800nm，其光谱分布与灯丝的工作温度有关。由于钨灯提供的光谱主要为红外光谱，提高灯丝的工作温度可以使光谱向短波方向移动，但提高温度会增大灯丝的蒸发速度而降低灯的寿命，通常灯泡中会充有惰性气体，以提高灯泡的寿命。为提高灯丝的寿命，在钨灯中充入适量的卤素和卤化物，可制成卤钨灯。卤钨灯具有比钨灯长得多的寿命和高得多的发光强度。

2. 分光系统

分光系统（或叫单色器）是能将来自光源的复色光按波长顺序分解为单色光，并能任意调节波长的装置。这是紫外光谱仪的关键部件，由入射狭缝、准直镜、色散元件和出射狭缝组成。其中色散元件通常为棱镜或衍射光栅。

来自光源的入射光，通过入射狭缝成为一条细的光束，照射到准直镜上，经准直镜反射成为平行光，通过棱镜或衍射光栅分解为单色光，通过改变转动棱镜或光栅使单色光依次通过出射狭缝得到单色光束。调节出射狭缝的宽度可以控制出射光束的光强和波长纯度。

3. 吸收池

紫外光谱仪常用的吸收池通常有石英和玻璃两种。石英池可用于紫外光区和可见区，玻璃池用于可见区，可见区有时也可以用有机玻璃吸收池。吸收池的光程有 0.1~10cm 多种规格，其中以 1cm 吸收池最常用。从用途上看，有液体吸收池、气体吸收池、可装拆吸收池、微量吸收池以及流动池。

用于定量分析时，参比光路和样品光路中的吸收池必须严格匹配，以保证两只空吸收池的吸收性质能与光程长度严格一致。吸收池与窗口之间的距离应准确，窗口应垂直于光路。吸收池不能加热或烘烤，以防止其变形。使用时，吸收池必须保持清洁，操作时手指不能触摸窗口。

4. 检测系统

检测系统的作用是将光信号转变成电信号，并检测其强度。紫外光谱仪常用的检测器有光电池、光电管、光电倍增管三种。其中光电倍增管灵敏度高，不易疲劳，许多紫外光谱仪都采用这一种检测器。近年来有些仪器采用了自动扫描光敏二极管阵列检测器，其具有性能稳定、扫描准确、光谱响应宽的特点。

5. 记录系统

紫外光谱仪中常用的记录系统有检流计、微安表、电位计、数字电压表、x-y记录仪、示波器及数据台等，近年来生产的仪器多采用后四种。随着计算机技术的发展，现在的紫外光谱仪可以通过仪器配用的数据台，直接进行数据处理，显示器可立刻显示紫外光谱图，操作者通过键盘输入指令，可以对谱图进行修正、扣除或平滑等操作。数据可通过曲线形式或以数据表格输出，通过打印机可立刻打印出谱图曲线或峰值数据。操作者也可直接用软盘拷贝数据，然后需要通过不同的数据处理软件对数据进行进一步的处理。

习题

1. 对下列数据进行解释：

λ_{max}（nm）：甲烷 125；乙烷 135；环丙烷 190。

2. 下列化合物能量跃迁最低的跃迁量是什么？

(a) $CH_3CH=CHCH_3$

(b) $H_2C\overset{\displaystyle O}{\diagdown\diagup}CH_2$

(c) $CH_3CH_2C\equiv CH$

(d) $CH_3-\overset{\displaystyle O}{\underset{\displaystyle \|}{C}}-CH_3$

3. 苯甲酸在 273nm 处，ε_{max} 为 970，其水溶液在此波长透过 1cm 的试样槽的透光率为 40%，求浓度 C。

4. 称取 97.3mg 2,4-二甲基-1,3-戊二烯，溶于 100mL 乙醇中，取其 1mL 稀释到 100mL，所得溶液用 1cm 比色皿测定其吸光值，光谱图如题图 1-1 所示，求该化合物的摩尔消光系数 ε。

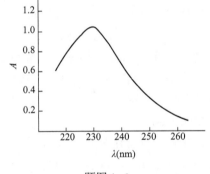

题图 1-1

5. 用伍德沃德—费塞尔规则，推定下列化合物的最大吸收波长。

(a) $H_3C-HC=CH-CH=CH-CH_3$

(b) 苯环$-CH_2-CH=CH_2$

(c)

6. 试用 UV 谱区别下列异构体

(a) $CH_2=CH-CH_2-CH=CHCH_3$ $CH_3CH=CHCH=CHCH_3$

(b)

(c)
$$\underset{H}{\overset{Ph}{\diagup}}C=C\underset{H}{\overset{Ph}{\diagdown}}$$
$$\underset{H}{\overset{Ph}{\diagup}}C=C\underset{Ph}{\overset{H}{\diagdown}}$$

（d）

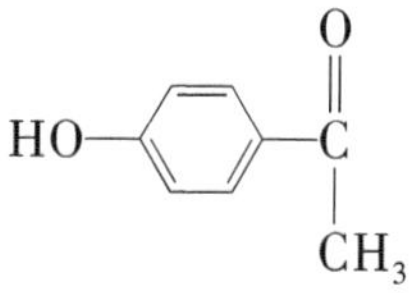

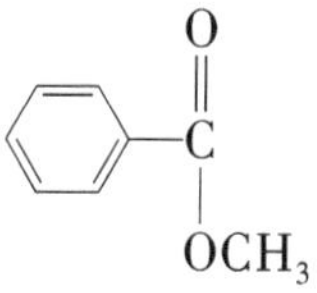

（e）

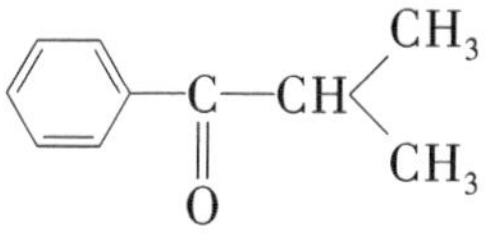

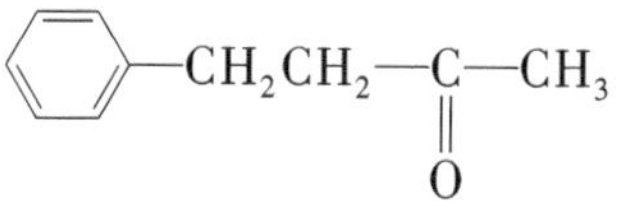

7. 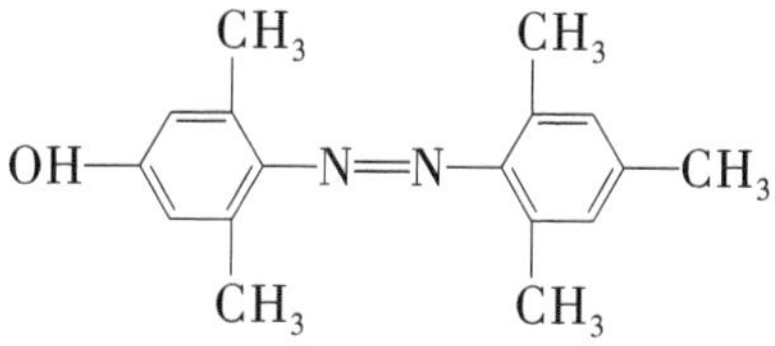 的顺式是无色的，而反式异构体是有色的，为

什么？

8. 计算下列化合物的λ_max 值。

（1）

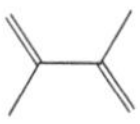

（2）

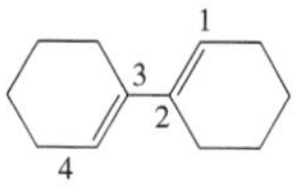

（3）

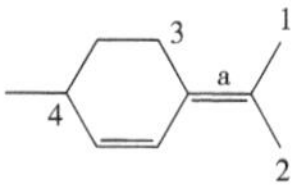

（4）

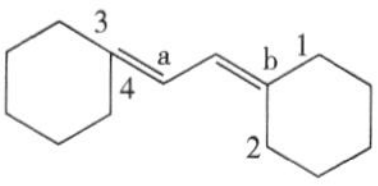

（5）

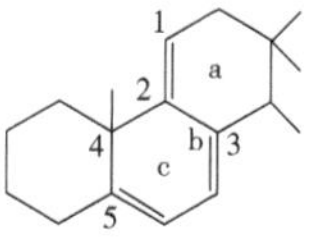

（6）

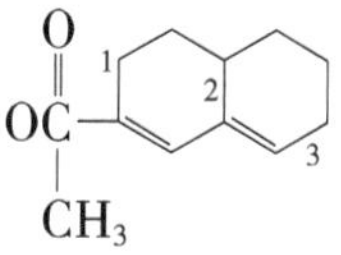

（7）

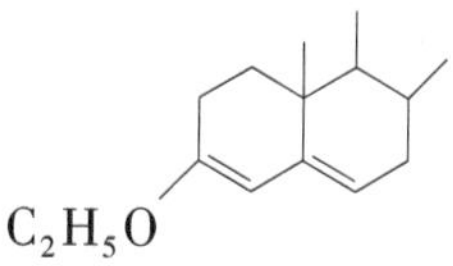

（8）

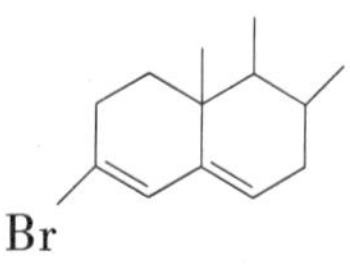

（9）

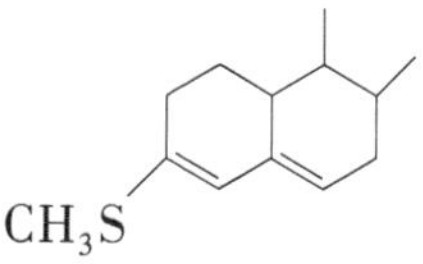

（10）

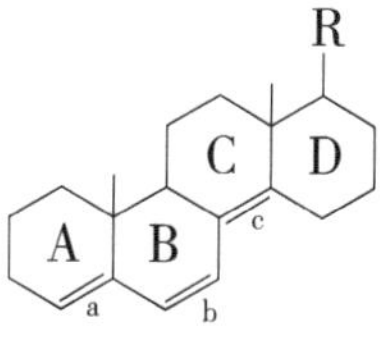

（11）

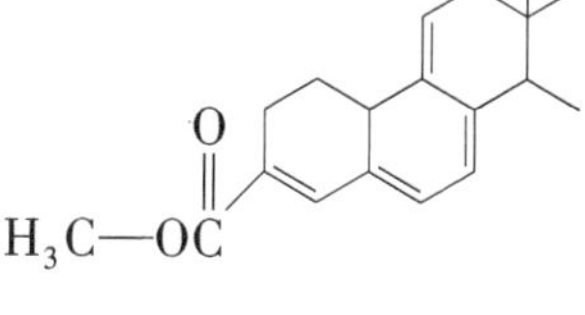

（12）

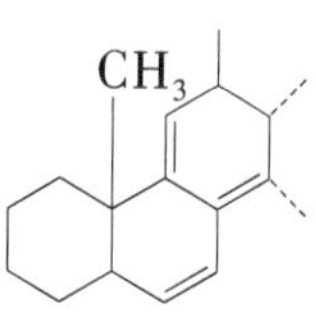

（13）

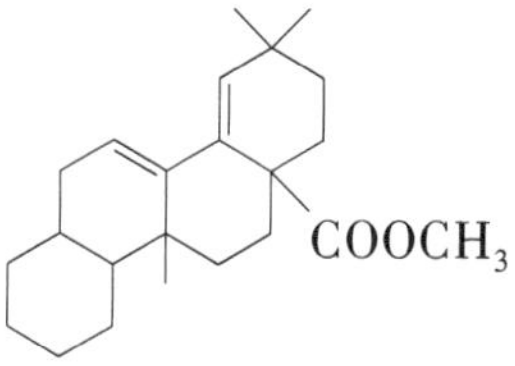

（14）

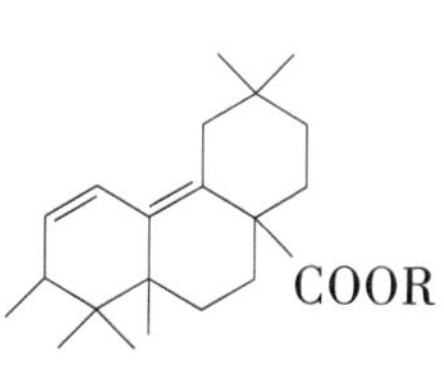

9. 计算下列化合物的 λ_{max} 值。

（1）

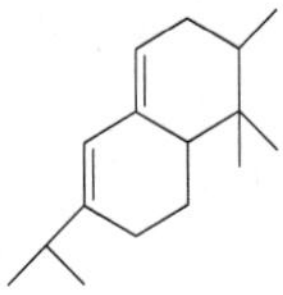

（2）

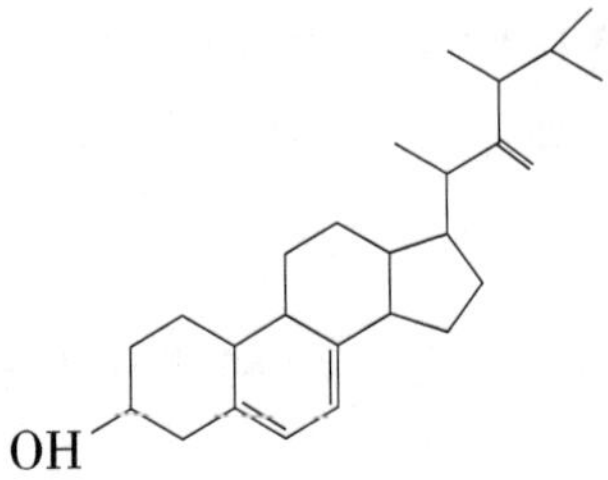

（3）

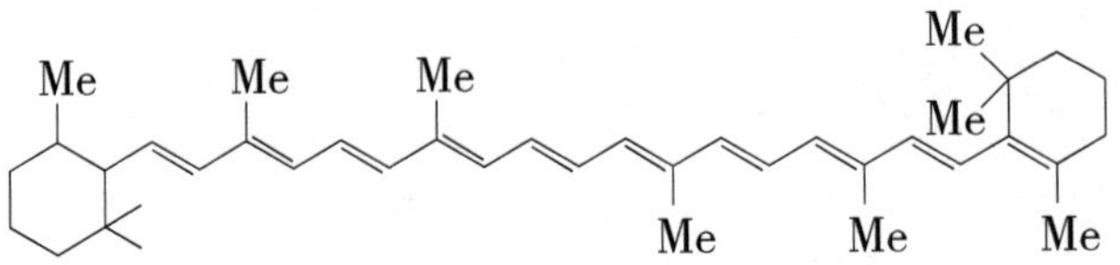

（4）

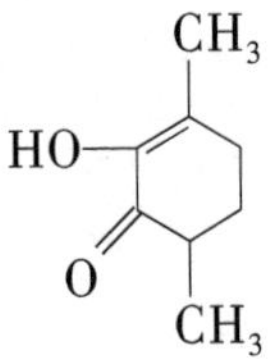

（5）

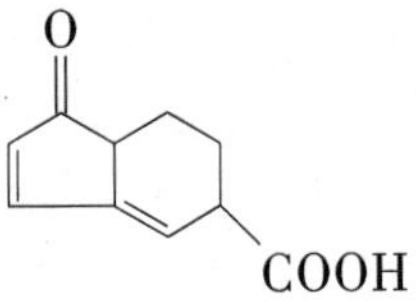

（6）

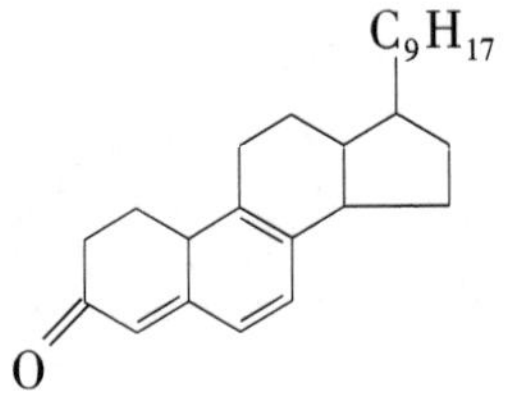

（7）

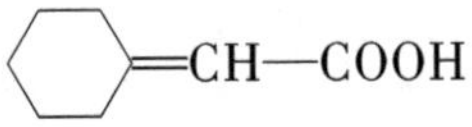

（8）

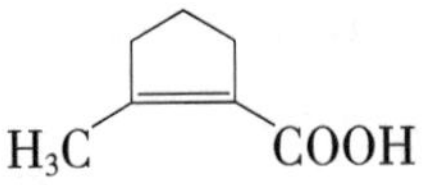

（9）

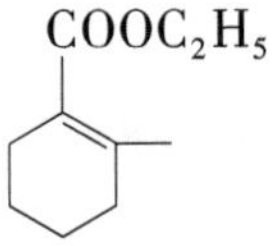

（10）

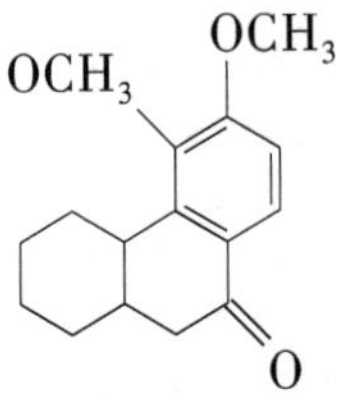

（11）

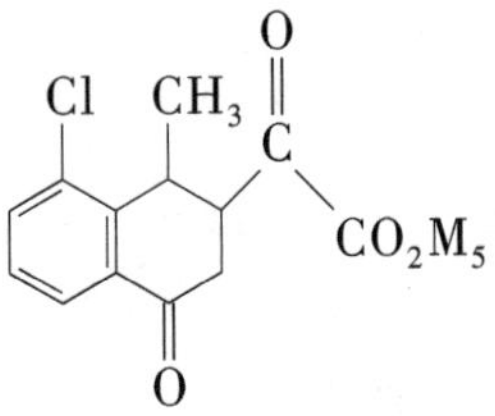

第二章　红外光谱

第一节　概述

一、红外线及红外区域的划分

红外光线（IR）亦称振转光谱，因为它主要来源于分子振动，同时也因分子转动而产生。所有的分子都是由化学键联结的原子组成，原子与原子之间的键长与键角并非固定不变的，如同用弹簧连接一样，整个分子一直处于不断振动状态。图 2-1 所示为分子振动的示意图。

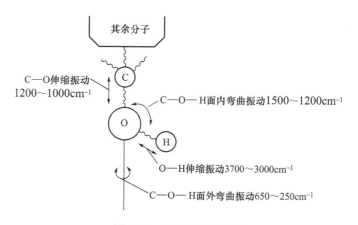

图 2-1　分子振动示意图

键的振动频率不仅与键体本身有关，也受到全分子的影响。当一定频率的红外光子照射分子时，如果分子中某一个振动频率与它等值，这个键就吸收红外辐射而增加能量，其振动就会加强。如果分子中没有同样频率的键，红外辐射就不会被吸收。因此，用连续变化的红外光照射样品时，则通过样品吸收池的红外辐射，在某些区域较弱，在其他区域则较强。

若将透射的红外辐射强度对波数（或波长）做记录图，即可得到一种表示吸收带的曲线，这种曲线称之红外光谱。

分子的常态能（E）近似于转动能量（E_r）、振动能量（E_v）、电子能量（E_e）三者之和。振动能量比转动能量高 100 倍，每一振动状态都存在着几个转动能态。因此，当每种振动能级发生跃迁时（符合一定选律），同时有转动能的改变，因后者能量较小，结果谱线密集使振动光谱线加宽成带状。分子吸收红外辐射的条件是在分子振动时，产生偶极矩的净变化不等于零，只有在这种情况下，交变的辐射场才能与分子相互作用，并使它的运动状态发生变化。例如 CO、NO，由于分子周围的电荷分布是不对称的，其中一个原子具有比另一个原子大的电子密度，因此当两个原子中心间的距离发生变化，即发生振动时，将产生一个与辐射电磁场相互作用的振动电磁场，如果辐射的频率和分子的固有振动频率相匹配，那么就会有净能量转换，而使分子振动发生变化，从而产生辐射吸收，同时不对称分子围绕其质心的转动，也会引起周期性的偶极变化，因此也可与辐射发生相互作用。但像 O_2、N_2、Cl_2 等同核分子发生振动和转动时，由于偶极矩不发生变化，所以不吸收红外辐射，即非红外活性的。

根据红外辐射波长的不同，红外光谱分为三个区域，即近红外区（0.7~2.5μm）、中红外区（2.5~25μm）和远红外区（25~1000μm）。近红外区主要用于研究 O—N、N—H、C—H 键的倍频和组合频吸收，此区域的吸收峰强度一般都比较弱。中红外区主要用于研究分子振动能级的跃迁，大多数有机化合物和有机离子的基频吸收都落在这一区域内，所以亦称基频红外区，人们所说的红外光谱一般是指中红外区光谱。远红外区主要用于研究分子的纯转动能级跃迁及晶体的晶格振动。

二、分子振动的类型

在有机化合物分子中，各键合的原子或基团之间存在着多种形式的振动，这些振动形式可以分为两大类。一类是沿着键的轴线伸展和收缩，振动时键长变化，键角不变，称为伸缩振动，它又可分为对称和不对称两种；另一类是离开键的曲线作弯曲振动，振动时键长不变，但常有键角的变化。弯曲振动又可分为面内弯曲（又有剪式或摇式之分）和面外弯曲（又有摆式和扭式之分）。图 2-2 是—CH_2—的几种振动方式示意图（图中"–"表示原子向纸面前方运动，"+"表示向纸面后方运动）。

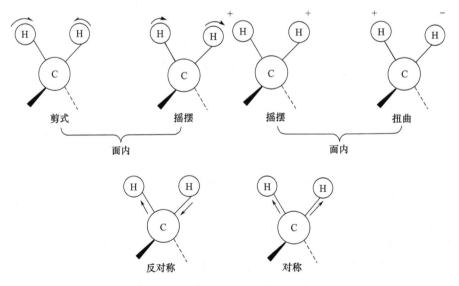

图 2-2 —CH_2—的几种振动方式示意图

各种振动式中，英文名称和简写符号见表 2-1。

振动跃迁能量大小排序为：$E_{伸缩振动能级} > E_{弯曲振动能级}$，按照吸收辐射的波数（波长倒数）高低，其顺序为：$\nu_{as} > \nu_s > \delta$。

表 2-1 振动类型的英文名称及简写符号

振动类型	英文名称	简写符号
伸缩振动	stretching vibration	ν
对称伸缩振动	symmetrical Stretching vibration	ν_s
不对称伸缩振动	asymmetrical Stretching vibration	ν_{as}
变形振动	deformation vibration	δ
对称变形振动	symmetrical deformation vibration	δ_s
不对称变形振动	asymmetrical deformation vibration	δ_{as}
弯曲振动	bending vibration	ν
面内弯曲振动	in-plane bending vibration	β
面外弯曲振动	out-of-plane bending vibration	γ
卷曲摆动	twisting vibration	γ
平面摇摆振动	rocking vibration	ρ
非平面摇摆振动	wagging vibration	ω

三、分子振动的自由度

在简单的双原子分子中，其振动种类的数目以及这些振动是否为红外活性等一般都可以推导出来，对于复杂分子作此种分析则比较困难。多原子分子可能具有的振动数目可以这样推算，确定空间一个点需要三个坐标，要确定空间 N 个点的位置，共需 $3N$ 个坐标。对于由 N 个原子组成的多原子分子，每个坐标对应于一个原子的运动自由度，因此该分子被称为 $3N$ 的自由度。

确定分子运动时必须考虑：整个分子通过空间的运动（既重心平移运动）；整个分子围绕其重心转动的运动；每个原子相对于其他原子的运动，即各种振动。

为了说明平移运动需要三个坐标，分子的转动需要 3 个自由度。剩下的 $(3N-3)$ 个自由度则涉及原子间的运动，也就是分子内可能存在的振动数目。由于线性分子是一种特殊情况，所有原子都在一条直线上，不能绕键轴转动，所以描述转动只需要 2 个自由度，因此对于线性分子，其振动数目为 $(3N-5)$。但是实际上振动的数目并不一定正好和观察到的吸收峰数目一致，吸收峰数往往要少一些。原因是：

（1）对称分子的对称振动不会使偶极矩发生变化；

（2）有两个或两个以上的振动能量相同或几乎相同；

（3）吸收强度很低，无法用普通方法检测出来；

（4）振动能级所在波长区域超出了一切许可的范围。

例如，CO_2 分子为线性分子（O=C=O），振动自由度数（基本振动数）= $3N-5 = 3\times3-5 = 4$。

四种振动形式如下所示。

$$\overset{\leftarrow}{O}=\vec{C}=O \qquad \vec{O}=\vec{C}=O$$

对称伸缩   非对称伸缩

$$\overset{\uparrow}{O}=C=\overset{\downarrow}{O} \qquad\qquad \overset{\nwarrow}{O}=C=\overset{\nearrow}{O}$$

弯曲（X、Y平面）　　　　　弯曲（Y、Z平面）

CO_2 分子存在着四种基本振动形式，应该有四个吸收峰，但实际上只有在 $667cm^{-1}$ 和 $2349cm^{-1}$ 处出现两个吸收峰，原因是对称伸缩振动不引起偶极矩的改变，因此无吸收峰出现。另外，面内弯曲振动（$\beta=667cm^{-1}$）和面外弯曲振动（$\gamma=667cm^{-1}$）频率完全相同，峰带发生兼并。

四、红外光谱的表示方法

1. 谱带位置

吸收位置通常用波长（λ）、频率（ν）和波数（σ）表示，其符号、单位、定义见表2-2。

表2-2　光谱中的几个基本概念

术语	符号	单位	定义
频率	ν	周/s，Hz	每秒振动次数
波长	λ	nm，μm，cm	振幅相同而相位相差一个周期的最近两点间的距离
波数	σ	cm^{-1}	单位长度上波的数目

波长与频率关系为：

$$\lambda \cdot \nu = c = 3\times 10^{10}\,cm/s$$

波长与波数之间的关系为：

$$\lambda \cdot \sigma = 10^4$$

辐射的频率（ν）、波长（λ）和波数（σ）的关系是：

$$\Delta E = h\nu = hc/\lambda = h\sigma c$$

2. 吸收强度

定性研究红外光谱时，强度是以极强（VS）、强（S）、中等（m）、弱（w）和极弱（vw）表示，他们与表观摩尔消光系数 ε^a 的对应值的范围见表2-3。

表2-3　红外吸收强度与 ε^a 的对应值

强度	ε^a
极强（VS）	200
强（S）	75~200
中等（m）	25~75
弱（w）	5~25
极弱（vw）	0~5

$$\varepsilon^a = \frac{1}{LC}lg\left(\frac{T_0}{T}\right)_\gamma$$

式中：ε^a——摩尔消光系数；

C——浓度，mol/L；

L——光程，cm；

T_0，T——分别为入射光和透射光的强度。

各基团对红外光的吸收强度，通常用吸光值（A）和透光率（T）表示。

前一种表示方法是以吸光值表示图谱纵坐标中 $\lg I_0/I$ 的值从 $0 \sim \infty$，数值越高，吸收越强，波峰顶所对应的波长和波数系为特征波长和特征频率。后一种表示方法是以透光率为图谱的纵坐标，从 $0 \sim 100\%$，这种表示方法，显然是透光大的部分（即无吸收基的部分或 A 值小的部分）的曲线在图的上面，基团的吸收越强，曲线越向下，因此以往所讲吸收峰在这类图谱中实际上以"吸收谷"形式出现，不过在习惯上这些谷仍称为峰。

吸收峰强弱与振动能级跃迁概率大小有关，跃迁概率大，吸收峰强度将增大。另外，振动过程中偶极矩的变化亦会对峰强产生影响，而偶极矩与基团的极性大小、振动形式和分子的对称性有关。例如，$\nu_{C=O} > \nu_{C=C}$、$\nu_{OH} > \nu_{CH}$、$\nu_{as} > \nu_s > \delta$。又如，$CO_2$（线型分子）等对称伸缩振动因偶极矩不发生变化而无峰。除此之外，氢键的形成和共轭效应的产生等因素都会改变吸收峰的强度。

第二节 吸收带与化学结构的关系

一、有关光谱术语

1. 基频谱带

由基态跃迁到第一振动激发态所产生的吸收谱带称作基频带。基频与基团中原子的质量和化学键能之间存在着下面的关系式。

$$\nu = \frac{1}{2\pi c} \sqrt{\frac{K}{\mu}}$$

式中：ν——基频谱带频率，cm^{-1}；

c——光速，cm/s；

μ——折合质量（$\mu = \dfrac{m_1 m_2}{m_1 + m_2}$，其中 m_1 和 m_2 为原子质量，单位为 g）；

K——键力常数，相当于化学键键能。

一些官能团的键力常数见表 2-4。

表 2-4 某些官能团的键力常数

官能团类型	键力常数（10^{-5}N/cm）
C—C	4.5
C—O	5.77
C—N	4.80
C≕C	9.77
C≡C	12.2

续表

官能团类型	键力常数（10^{-5}N/cm）
C—H	5.07
O—H	7.6
C=O	12.06

键力常数增大，基频波数亦增大。

例如，ν_{C-C} 为 1300cm^{-1}、$\nu_{C=C}$ 为 1600cm^{-1}、$\nu_{C\equiv C}$ 为 2200cm^{-1}。

2. 倍频谱带

倍频谱带亦称泛频谱带，指吸收红外光子后振动量子数变化大于 1 的跃迁，即由振动基态跃迁到第 2、3、4…激发态所产生的吸收谱带，它是基频的整数倍，如 $2\nu_{as}$、$3\nu_s$ 等。又如，$\nu_{C=O}$ 的基频等于 1700cm^{-1}，其第一倍频出现在 $2\nu_{C=O}=3400$cm^{-1}。一般只需考虑第一倍频，其强度也只有基频的 1%~10%。

3. 组合频谱带

由基频 ν_1 和 ν_2 同时激发而引起的 $\nu_1+\nu_2$ 或 $\nu_1-\nu_2$ 的吸收带，一般强度很弱，在剖析芳香烃所用的 2000~1600cm^{-1} 谱峰就是 C—H 键在 900~650cm^{-1} 区域面外变形振动的倍频或合频。

4. 偶合吸收带

当两个频率近似的基团在分子中靠得很近时，由于振动的互相影响（偶合）而出现的吸收带叫偶合吸收带。

例如，乙酸酐在 1800~1720cm^{-1} 有两个 $\nu_{C=O}$ 吸收带，一个吸收带波数为 1828cm^{-1}，另外一个吸收波数为 1750cm^{-1}，这是由于下面两种形式的 C=O 伸缩振动之间发生偶合而产生的。

对称　　　　　　　　非对称

又如，孤立的 $\nu_{C=C}$ 为 1650cm^{-1}，但在丙烯基中出现 1950cm^{-1} 和 1050cm^{-1} 两个吸收带，这是由于存在着 $\overset{\leftarrow}{C}=\vec{C}=C$ 和 $\vec{C}=\vec{C}=C$ 两个不同的振动态。

5. 费米共振

当倍频或合频与基频只差几个波数时，它们互相作用，结果基频强度下降，而原来很弱的倍频和合频的强度则迅速增加，这种现象称为费米共振。

例如 〈〉—COCl ，在 1773cm^{-1} 和 1736cm^{-1} 处出现两个吸收带是由于 $\nu_{C=O}$（1774cm^{-1}，基频）和 C（苯基）—C（羰基）的角振动（880~860cm^{-1}）的第一倍频之间发生费米共振

而产生的。

二、特征频率区与指纹区

1. 特征频率区

由式 $\nu = \dfrac{1}{2\pi c}\sqrt{\dfrac{K}{\mu}}$ 可知基团振动吸收谱带出现的位置主要取决于成键原子的质量和键力常数。

例如，对于 C≡O 键，m_1、m_2 分别为 12 和 16，$K = 12$，从而得出 $\nu = 3000\text{cm}^{-1}$。

实际上，计算的官能团吸收谱带的位置只是近似的，因为化学键的振动总是要受到分子其他部分和测量环境的影响。因此，不同化合物的同一功能基团的某种方式的振动频率总是出现在某一范围之内，例如，在不同的化合物中，只要含有羰基（C≡O），其伸缩振动频率就出现在 $1650 \sim 1850\text{cm}^{-1}$；只要含有羟基（OH），伸缩振动频率就出现在 $3000 \sim 3700\text{cm}^{-1}$；只要含有 C≡C 基团，伸缩振动就出现在 $2000 \sim 2300\text{cm}^{-1}$，这说明各种功能基的红外吸收谱带均出现在一定的波数范围之内，并且具有一定的特征性。这种以比较高的强度在与某一基团是特征的范围内出现，并可供鉴定该基团的吸收频率叫作功能基的特征频率。许多基团和化学键与频率的对应关系在 $4000 \sim 1300\text{cm}^{-1}$ 区域内能够明确地体现出来，因此将该区域称为特征频率区。

2. 指纹区

波数在 1300cm^{-1} 以下区域的吸收带，大多是一些单键的伸缩和各种弯曲振动（如 C—C、C—N、C—O 等）。此区间振动类型复杂且吸收带常常出现重叠。谱带位置变动范围大，特征性差，但对于分子整体的结构却十分敏感，即分子结构发生细微变化都会引起该区谱带的明显改变，因此称此区为指纹区，如同人的指纹一样，尽管两个化合物的结构如此相似，而在该区的光谱都呈现出明显的差异，所以有利于化合物的鉴定。

3. 相关峰

互相依存又互相佐证的吸收峰叫相关峰。例如，—CH$_3$ 的相关峰有 $\nu_{\text{C—H}}\,(\text{as}) = 2960\text{cm}^{-1}$、$\nu_{\text{C—H}}\,(\text{s}) = 2870\text{cm}^{-1}$、$\delta_{\text{C—H}}\,(\text{as}) = 1470\text{cm}^{-1}$、$\delta_{\text{C—H}}\,(\text{s}) = 1380\text{cm}^{-1}$、$\delta_{\text{C—H}}\,(\text{面外}) = 720\text{cm}^{-1}$。

第三节　影响谱带位移的因素

同一基团的特征频率及其强度在不同的分子和外界环境中并不完全相同，即受到不同因素的影响而发生变化。影响特征谱带频率和强度的因素有外部因素和内部因素。

一、测定状态及条件

1. 固态效应（物态变化）

同一化合物在不同的聚集态下有频率和强度互异的光谱，图 2-3 为正乙酸在液体和气态下的红外光谱。一般特征频率随气体→液体→固体的状态变化而降低。

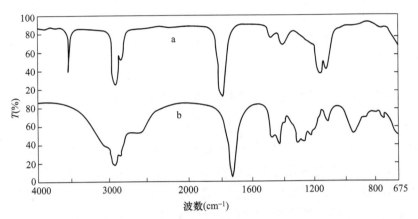

图 2-3 正乙酸在液体和气态下的红外光谱

a—蒸汽 b—液体

气态下分子间的影响甚微，或者没有影响。但增大气体压力，分子之间开始发生作用，吸收带变宽，即发生加压变宽现象。

液态下由于分子间的作用，相对于气态光谱频率发生移动，倘若分子间出现缩合或氢键，谱带的频率、数目和强度就会发生大的变化。

由于晶体力场的作用发生分子振动与晶格振动的偶合，固态光谱的吸收带比液态尖锐，而且多。对于同质异晶形，各种晶型变化的红外光谱亦不相同。

2. 溶剂效应

在极性溶剂中，极性功能基的伸缩振动频率随着溶剂极性的增加而降低，以羧酸基中 C=O

为例，$-C\begin{subarray}{l} O \\ OH \end{subarray}$（气态）中 $\nu_{C=O}$ 在 1780cm^{-1}，在非极性溶剂 $\nu_{C=O}$ 在 1760cm^{-1}，乙醚中

$\left(-C\begin{subarray}{l} O \\ -OHC \end{subarray}\begin{subarray}{l} C_2H_5 \\ C_2H_5 \end{subarray}\right)$，$\nu_{C=O}$ 在 1775cm^{-1}，乙醇作为溶剂 $\left(-C\begin{subarray}{l} O\cdots HOEt \\ OH \end{subarray}\right)$，$\nu_{C=O}$

在 1720cm^{-1}。

3. 氢键效应

氢键的形成往往使 ν_{OH} 特征频率降低，强度加大，谱线变宽。这主要是由于形成 R—O$^{\delta^-}$—H$^{\delta^+}$←: X$^{\delta^-}$氢键时，X（常为 O、N 等）中孤对电子和带部分正电荷的 H 相互作用，使 H 原子上电子云密度增加，H 与 O 原子的距离就比正常的 O—H 键要长些。其键能和红外振动频率也随之降低，图 2-4 为乙醇在不同浓度四氯化碳溶液中的红外光谱。

4. 仪器分辨率

由于光栅型和棱镜型红外分光光度计分辨率的差别，同一物质所测得的红外光谱图也不尽相同，这一点必须注意，否则，同一物质会误认为两种不同的物质，甚至同一样品因制样方法不同亦会出现红外光谱的差异。

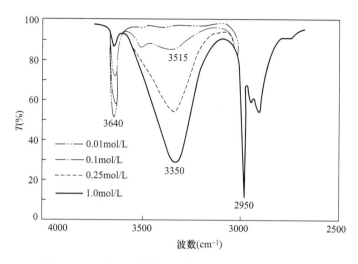

图 2-4 乙醇在不同浓度四氯化碳溶液中的红外光谱

二、结构因素

1. 诱导效应

在具有一定极性的共价键中，随着取代基电负性的不同而产生不同程度的静电诱导作用，从而引起分子中电荷分布的变化，改变了键力常数，使振动的频率发生变化，这种效应只沿键发生作用，与分子的几何形状无关，它主要是随着取代原子的电负性或取代基总的电负性而改变。

例如，下列四个卤素取代的丙酮化合物，随着取代基电负性的增大，羰基伸缩振动频率向高波数方向位移。

$$\underset{1715cm^{-1}}{R \leftarrow \overset{\overset{O}{\|}}{C} \rightarrow R} \qquad \underset{1780cm^{-1}}{R \leftarrow \overset{\overset{O}{\|}}{C} \rightarrow Cl} \qquad \underset{1827cm^{-1}}{Cl \leftarrow \overset{\overset{O}{\|}}{C} \rightarrow Cl}$$

$$\underset{1876cm^{-1}}{Cl \leftarrow \overset{\overset{O}{\|}}{C} \rightarrow F} \qquad \underset{1942cm^{-1}}{F \leftarrow \overset{\overset{O}{\|}}{C} \rightarrow F}$$

这种现象是由诱导效应引起的，在丙酮分子中略有极性，其氧原子带有一些负电荷，成键的电子云离开键的几何中心而偏向于氧原子，如果分子中的甲基被电负性强得多的卤元素取代，由于对电子的吸引力增加而使电子云更接近键的几何中心，因而，降低了羰基的极性，使其双键性增加，从而使振动频率增高。取代基的电负性越大，诱导效应越显著，振动频率向高频位移也就越大。

2. 共轭效应

共轭效应是指共轭体系具有共面性，并使共轭体系中电子云密度平均化，双键略有伸长，单键略有缩短，并且极易通过共轭体系传导静电，因此，影响了某些键的特征频率位置和强度。

例如，酮的 $\nu_{C=O}$ 因与苯环共轭而使 C=O 力常数减小，频率降低。

$$R-\underset{\underset{O}{\|}}{C}-R$$

$1710 \sim 1725 \text{cm}^{-1}$

$$\text{Ph}-\underset{\underset{O}{\|}}{C}-R$$

$1695 \sim 1680 \text{cm}^{-1}$

$$\text{Ph}-\underset{\underset{O}{\|}}{C}-\text{Ph}$$

$1667 \sim 1661 \text{cm}^{-1}$

$$\text{Ph}-\underset{\underset{O}{\|}}{C}-CH=CH-R$$

$1667 \sim 1653 \text{cm}^{-1}$

当含有易极化的孤对电子的原子连到多重键上时，也能看到这种情况，如酰胺

$R-\underset{\underset{O}{\|}}{C}-NR_2$ 中的 $\nu_{C=O}$ 因和 N 原子的孤对电子发生共轭作用（p—π 共轭）而使键力降低。虽然 N 原子有亲电子诱导效应（-I），但比起供电共轭效应（+M）影响小，即 N 的 +M>-I。

$$R-C\underset{}{\overset{O}{\rightarrow}}\ddot{N}R_2$$

由于两种效应作用相反，当两种效应同时存在时，波数的变化需要考虑两效应的净结果。例如，$\nu_{C=O}$ 以饱和脂肪酮作为分析例子。

$$R-C\underset{}{\overset{O}{\rightarrow}}\bar{O}R'$$

1735cm^{-1}

$$R-C\underset{}{\overset{O}{\rightarrow}}R'$$

1715cm^{-1}

$$R-C\underset{}{\overset{O}{\rightarrow}}\bar{S}R'$$

1735cm^{-1}

氧的供电共轭效应小于亲电诱导效应，即 +M<-I；硫的供电共轭效应大于亲电诱导效应，即 +M>-I。

（1）键角效应。以 C=O 环外双键为例，环中碳数减少，环张力增大，波数升高。

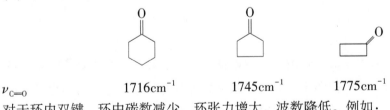

$\nu_{C=O}$ 1716cm^{-1} 1745cm^{-1} 1775cm^{-1}

对于环内双键，环中碳数减少，环张力增大，波数降低。例如：

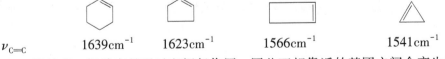

$\nu_{C=C}$ 1639cm^{-1} 1623cm^{-1} 1566cm^{-1} 1541cm^{-1}

（2）场效应。场效应是通过空间起作用，因此互相靠近的基团之间会产生场效应。

（A）$\nu_{C=O}$：1730cm^{-1} （B）$\nu_{C=O}$：1742cm^{-1}

在 4-叔丁基-2-溴环己酮（B）式中，C$^{\delta+}$—Br$^{\delta-}$键为平伏键（e 键），因此与 C=O 基靠得很近，与 C$^{\delta+}$—O$^{\delta-}$键产生的电荷的反拨作用，使 C=O 双键性增强，所以，$\nu_{C=O}$ 波数比（A）式中 $\nu_{C=O}$ 的高。

（3）共轭立体位阻。例如，C=O 基与苯环的共平面，常因 C=O 基上碳的邻位取代基空间位阻而受到影响，结果 $\nu_{C=O}$ 波数接近脂肪族 $\nu_{C=O}$ 的频率。

3. 振动偶合

振动的偶合会出现吸收峰的分裂，并且吸收峰位置也要发生变化。

4. 氘化作用

基频受基团中原子质量的影响一般不太大，但对于氘化了的 X—D 振动频率，则与 X—H 的吸收频率差异明显，原因是 X—H 与 X—D 的键力常数虽然相等，但 H 原子和 D 原子的质量比为 1∶2 因而造成吸收频率的明显差别。即：

$$\frac{\nu_{X-H}}{\nu_{X-D}}=\left(\frac{2+2m_X}{2+m_X}\right)^{\frac{1}{2}}=\sqrt{2}$$

此式表示含有 D 键的谱带频率近似地位于相应含有 H 键谱带频率的 $\sqrt{\dfrac{1}{2}}$ 处。

例如，$\nu_{C-H}=3000cm^{-1}$，$\nu_{C-D}=2600cm^{-1}$。

第四节 有机化合物特征吸收谱带

由于各种功能基的红外吸收谱带均出现在一定的波数范围之内，因而具有一定的特征性，这样的吸收带为特征吸收谱带，了解有机化合物的特征吸收谱带，对于分析有机物分子中的功能基、键型及其归属等都是很重要的。

一、红外光谱图八分区

有机物的功能基和键型的不同振动吸收频率对应于红外光谱的波数范围内的八个分区，即所谓的八分区。利用红外光谱的八分区可以将产生红外吸收的化学键型和振动类型做一主干性的框架划分，见表 2-5。

表 2-5 红外吸收八分区特征

波长（μm）	波数（cm^{-1}）	产生吸收的键
2.7~3.3	3750~3000	O—H，N—H（伸缩）
3.0~3.4	3300~2900	—C≡C—H，$\diagdown$C=C—H，Ar—H，（C—H 伸缩）

续表

波长（μm）	波数（cm^{-1}）	产生吸收的键
3.3~3.7	3000~2700	—CH$_3$，—CH$_2$，$\overset{\vert}{\underset{\vert}{C}}$—H，—$\overset{\overset{\textstyle O}{\parallel}}{C}$—H
4.2~4.9	2400~2100	C≡N，C≡C（伸展）
5.3~6.1	1900~1675	C═O（包括羰基、醛、酮酰胺、酯、羧酸酐中的 C═O 伸展）
5.9~6.2	1675~1500	C═C，—N═N—（脂肪族和芳香族伸展）C═N（伸展）
6.8~7.7	1475~1300	—C—H（弯曲）
10.0~15.4	1000~660	C═C$\overset{H}{\diagdown}$，Ar—H（平面外弯曲）

从表 2-5 可以看出，第一、第二和第三分区为单键伸缩振动区，第四分区为三键伸缩振动区，第五和第六分区为双键伸缩振动，第七和第八区为不同的弯曲振动。

1. 3750~3000cm^{-1} 区

该区为 ν_{OH} 和 ν_{NH} 吸收区。游离—OH，3700~3500cm^{-1}；缔合—OH，3450~3200cm^{-1}；游离—NH，3500~3300cm^{-1}；缔合—NH，3500~3100cm^{-1}； —$\overset{\overset{\textstyle O}{\parallel}}{C}$—NH$_2$ 和内酰胺吸收范围在 3500~3300cm^{-1}。在这一区，ν_{OH} 吸收峰形较宽，而 ν_{NH} 吸收峰比较尖锐，另外，伯胺双峰，仲胺单峰，叔胺无峰。氢键形成峰变宽，波数减小。

2. 3300~2700cm^{-1} 区

第二、第三分区见表 2-6。

表 2-6　3300~2700cm^{-1} 区官能团吸收特征

C—H 键类型	波数（cm^{-1}）	峰强度
Ar—H	3030	m（中等）
C≡C—H	3300	VS（极强）
C═C—H	3040~3010	M（中等）
—CH$_3$	2960，2870	VS（极强）
—CH$_2$	2930，2850	VS（极强）
—$\overset{\vert}{\underset{\vert}{C}}$—H	2890	W（弱）
—$\overset{\overset{\textstyle O}{\parallel}}{C}$—H	2770	W（弱）

这一区应该注意以下几点。

（1）以 3000cm^{-1} 为界，C≡C—H、C=C—H、Ar—H 的 C—H 键伸缩振动吸收低于 3000cm^{-1}，据此，可以区分饱和与不饱和化合物。

（2）1725cm^{-1} 附近有 $\overset{O}{\underset{\|}{—C—H}}$ 的羰基吸收峰。

（3）因为—CH$_3$ 和—CH$_2$—存在着两个振动态，所以出现双峰。

（4）在各类化合物中，—C≡C—（sp 杂化），而 —C=C$\diagdown$（sp^2 杂化）、$\diagup$—C—C—$\diagdown$（sp^3 杂化），碳原子中 s 成分比例降低，故 C—H 键长按下列顺序增大：

C≡C—H < —C=C—H < $\diagup$—C—H，而键力常数依次减小，故 ν_{CH} 波数分别为

C≡C—H 为 3300cm^{-1}，$\diagdown$C=C—H 为 3034~3010cm^{-1}，$\diagdown$—C—H 为 2960~2850cm^{-1}。

3. 2400~2100cm^{-1}（叁键区）

叁键区特性见表 2-7。

如果改用其他溶剂，λ_{max} 必须按表 1-7 所列校正因素加以校正。

表 2-7　叁键特性

叁键类型	波数（cm^{-1}）	峰强度
H—C≡C—R	2140~2100	S
R—C≡C—R'	2260~2190	V
R—C≡C—R	无吸收	
R—C≡N	2260~2240	S

共轭效应使上述吸收峰的频率向低波数方向移动。例如，⬡—C≡N，由于 π—π 共轭，使得 —C≡N 电子云密度降低，键力常数减小，波数下降，$\nu_{C≡N}$ 波数为 2240~2190cm^{-1}。

另外，对称叁键化合物，由于振动偶极矩变化为零，所以为非红外活性的。

4. 1900~1650cm^{-1} 区

此区为 $\diagup$C=O 伸缩振动区，$\nu_{C=O}$ 常出现在 1755~1670cm^{-1} 区域，由于 C=O 电偶极矩较大，故为一特征强峰。共轭作用使 $\nu_{C=O}$ 波数降低，另外，内酯和内酰胺随着环张力的增大，吸收波数升高。例如：

1680cm^{-1}　　　　　　1700cm^{-1}

酮、酯、酰胺可以酮 1710cm^{-1}、酯 1735~1710cm^{-1}、酰胺 1700~1680cm^{-1} 加以区别。羧酸除 ν_{OH}3300~3900cm^{-1}、$\nu_{C=O}$ 1710cm^{-1} 外，酐因其偶合作用在 1850~1800cm^{-1} 和 1790~

1740cm^{-1} 出现双峰，并且较一般羰基吸收波数高。酰亚胺 亦有两个吸收峰，1770cm^{-1} 和 1700cm^{-1}，但波数比酸酐略低。

在酰胺化合物中，$\nu_{C=O}$ 称酰胺 I 谱带，—NH$_2$ 弯曲振动或 N—H 弯曲振动与 C—N 伸缩振动的组频称为酰胺 II 谱带，ν_{C-H} 称为 III 谱带；NH 面外弯曲振动吸收波数在 620cm^{-1}、700cm^{-1} 和 600cm^{-1} 处，分别称为酰胺 IV 谱带、酰胺 V 谱带和酰胺 VI 谱带。酰胺 $\nu_{C=O}$、ν_{NH} 和 δ_{NH} 的红外吸收见表 2-8。

表 2-8 酰胺 $\gamma_{C=O}$、γ_{NH} 和 δ_{NH} 的红外吸收

酰胺类型	吸收位置（cm^{-1}）	强度	振动类型
伯酰胺	3500，3400	m	γ（NH$_2$）游离
	3350~3100	m	γ（NH$_2$）缔合
	1650	s	γ（C=O）
仲酰胺	1650~1620	s	δ（NH$_2$）
	3460~3440	m	γ（NH）游离
	3320~3270	m	γ（NH）缔合
叔酰胺	1680~1630	s	γ（C=O）
	1570~1510	s	δ（NH）
	1670~1630	s	γ（C=O）

5. 1680~1575cm^{-1} 区（双键振动区）

双键振动区特性见表 2-9。

表 2-9 双键特性

双键类型	波数（cm^{-1}）	强度
$\diagdown$C=C$\diagup$	1680~1620	不定
$\diagdown$C=N—	1690~1640	不定
—N=N—	1630~1575	不定

当分子比较对称，如 R$_2$C=CR$_2$，$\nu_{C=C}$ 峰极弱或无吸收。芳香系化合物在 1600~1500cm^{-1} 一般会出现几个较强的吸收峰。$\nu_{C=C}$ 吸收常会与 $\nu_{C=O}$ 吸收重叠，但由于 $\nu_{C=O}$ 为强吸收，所以可以区分。

6. 1475~650cm⁻¹ 区（面外 CH 弯曲振动区）

这一区内—CH₃ ~1380cm⁻¹ 为单峰，异丙基 $\overset{\displaystyle CH_3}{\underset{\displaystyle CH_3}{C}}$ 分别在 1380~1370cm⁻¹ 和 1385~

1350cm⁻¹ 出现吸收。

7. 1000~650cm⁻¹ 区（面外 CH 弯曲振动区）

这一区的吸收具有两个作用：鉴定各类烯烃；鉴定苯环取代基个数和取代位置，见表 2-10。

表 2-10 链烯烃红外吸收

链烯烃类型	波数（cm⁻¹）	强度
RCH=CH₂	990~910	s
RCH=CRH（z）	690	m→s
RCH=CRH（E）	970	m→s
R₂C=CH₂	890	m→s
R₂C=CHR	840~790	m→s

例如，化合物 CH_3—CH=CH—CH_3（A）和 CH_3CH=CH_2（B），在 1680~1620cm⁻¹ 区间均有 $\nu_{C=C}$ 吸收，但（A）化合物为 RCH=CHR 型链烯烃，所以有 690cm⁻¹（Z）或 970cm⁻¹（E）吸收峰，而（B）化合物为 RCH=CH₂ 类型链烯烃，因此有 910cm⁻¹、990cm⁻¹ 两个吸收峰。

芳香族化合物是一类很重要的有机化合物，所以，了解芳香族化合物的特征吸收对于识别芳香族化合物、判断其取代基类型及取代基个数很有用。

芳香化合物依据的重要吸收：

（1）ν_{CH}（AR—H）~3030cm⁻¹ 说明不饱和。

（2）1600~1500cm⁻¹ 区为芳环的骨架振动区（$\nu_{C\cdots C}$）~1600cm⁻¹，~1585cm⁻¹，~1500cm⁻¹、~1450cm⁻¹ 比较重。

（3）2000~1650cm⁻¹ 为 δ_{CH}（AR—H 面外）倍频及组频（称泛频区），往往由 2~6 个峰组成，为取代苯类的特征谱带。可与标准图比较，确定苯环取代特征。

（4）910~690cm⁻¹ 区为 δ_{CH}（面外）的吸收峰，亦可以判断芳环的取代类型。

五邻氢 770~730cm⁻¹（VS）、710~690cm⁻¹（s），四邻氢 770~735cm⁻¹（VS）、三邻氢 810~750cm⁻¹（VS），两个邻氢 860~800cm⁻¹（VS），单一氢 900~860cm⁻¹（m）。

上述规律亦可用于稠环烃化合物。泛频区苯型化合物的取代类型如图 2-5 所示。

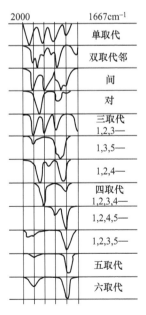

图 2-5 苯型化合物取代基类型

二、有机物基团的特征吸收谱带

红外光谱八分区只是给出了某一基团特征吸收谱带的大致范围，欲搞清楚基团的确切归属，就需要对基团特征吸收谱带做进一步详细分析。鉴于有机物繁多，我们将基团的特征吸收以表格形式（表2-11）列后，供分析谱图时查阅。

表2-11 特征红外基团频率

A.烃发色团			
（1）C—H伸展			
a.烷烃	3.38~3.51	（m或s）	2962~2853
b.单取代烯烃（乙烯基）	3.29~3.3	（m）	3040~3010
	3.23~3.25	（m）	3095~3075
顺式双取代烯烃	3.29~3.32	（m）	3040~3010
反式双取代烯烃	3.29~3.25	（m）	3040~3010
同碳双取代烯烃	3.23~3.25	（m）	3095~3075
三取代烯烃	3.29~3.32	（m）	3040~3010
c.炔烃	~3.03	（s）	~3300
d.芳环烃	~3.30	（v）	~3030
（2）C—H弯曲			
a.烷烃，C—H	~7.46	（w）	~1340
烷烃，—CH₂—	6.74~6.92	（m）	1485~1445
烷烃，—CH₃	6.8~7.00	（m）	1470~1430
	7.25~7.30	（s）	1380~1370
烷烃，同碳二甲基	7.22~7.25	（s）	1385~1380
	7.30~7.33	（s）	1370~1365
烷基，叔丁基	7.17~7.22	（m）	1395~1385
	~7.33	（s）	~1365
b.单取代烯烃（乙烯基）	10.05~10.15	（s）	995~985
	10.93~11.05	（s）	915~905
	7.04~7.09	（s）	1420~1410
顺式双取代乙烯	~14.5	（s）	~690
反式双取代乙烯	10.31~10.42	（s）	970~96
	9.64~9.72	（m）	1310~1295
同碳双取代乙烯	11.17~11.30	（s）	895~885
	7.04~7.09	（s）	1420~1410
三取代烯烃	11.90~12.66	（s）	840~790
c.炔烃	~15.9	（s）	~630
d.芳环的取代类型			
五个相邻的氢原子	~13.3	（v，s）	~750

四个相邻的氢原子	~11.3	(v, m)	~750
三个相邻的氢原子	~12.8	(v, m)	~780
二个相邻的氢原子	~12.0	(v, m)	~830
一个氢原子	~11.3	(v, m)	~880
(3) C—C 多键的伸展			
a. 非共轭烯烃	5.95~6.17	(v)	1680~1620
单取代烯烃（乙烯基）	~6.08	(m)	~1645
顺式双取代烯烃	~6.03	(m)	~1658
反式双取代烯烃	~5.97	(m)	~1675
同碳双取代烯烃	~6.05	(m)	~1653
三取代烯烃	~5.99	(m)	~1669
四取代烯烃	~5.99	(w)	~1669
双烯	~6.06	(w)	~1650
	~6.25	(w)	~1600
b. 单取代炔烃	4.67~4.76	(m)	2140~2100
双取代炔烃	4.42~4.57	(v, w)	2260~2190
c. 丙二烯	~5.1	(m)	~1950
	~9.4	(m)	~1610
	~6.25	(v)	~1600
d. 芳环烃	~6.33	(v)	~1580
	~6.67	(m)	~1500
	~6.90	(m)	~1450
B. 羰基发色团			
(1) 酮的伸展振动			
a. 非环饱和的酮	5.80~5.87	(s)	1725~1705
b. 环状饱和酮			
六元环（和六元以上环）	5.80~5.87	(s)	1725~1705
五元环	5.71~5.75	(s)	1750~1740
四元环	~5.63	(s)	~1775
c. α, β-不饱和非环酮	5.94~6.01	(s)	1695~1665
d. α, β-不饱和环酮			
e. $\alpha, \beta, \alpha', \beta'$-不饱和非环酮	5.99~6.01	(s)	1670~1663
f. 芳酮（Aryl）	5.88~5.95	(s)	1700~1680
g. 二芳酮（Diaryl）	5.99~6.02	(s)	1670~1660
h. α-二酮	5.78~5.85	(s)	1730~1710
i. β-二酮（烯醇式的）	6.10~6.50	(s)	640~1540
j. 1,4-（苯）醌	5.92~6.02	(s)	1690~1660

k. 烯酮	~4.65	（s）	~2150
（2）醛			
a. 羰基伸展振动			
饱和的脂肪醛	5.75~5.8	（s）	1740~1720
α、β-不饱和脂肪醛	5.87~5.95	（s）	1705~1680
α、β、γ, δ-不饱和脂肪醛	5.95~6.02	（s）	1680~1660
芳醛	5.83~5.90	（s）	1715~1695
b. C—H 伸缩振动，双峰	3.45~3.55	（w）	2900~2820
	3.60~3.70	（w）	2775~2700
（3）酯的伸缩振动			
a. 非环饱和酯	5.71~5.76	（s）	1750~1735
b. 环状饱和酯			
α-内酯（和大环的）	5.71~5.76	（s）	1750~1735
γ-内酯	5.61~5.68	（s）	1780~1760
β-内酯	~5.5	（s）	~1820
c. 不饱和的			
乙烯酯型	5.56~5.65	（s）	1800~1770
α、β-不饱和的和芳基酯	5.78~5.82	（s）	1730~1717
α、β-不饱和 δ-内酯	5.78~5.82	（s）	1730~1717
α、β-不饱和 γ-内酯	5.68~5.75	（s）	1760~1740
α、β-饱和 γ-内酯	5.56	（s）	~1880
d. α-酮酯	5.70~5.75	（s）	1755~1740
e. β-酮酯（烯醇式的）	~6.06	（s）	~1650
f. 碳酸酯	5.62~5.75	（s）	1780~1740
（4）羧酸			
a. 羰基伸展振动			
饱和脂肪酸	5.80~5.88	（s）	1725~1700
α、β-不饱和脂肪酸	5.83~5.92	（s）	1715~1690
芳香酸	5.88~5.95	（s）	1700~1680
b. 羟基伸展（束缚的）几个峰	3.70~4.00	（w）	2700~2500
c. 羧酸负离子的振动	6.21~6.45	（s）	1610~1550
	7.15~7.69	（s）	1400~1300
（5）酸酐的伸缩振动			
a. 非环饱和酸酐	5.41~5.56	（s）	1850~1800
	5.59~5.75	（s）	1790~1740
b. 非环的，α、β-不饱和与芳基的酸酐	5.47~5.62	（s）	1830~1780
	5.65~5.81	（s）	1770~1720

续表

c. 饱和五元环酸酐	5.35~5.49	(s)	1870~1820
	5.56~5.71	(s)	1800~1750
d. α、β-不饱和五元环酸酐	5.41~5.56	(s)	1850~1800
	5.47~5.62	(s)	1800~1780
（6）酰卤的伸展振动			
a. 酰氟化合物	~5.41	(s)	~1850
b. 酰氯化合物	~5.57	(s)	~1795
c. 酰溴化合物	~5.53	(s)	~1810
d. α、β-不饱和的与芳基酰卤	5.61~5.72	(s)	1780~1750
	5.72~5.82	(s)	1750~1720
e. COF_2	5.19	(s)	1928
f. $COCl_2$	5.47	(s)	1828
g. $COBr_2$	5.47	(s)	1828
（7）酰胺			
a. 羰基伸展振动			
一级，固体和浓溶液	~6.06	(s)	~1680
一级，稀溶液	~5.92	(s)	~1690
二级，固体和浓溶液	5.95~6.14	(s)	1680~1630
二级，稀溶液	5.88~5.99	(s)	1700~1670
三级，固体和溶液	5.99~6.14	(s)	1670~1630
δ-环内酰胺，稀溶液	~5.95	(s)	~1680
γ-环内酰胺，稀溶液	~5.88	(s)	~1700
γ-环内酰胺，稠合在另一环上，稀溶液	5.71~5.88	(s)	1750~1700
β-环内酰胺，稠溶液	5.68~5.78	(s)	1760~1730
β-环内酰胺，稠合在另一环上，稀溶液	5.62~5.65	(s)	1780~1770
非环脲	~6.02	(s)	~1660
环脲，六元环	~6.1	(s)	~1640
环脲，五元环	~5.81	(s)	~1720
亚胺酯	5.75~5.92	(s)	1740~1690
非环亚胺	~5.85	(s)	~1710
	~5.88	(s)	~1700
环亚胺，六元环	~5.85	(s)	~1710
	~5.8	(s)	~1700
α，β-不饱和环亚胺，六元环	~5.78	(s)	~1730
	~5.99	(s)	~1670
环亚胺，五元环	~5.65	(s)	~1770
	~5.88	(s)	~1700

α，β-不饱和五元环亚胺	~5.59	(s)	~1790
	~5.85	(s)	~1710
b. N—H 伸缩振动			
一级，自由的 N—H，双峰	~2.86	(m)	~3500
	~2.94	(m)	~3400
一级，束缚的 N—H，双峰	~2.99	(m)	~3350
	~3, 15	(m)	~3180
二级，自由的 N—H，单峰	~2.92	(m)	~3430
二级，束缚的 N—H，单峰	3.0~3.2	(m)	1550~1510
c. N—H 弯曲振动			
一级酰胺，稀溶液	6.17~6.29	(s)	1620~1590
二级酰胺，稀溶液	6.45~6.62	(s)	1550~1510
C. 其他发色团			
(1) 醇和酚			
a. O—H 伸缩振动			
自由的 O—H	2.74~2.79	(v, sh)	3650~3590
分子间氢键（随稀释作用改变）			
单桥化合物	2, 82~2.90	(v, sh)	3550~3450
聚合的联结	2, 94~3.13	(s, b)	3400~3200
分子内氢键（随稀释作用无变化）			
单桥化合物	2.80~2.90	(v, sh)	3570~3450
螯合化合物	3.1~4.0	(w, b)	3200~2500
b. O—H 弯曲和 C—O 伸缩振动			
一级醇	~9.5	(s)	~1050
	7.4~7.9	(s)	1350~1260
二级醇	~9.1	(s)	~1100
	7.4~7.9	(s)	1350~1260
三级醇	~8.7	(s)	~1150
	7.1~7.6	(s)	1410~1310
酚	~8.3	(s)	~1200
	7.1~7.6	(s)	1410~1310
(2) 胺			
a. N—H 伸展振动			
一级，自由的 N—H，双峰	~2.86	(m)	~3500
	~2.94	(m)	~3400
二级，自由的 N—H，单峰	2.96~3.02	(m)	3500~3310
亚胺（=N—H），单峰	2.94~3.03	(m)	3400~3300

续表

铵盐	3.2~3.3	(m)	3130~3030
b. N—H 弯曲振动	b. N—H 弯曲振动	b. N—H 弯曲振动	b. N—H 弯曲振动
一级	6.06~6.29	(s-m)	1650~1590
二级	6.06~6.45	(w)	1650~1550
铵盐	6.25~6.35	(s)	1600~1575
	~6.67	(s)	~1500
c. C—N 振动			
一级芳环的	7.46~8.00	(s)	1340~1250
二级芳环的	7.41~7.81	(s)	1350~1280
三级芳环的	7.36~7.64	(s)	1360~1310
脂肪族的	~7.1	(w)	1220~1020
	~7.1	(w)	~1410
(3) 不饱和氮化物			
a. C≡N 伸展振动			
烷腈	4.42~4.46	(m)	2260~2240
α, β-不饱和烷腈	4.47~4.51	(m)	2235~2215
芳腈	4.46~4.50	(m)	2240~2220
异氰酸酯	4.40~4.46	(m)	2275~2240
异腈化物	4.50~4.83	(m)	2220~2070
b. ＞C＝N— 伸展振动（亚胺，肟）			
烷基化合物	5.92~6.10	(v)	1690~1640
α, β-不饱和化合物	6.02~6.14	(v)	1660~1630
c. —N≡N—伸展振动			
偶氮化合物	6.14~6.35	(v)	1630~1575
d. —N≡C ≡N 伸展振动			
二亚酰胺	4.64~4.70	(s)	2155~2130
e. —N, 伸展振动, 叠氮化合物	4.63~4.72	(s)	2160~2120
	7.46~8.48	(w)	1340~1180
f. C—NO$_2$, 硝基化合物			
芳香族的	6.37~6.67	(s)	1570~1500
	7.30~7.70	(s)	1370~1300
脂肪族的	6.37~6.45	(s)	1570~1550
	7.25~7.30	(s)	1380~1370
g. O—NO$_2$, 硝酸根	6.06~6.25	(s)	1650~1600
	7.70~8.00	(s)	1300~1250
h. C—NO, 硝酸基化合物	6.25~6.67	(s)	1600~1500

续表

i. O—NO，亚硝酸根	5.95~6.06	（s）	1680~1650
	6.15~6.25	（s）	1625~1610
（4）卤化物，C—X 伸展振动			
a. C—F	7.1~10.0	（s）	1400~1000
b. C—Cl	12.5~16.6	（s）	800~600
c. C—Br	16.6~20.0	（s）	600~500
d. C—I	~20	（s）	~500
（5）硫化物			
a. S—H 伸展振动	3.85~3.92	（w）	2600~2550
b. C≡S 伸展振动	8.33~9.52	（s）	1200~1050
c. S≡O 伸展振动			
硫氧化物	9.35~9.71	（s）	1070~1030
矾	8.62~8.77	（s）	1160~1140
	7.41~7.69	（s）	1350~1300
亚硫酸盐	8.13~8.70	（s）	1230~1150
	7.00~7.41	（s）	1430~1350
磺酰氯	8.44~8.59	（s）	1185~1165
	7.30~7.46	（s）	1370~1340
磺酰胺	8.48~8.77	（s）	1180~1140
	7.30~7.46	（s）	1350~1300
磺酸	8.48~8.77	（s）	1210~1150
	9.43~9.71	（s）	1060~1030
	~15.4	（s）	~650

三、纺织纤维的红外吸收光谱

化学纤维和天然纤维均属高分子化合物，红外光谱比较复杂，常出现吸收谱带重叠现象。表 2-12 列出了各种纤维的红外吸收光谱的主要吸收带和特征频率。

表 2-12　各种纤维 IR 光谱的主要吸收带和特征波数

纤维名称	主要吸收谱带及特征波数（cm^{-1}）
棉	3450~3250，2900，1630，1370，1100~970，550
亚麻	3450~3250，2900，1730，1630，1430，1370，1100~970，550
苎麻	3400~3350，2900，1630，1430，1370，1100~970，550
羊毛	3400~3250，2900，1720620，1500，1220
生丝	3300~3200，2950，1710~1500，1220，1050
熟丝	3300，2950，1710~1630，1530~1500，1440，1220，610，540
接枝苯乙烯加工丝	3300，3050，2950，1710~1630，1530~1490，1450，1220，750，690，540
聚苯乙烯	3050，2950，1600，1420，1450，1020，750，690，540

续表

纤维名称	主要吸收谱带及特征波数（cm^{-1}）
黏胶	3450~3250，2900，1650，1430~1370，1060~970，890
玻里诺西克	
铜氨	
醋酯	3350，2950，1750，1430，1370，1230，1040，900，600
三醋酯	
蛋白乙烯	3300，2900，2250，1680~1630，1530，1450，1230，540
锦纶（聚酰胺）6	3300，3050，2950，2850，1630，1530，1450，1250，680，570
维纶	3400，2950，1430~1400，1090~1050，1020，850，790
偏氯纶	3000，1730，1400，1350，1070，1050，650，600，520，450
氯纶	2950，2900，1420，1350，1250，1090，950，690，650~600
涤纶	1730，1410，1340，1250，1120，1100，1020，870，720
腈纶（A）	2950，2250，1730，1450，1360，1220，1160，1060，540
腈纶（B）	
腈纶（C）	2950，2250，1730，1450，1360，1220，1070~1020
腈纶（D）	2950，2250，1730，1680，1450，1360，1160，1070，530
改性腈纶（KC 型）	2950，2250，1510，1450，1360，1250，990，620
改性腈纶（S 型）	3550，2950，2250，1730，1450，1250，1050，990，620
聚乙烯	2900，2850，1470，1460，370，740，720
丙纶	2970~2940，2850，1450，1370，1160，990，970，840
聚氯乙烯醇	3400，2900，1430，1240，1100~1050，1010，850，600
苯甲酸酯	3400，2950，1700，1600，1510，1230，1170，1070，850，750，690，630
氨纶（A）	3300，2950，2850，1730，1630，1590，1530，1410，1370，1300，1220，1100，760，650，510
氨纶（B）	
氨纶（C）	

图 2-6 列出了表 2-12 中各纤维的红外光谱图。

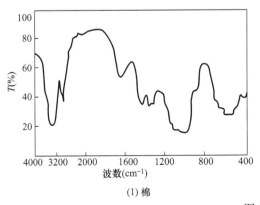

(1) 棉

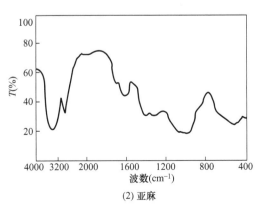

(2) 亚麻

图 2-6

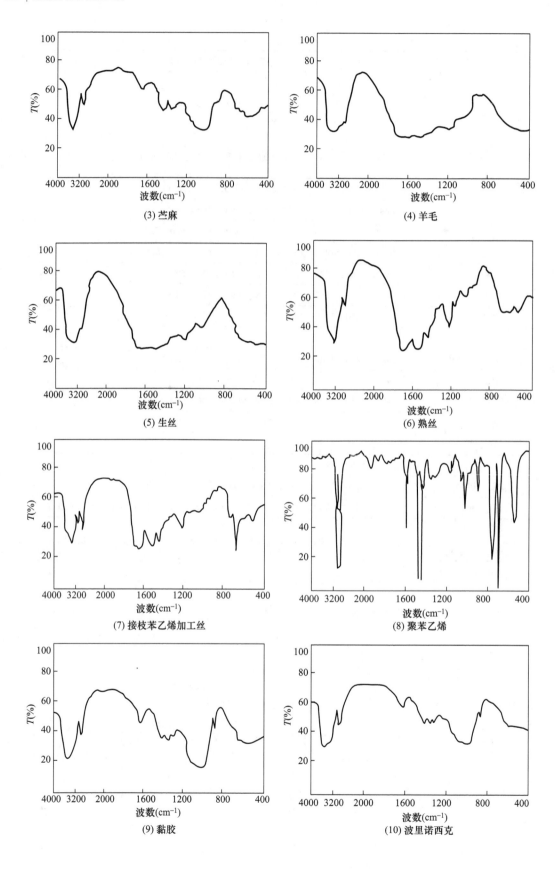

(3) 苎麻

(4) 羊毛

(5) 生丝

(6) 熟丝

(7) 接枝苯乙烯加工丝

(8) 聚苯乙烯

(9) 黏胶

(10) 波里诺西克

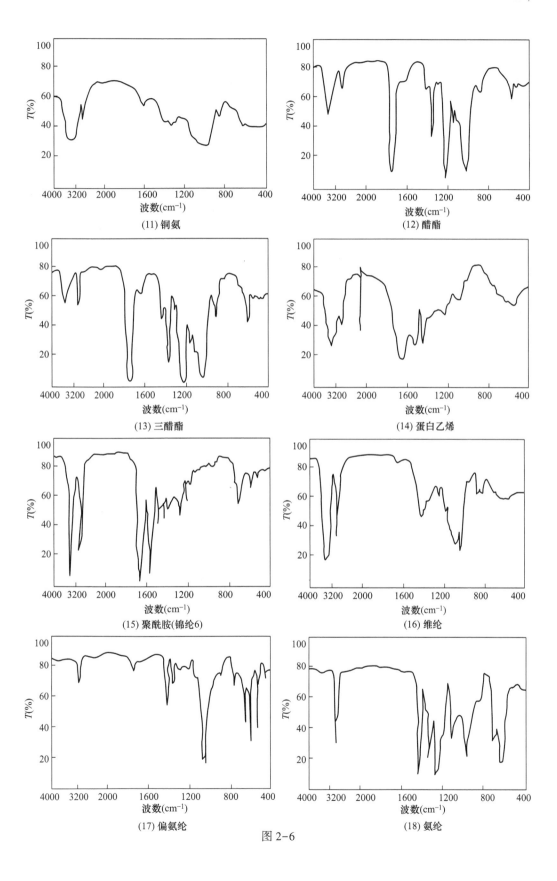

(11) 铜氨

(12) 醋酯

(13) 三醋酯

(14) 蛋白乙烯

(15) 聚酰胺(锦纶6)

(16) 维纶

(17) 偏氨纶

(18) 氨纶

图 2-6

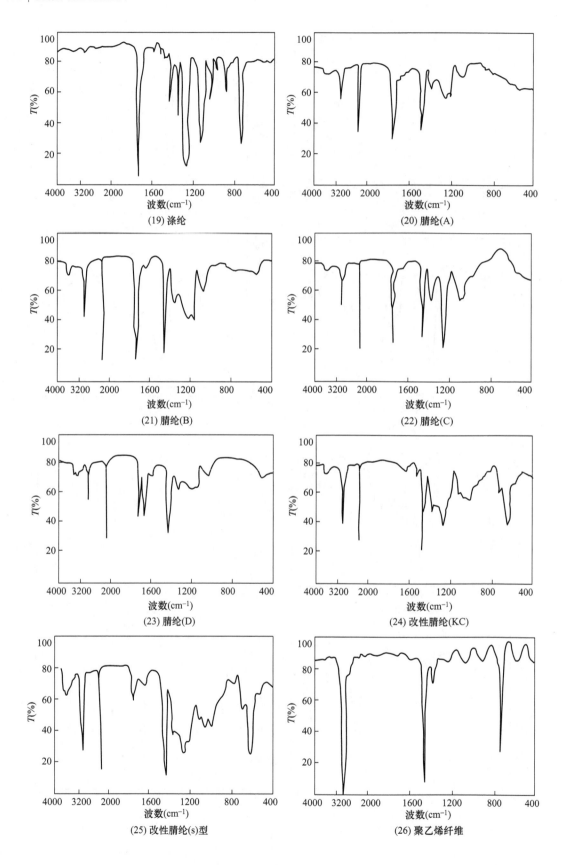

(19) 涤纶

(20) 腈纶(A)

(21) 腈纶(B)

(22) 腈纶(C)

(23) 腈纶(D)

(24) 改性腈纶(KC)

(25) 改性腈纶(s)型

(26) 聚乙烯纤维

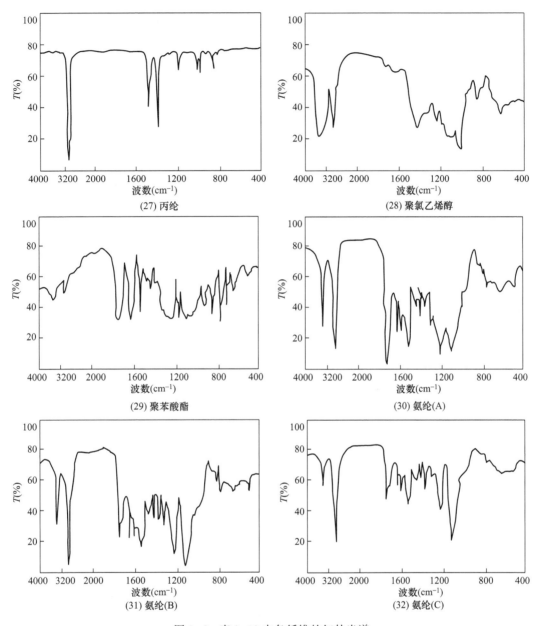

图 2-6　表 2-12 中各纤维的红外光谱

四、表面活性剂的红外吸收光谱

表面活性剂广泛地应用于日用化工、食品、纤维和印染加工等工业中，是一类很重要的助剂，在对表面活性剂的结构分析和合成路线等方面的研究中，红外光谱已经成为很重要的分析手段。表 2-13 列出了有关表面活性剂的特征基团和相应的吸收谱带。

1. 阴离子表面活性剂

阴离子表面活性剂羧酸盐在 1605 ~ 1560cm^{-1} 出现羧酸离子—COO$^-$ 非对称伸缩振动（ν_{asCOO^-}），此吸收峰尖而强，所以阴离子表面活性剂的第一吸收峰若出现在 1600cm^{-1} 前后，可以判定是羧酸盐。

表 2-13 表面活性剂的特征基团和红外吸收带

基团	波长（μm）	波数（cm^{-1}）	形状和强度	归属
含 C、H、O 的表面活性剂				
OH 伸缩	2.90~3.0	3450~3330	宽，中~强	聚氧乙烯乙二醇，乙二醇和多元醇单衍生物，乙二醇的叔炔衍生物
C=O 伸缩				
脂肪酯	5.7~5.9	1750~1700	锐、强	多羟基醇或乙二醇聚氧乙烯酯
脂肪羧酸				
羧酸离子	5.8~5.9	1730~1700	锐、强	游离羧酸
非对称伸缩	6.3~6.5	1610~1540	宽、强	肥皂类
对称伸缩	7.0~7.3	1470~1370	宽、中、强	肥皂类
C—C 伸缩	6.25	1600	锐、中	烷基苯酚的聚氧乙烯缩合物
C—C 伸缩（芳香的）	6.67	1500	锐、强	烷基苯酚的聚氧乙烯缩合物
C—H 弯曲				
—CH$_3$	7.25~7.3	1380~1370	锐、中	乙二醇的氧苯烯缩合物，支链烷基衍生物
—CH$_2$CH$_2$O	7.4	1350	锐、中	乙二醇的聚氧乙烯衍生物
C—O 伸缩				
芳香	8.0~8.1	1250~1230	锐、强	烷基酚的聚氧乙烯缩合物
羧酸	8.0~8.2	1250~1220	宽、中~强	游离羧酸
酯	8.5~8.6	1180~1160	宽、中	多羟基醇和乙二醇的聚乙烯酯
烷基	8.7~9.2	1150~1090	宽、强	聚氧烷基化合物，烷基醚
C—OH 伸缩				
3°OH	8.7	1150	宽、强	乙二醇叔炔化物
2°OH	9.0	1110	宽、中	甘油单酯
1°OH	9.5~9.6	1050~1040	宽、中	甘油单酯
C—O 伸缩				
—CH$_2$CH$_2$O—	10.5~10.9	950~910	宽、中	聚氧乙烯衍生物
C—H 弯曲				
—CH$_2$CH$_3$—	11.6~11.9	860~840	宽、中	聚乙烯衍生物
三取代苯（主要是 1，2，4）	~11.3 / ~11.2	~885 / ~835	锐、中 / 锐、中	二烷基酚的聚氧乙烯衍生物 / 松香的脱氢衍生物
对二取代苯	12.1	830	宽、强	烷基酚的对位聚氧乙烯化合物
脱氢松香	12.2	820	锐、弱	脱氢松香衍生物
邻二聚代苯	13.3~13.4	750	宽，强	邻烷基酚的聚氧乙烯化合物
—（CH$_2$）$_2$—	~13.9	~720	锐，中~弱	长直链衍生物

续表

基团	波长（μm）	波数（cm^{-1}）	形状和强度	归属
脂肪酸皂	14.4	695	宽，弱~中	脂肪酸皂
含硫表面活性剂				
S—O 伸缩				
不对称 $ROSO_3^-$	7.9~8.2	1270~1220	宽，非常强多峰	有机硫酸盐
不对称 RSO_3^-	8.4~8.5	1190~1180	宽，非常强多峰	有机磺酸盐
对称 $ROSO_3^-$	9.1~9.4	1100~1060	宽，中~强	有机硫酸盐
对称 RSO_3^-	9.4~9.7	1060~1030	宽，中~强	有机磺酸盐
C—O—S 伸缩	~10	~1000	宽，中，多峰	1°烷基硫酸盐
1°硫酸盐	11.9~12.2	840~820	宽，中	1°烷基硫酸盐
2°硫酸盐	10.6~10.8	940~925	宽，中	2°烷基硫酸盐
—$OC_2H_4OSO_3^-$	12.6~12.8	790~780	宽，中	乙氧基硫酸盐
C—H 伸缩				
对烷基苯磺酸盐	9.9	1010	锐，中~强	对烷基苯磺酸盐
烷芳基磺酸盐	14.6~15.0	690~670	宽，中~强	烷基芳基磺酸盐
含氮表面活性剂				
N—H 伸缩				
2°酰胺	3.0~3.2	3330~3120	锐，中	乙酰化多胺
1°或2°胺	3.0~3.2	3330~3120	锐，中~强	1°和2°游离胺
1°或2°胺盐	3.4~3.7	2940~2770	宽，强	1°或2°胺盐
3°胺盐	3.6~4.1	2780~2440	宽（多吸收）中	3°胺盐
C═O 伸缩				
胺盐	6.0~6.1	1670~1640	锐，非常强	乙酰多胺，低氧乙烯化胺
C—N 伸缩				
2°酰胺	6.4~6.5	1560~1540	锐，非常强	单乙醇酰胺
N—H 弯曲				
2°酰胺	6.4~6.5	1560~1540	锐，中	多胺乙酰化物
1°胺	6.1~6.3	1640~1590	锐，中	1°游离胺
1°胺盐	6.2~6.4	1610~1560	锐，强	1°胺盐
2°胺盐	6.2~6.4	1610~1560	锐，中~弱	2°胺盐
C═N 伸缩				
噁唑环	6.0~6.1	1670~1640	锐，强	噁唑衍生物
咪唑环	6.2~6.3	1610~1590	锐，强	咪唑啉衍生物
吡啶环	6.1	1640	锐，中	N—烷基吡啶盐
	6.7	1490	锐，中	N—烷基吡啶盐
C—O—C 弯曲				

续表

基团	波长（μm）	波数（cm⁻¹）	形状和强度	归属
噁唑环	10.1	990	宽，中	噁唑衍生物
C—N 伸缩				
—N(CH₃)₃	~10.4	~960	锐，中	烷基三甲铵盐
	~11.0	~910	锐，中	烷基三甲铵盐
咪唑环	11.6~11.7	860~850	宽，弱~中	咪唑啉衍生物
N—O 伸缩				
胺氧化物	10.4	960	锐，中	三烷基胺氧化物
C—H 弯曲				
吡啶环	13.0	770	宽，弱	N—烷基吡啶盐
	14.7	680	宽，中	N—烷基吡啶盐
含 S、N 表面活性剂				
S=O 伸缩				
—SO₂N—	7.5~7.6	1330~1320	锐，中~强	磺酰胺羧酸盐
	8.5~8.6	1180~1160	锐，中~强	磺酰胺羧酸盐
含 P 表面活性剂				
P=O 伸缩				
O=P(OR)₃	7.8~8.0	1280~1250	宽，强	二烷基磷酸酯氧乙烯化物
O=P(OR)₂O—	8.0~8.2	1250~1220	宽，强	二烷基磷酸酯
O=P(OR)₂—	8.0~8.2	1250~1220	宽，中~强	单烷基磷酸酯
P—O—C 伸缩				
脂肪 O=P(OR)₃	9.7~9.9	1030~1010	宽，非常强	氧乙烯化脂肪磷酸酯
脂肪 O=P(OR)₂	9.4~9.7	1060~1030	宽，非常强	氧乙烯化脂肪磷酸酯
脂肪 O=P(OR)O₂	9.1~9.2	1100~1090	宽，非常强	氧乙烯化脂肪磷酸酯

磷酸酯盐在 1290~1230cm⁻¹ 为 $\nu_{P=O}$ 吸收，1050~970cm⁻¹ 是 $\nu_{P—O—C}$ 吸收，两个峰宽而强，一般后者较强，有时分为两个峰。

磺酸盐的 SO₃ 非对称伸缩振动（ν_{asSO_3}）或硫酸酯盐的 SO₃ 非对称伸缩振动（ν_{asSO_3}）在 1250~1170cm⁻¹ 出现宽的强吸收，一般磺酸盐的最大吸收多数出现在波数低于 1200cm⁻¹ 处，硫酸酯盐的最大吸收出现在波数高于 1200cm⁻¹ 处，所以，阴离子表面活性剂在 1200cm⁻¹ 前后若出现第一吸收峰，则可以判断是磺酸盐或硫酸酯盐。

（1）硫酸酯盐类

①脂肪醇聚氧乙烯盐。脂肪醇 PEO 硫酸盐的 IR 光谱特征是硫酸酯在 1270~1220cm⁻¹ 有 ν_{asSO_3} 吸收峰，PEO 键在 1120cm⁻¹ 处为 $\nu_{C—O—C}$ 的吸收（图2-7），此吸收峰随环氧乙烯加合摩尔数的增加而增强。

②脂肪醇硫酸盐。十二醇硫酸盐的 IR 光谱特征是在 1250~1210cm⁻¹ 出现 ν_{asSO_3} 的强吸收，在 1085cm⁻¹、~1000cm⁻¹ 和 835cm⁻¹ 分别为 $\nu_{S=O}$、$\nu_{C—O}$ 和 $\nu_{S—O}$ 的吸收（图2-8），另外，可

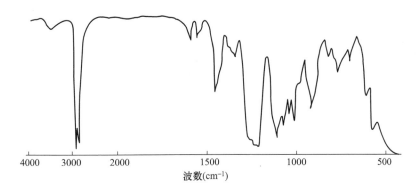

图 2-7　十二醇 PEO 硫酸钠（EO=3）的 IR 光谱图（薄膜法）

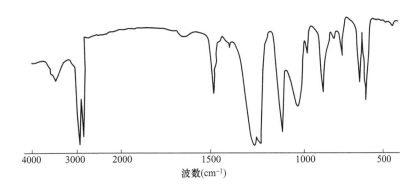

图 2-8　十二醇硫酸钠的 IR 光谱图（KBr 压片法）

根据 $1085cm^{-1}$ 或 $1000\sim975cm^{-1}$ 的吸收带区别于磺酸盐。

钠以外的反离子，如铵盐、乙醇胺盐有 NH 和 OH 引起的特征吸收带，所以，很容易和钠盐、钾盐区别开。也可根据表 2-4 确定反离子的种类。

由十二醇硫酸盐反离子的变化引起 $\nu_{as=o}$ 吸收带和 ν_{s-o} 吸收带的位移（cm^{-1}）见表 2-14。

表 2-14　十二醇硫酸盐反离子存在下的 $\nu_{as=o}$ 和 ν_{s-o}

反离子	$\nu_{as=o}$（cm^{-1}）	ν_{s-o}（cm^{-1}）
Na	1085	835
K	1075	815
NH	41065	814
单乙醇胺[①]	1063	803
二乙醇胺[①]	1063	805
三乙醇胺	1093	809

①与乙酰胺盐的 ν_{C-O}（醇）重叠。

③烷基酚聚氧乙烯盐。烷基酚 PEO 硫酸盐的 IR 光谱，除硫酸酯在 $1270\sim1220cm^{-1}$ 的吸收（ν_{asSO_3}）和 PEO 在 $1100cm^{-1}$（ν_{C-O-C}）附近的吸收外，在 $1610cm^{-1}$、$1580cm^{-1}$、$1515cm^{-1}$ 处为苯

核的 $\nu_{C=C}$ 吸收，在 $830cm^{-1}$（δ_{C-H} 面外，2 个邻接的氢）出现取代苯核的吸收（图 2-9）。

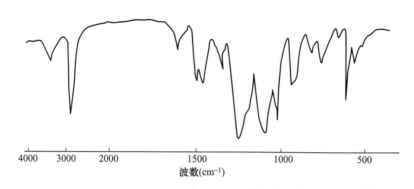

图 2-9　烷基酚 PEO 硫酸钠（$EO=9$）的 IR 光谱（KBr 压片法）

（2）磺酸盐类。

①烷基烯丙基磺酸盐。图 2-10 是直链十二烷基苯磺酸钠（LAS）的红外光谱图，LAS 的磺基在 $1190cm^{-1}$ 处有 ν_{asSO_3} 强吸收，在 $1135cm^{-1}$、$1045cm^{-1}$（ν_{sSO_3}）和 $690cm^{-1}$（δ_{SO_3}）亦有吸收。此外，苯核在 $1600cm^{-1}$、$1500cm^{-1}$（$\nu_{C=C}$ 面内）有弱吸收和 $1010cm^{-1}$（δ_{C-H}、面内）、$833cm^{-1}$（2 个邻氢）的吸收。

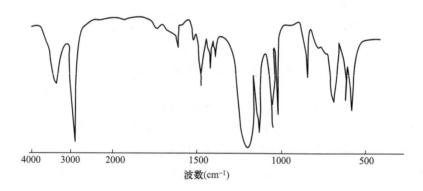

图 2-10　直链烷基苯磺酸钠的 IR 光谱图（KBr 压片法）

支链烷基苯磺酸钠（ABS）与 LAS 的光谱类似烷基的吸收，LAS 的 δ_{CH_3} 出现在 $1410cm^{-1}$，ρ_{CH_2} 出现在 $722cm^{-1}$。ABS 在 $1400cm^{-1}$、$1380cm^{-1}$ 为 δ_{CH_3}，$1367cm^{-1}$ 为 δ_{CH_2}（面内），$760cm^{-1}$ 为 ρ_{CH_2} 吸收，LAS 出现在 $690cm^{-1}$，而 ABS 位移至 $660cm^{-1}$。基于此，可以将两者区分。另外，根据 $1400cm^{-1}$ 和 $1379cm^{-1}$ 的吸光值比可以测定烷基分支程度。

$1045cm^{-1}$ 吸收谱带因不同反离子存在而发生变化，见表 2-15，同时，乙醇铵盐和铵盐会出现 NH、OH 基的吸收。

②链烷基磺酸盐。链烷基磺酸盐的 IR 光谱与 α-烷基磺酸盐的 IR 光谱很相似，出现在 $1180cm^{-1}$（ν_{asSO_3}）和 $1055cm^{-1}$（ν_{sSO_3}）为磺酸基吸收，因此在阴离子表面活性剂混合体系中，得不到少量有关链烷磺酸盐的信息。

表 2-15 烷基苯磺酸盐反离子存在下的 ν_{SO_3}

ν_{SO_3} (cm⁻¹) 链型 \ 反离子	Na	K	NH	单乙醇胺	二乙醇胺	三乙醇胺
直链型	1045	1045	41038	1035	1034	1034
支链型	1045	1042	1042	1037	1036	1035

③α-烯基磺酸盐。α-烯基磺酸盐的 IR 光谱图在 1190cm⁻¹（ν_{asSO_3}）和 1070cm⁻¹（ν_{sSO_3}）出现吸收（图 2-11）。此外，α-烯基磺酸盐在 965cm⁻¹（δ_{CH}，面外）出现反式双键的吸收。在阴离子表面活性剂混合体系中，利用上述特征吸收带可以判定烯基存在。

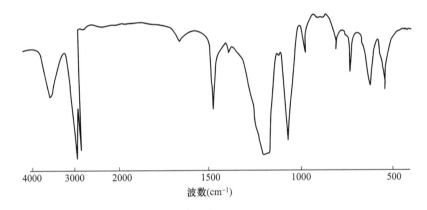

图 2-11 α-烯基磺酸钠的 IR 光谱图（KBr 压片法）

④磺基琥珀酸酯盐。图 2-12 是磺基琥珀酸二酯钠盐（Aerosol OT）的 IR 光谱，1250~1220cm⁻¹（ν_{asSO_3}）出现磺基强吸收，在 1045cm⁻¹（ν_{sSO_3}）出现尖锐吸收。酯基在 1735cm⁻¹（$\nu_{C=O}$）有强吸收，在 1165cm⁻¹（ν_{C-O-C}）为弱吸收。

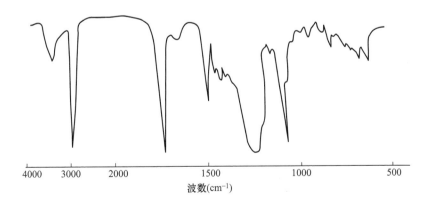

图 2-12 Aerosol OT 的 IR 光谱图（KBr 压片法）

一般磺酸盐非对称伸缩振动的最大吸收多数出现在低于 1200cm⁻¹，Aerosol OT 和 α-磺基脂肪酸酯，由于羰基对邻接磺基的碳原子的吸电子作用，使吸收移向高于 1200cm^{-1} 波数区，与硫酸盐难于区别。

⑤脂肪酸酰氨磺酸盐。N-硬酯酰甲基氨乙基磺酸盐（N-酰化甲基磺酸钠）IR 光谱的特征是叔胺吸收和磺基吸收。

叔胺在 $1640\sim1620\text{cm}^{-1}$（$\nu_{C=O}$）出现强吸收，磺基在 $1250\sim1190\text{cm}^{-1}$（$\nu_{asSO_3}$）有强吸收，在 1055cm^{-1}（ν_{sSO_3}）出现尖锐吸收，氮原子上的甲基在 1495cm^{-1}（δ_{asCH_3}）和 1417cm^{-1}（δ_{sCH_3}）出现弱吸收。

⑥α-磺基脂肪酸酯盐。α-磺基脂肪酸酯盐的磺基在 $1235\sim1195\text{cm}^{-1}$（$\nu_{asSO_3}$）、$1045\text{cm}^{-1}$（$\nu_{sSO_3}$）有强吸收，酯基在 1725cm^{-1}（$\nu_{C=O}$）出现强吸收。和 Aerolol OT 的光谱图极为相似，根据 $1460\sim1350\text{cm}^{-1}$ 的吸收可以和 Aerosol OT 相区别。

分子中有酯键的磺酸盐用稀硫酸和碱容易发生水解。α-磺基脂肪酸酯水解后并不失去表面活性，而 Aerosol OT 的亲油基部分因游离成长链醇而失去活性，两者可用这一差别来鉴别。

（3）羧酸盐类。

①N-酰甲基氨基乙酸盐。N-十二酰甲基氨基乙酸盐（月桂酰基氨酸盐）IR 光谱的特征表现为叔胺和羧基的吸收。叔胺在 1630cm^{-1}（$\nu_{C=O}$）出现强吸收，羧基盐在 1605cm^{-1}（ν_{asCO}）有强吸收，在 1400cm^{-1}（ν_{sCO}）出现吸收。氮原子上甲基的弯曲振动可在 1490cm^{-1}（δ_{asCH_3}）和 1400cm^{-1}（δ_{sCH_3}）附近观察到。

转变成酸后，羧酸盐的吸收消失，在 1725cm^{-1}（$\nu_{C=O}$）出现羧酸吸收。

②长链脂肪酸盐。图 2-13 是棕榈酸钠的 IR 光谱。烷基和羧基离子产生的吸收是棕榈酸钠 IR 光谱的主体，特别是羧基离子的吸收可作为特征。羧基离子在 1563cm^{-1}（ν_{aCOO^-}）和 1430cm^{-1}（ν_{sCOO^-}）出现强吸收。脂肪酸盐转变成脂肪酸后此吸收消失，出现脂肪酸的 1710cm^{-1}（$\nu_{C=O}$）吸收。

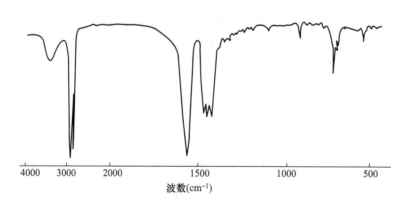

图 2-13　棕榈酸钠的 IR 光谱图（KBr 压片法）

（4）磷酸酯盐类。

①脂肪醇聚氧乙烯盐。脂肪醇 PEO 磷酸钠的 IR 光谱图如图 2-14 所示，磷酸酯盐的吸收和 PEO 链的吸收是其特征。磷酸酯盐在 1250cm^{-1}（$\nu_{P=O}$）、1040cm^{-1}（ν_{P-O-P}）附近有吸收，PEO 链在 1351cm^{-1}（δ_{CH}）、1120cm^{-1}（ν_{C-O-C}）处出现吸收。醚键在 1120cm^{-1} 的吸收随环氧乙

烷加合摩尔数的增加而变强。根据磷酸酯无 $\nu_{C=O}$ 吸收，可得以确认。

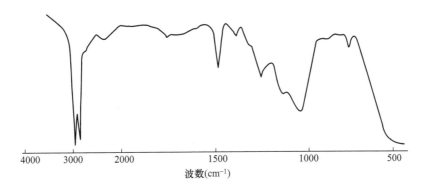

图2-14 脂肪醇 PEO 磷酸钠（$EO = 3$）的 IR 光谱图（薄膜法）

②烷基酚聚氯乙烯盐。烷基酚 PEO 磷酸盐 IR 光谱的特征是，除磷酸酯吸收和 PEO 链吸收外，还有烷基苯的吸收，磷酸酯在 1250cm^{-1}（$\nu_{P=O}$）、1040cm^{-1}（ν_{P-O-P}）附近有吸收，PEO链在 1120cm^{-1}（ν_{C-O-C}）出现吸收，苯环在 1610cm^{-1}、1510cm^{-1} 出现骨架振动吸收（$\nu_{C=C}$ 面内）。

2. 阳离子表面活性剂

（1）季铵盐类。

①二烷基二甲基氨盐。二硬脂基二甲基氯化铵的 IR 光谱如图 2-15 所示。季铵盐和单纯脂肪族烃非常相似，除 2900cm^{-1} 附近和 1470cm^{-1}、720cm^{-1} 的吸收以外，只有 ν_{CN} 在 920cm^{-1} 附近的吸收稍微可辨认，3400cm^{-1} 附近和 1630cm^{-1} 附近的吸收来自试样中的水分。

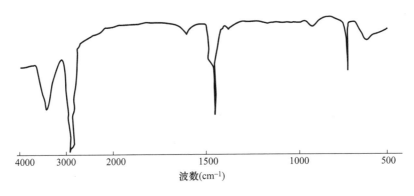

图2-15 二硬脂基二甲基氯化铵的 IR 光谱图（KBr 压片法）

②烷基三甲基铵盐。图 2-16 是硬脂基氯化铵的 IR 光谱图。除 ν_{CN} 在 970cm^{-1}、950cm^{-1}、910cm^{-1} 的吸收外，几乎没有特征吸收。液体或浆状试样在 970cm^{-1} 和 910cm^{-1} 处有两个吸收峰，固体或者结晶状试样的亚甲基链在 720cm^{-1}、730cm^{-1}（ρ_{CH_2}）出现吸收。

③烷基二羟乙基甲基铵盐。烷基二羟乙基甲基氯化铵除烷基的许多吸收和 ν_{CN} 在 1000～910cm^{-1} 的吸收外，伯羟基在 3300cm^{-1}（ν_{OH}）附近和 1085cm^{-1}（ν_{C-O-H}）附近出现强吸收，图 2-17 为二羟甲基脲的 IR 光谱图。

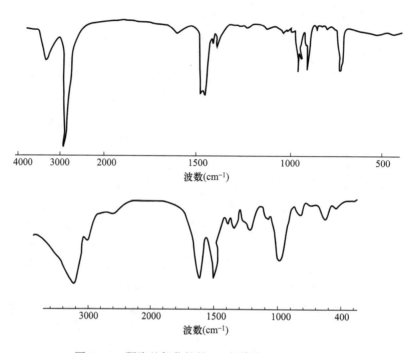

图 2-16　硬脂基氯化铵的 IR 光谱图（KBr 压片法）

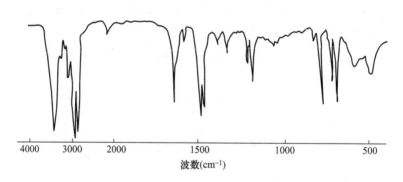

图 2-17　二羟甲基脲的 IR 光谱图

　　④烷芳基季铵盐。图 2-18 是十六烷基苄基二甲基氯化铵的 IR 光谱。此类季铵盐的单取代苯环在 730cm^{-1} 和 705cm^{-1}（5 个邻接氢）处出现强吸收，但是 730cm^{-1} 的吸收和亚甲基链在 725cm^{-1}（ρ_{CH}）的吸收重叠，苯环的 $\nu_{C=C}$ 在 1585cm^{-1} 吸收微弱。

　　⑤烷基吡啶盐。图 2-19 是十六烷基溴化吡啶的 IR 光谱。

　　烷基吡啶盐的特征是吡啶环的一连串吸收，即在 3100～3030cm^{-1}（ν_{CH}）范围呈现弱的波状吸收，1640cm^{-1} 和 1490cm^{-1}（ν_{C-C}）的吸收，1177cm^{-1}（环振动和 δ_{CH} 面外）、775cm^{-1}（δ_{CH} 面外）、631cm^{-1}（环振动）的尖锐吸收。此外，在 1640cm^{-1} 的吸收和试样中存在的水分吸收重叠。水分在 3400cm^{-1} 亦有吸收。

　　⑥丙邻二胺衍生物脂肪酸酰胺丙基二甲基-β-羟乙基硝酸铵的 IR 光谱，在 1640cm^{-1}（$\nu_{C=O}$）和 1540cm^{-1}（δ_{CH} 和 ν_{CN}）出现仲酰胺的两个特征的尖锐吸收强峰。羟乙基在 3330cm^{-1}

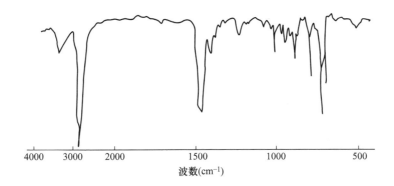

图 2-18　十六烷基苄基二甲基氯化铵的 IR 光谱图（KBr 压片法）

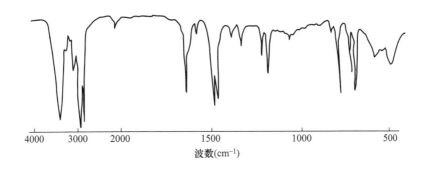

图 2-19　十六烷基溴化吡啶的 IR 光谱图（KBr 压片法）

（ν_{OH}）附近和 1064cm^{-1}（ν_{CO}）有强吸收。硝酸离子在 1340cm^{-1} 附近出现宽而强的吸收，在 833cm^{-1} 亦有弱的尖锐吸收。

⑦咪唑啉盐。代表性的 2-烷基-1-(2-烷基酰胺乙基)-1-甲基氯化咪唑啉的 IR 光谱图，除咪唑啉环在 1610cm^{-1}（$\nu_{C=N}$）出现强吸收外，仲酰胺在 1665cm^{-1}（$\nu_{C=C}$）有强吸收，3200cm^{-1} 附近出现 ν_{NH} 强吸收峰，1550cm^{-1} 为 δ_{CN} 的吸收峰。

（2）烷基胺及其他盐类。

①烷基聚氧乙烯胺。烷基 PEO 胺没有叔胺的吸收，所以呈现和一般烷基 PEO 醚键型非离子表面活性剂非常相似的光谱。除 PEO 链在 1351cm^{-1} 和 1250cm^{-1}（δ_{CH_2}）、1123~1100cm^{-1}（ν_{C-O-C}）、953~926cm^{-1}、862~833cm^{-1}（δ_{CH_2}）出现吸收外，无特征吸收。另外，其盐酸盐在 2700~2350cm^{-1}（ν_{NH^+}）出现很弱的吸收，据此吸收可以判断化学结构。图 2-20 是聚氯乙烯十二烷基胺的 IR 光谱图。

②醇胺烷基二乙醇胺。除羟乙基在 3350cm^{-1}（ν_{OH}）、1045cm^{-1}（ν_{C-O-H}）有宽而强的吸收外，在 878cm^{-1}（ρ_{CH_2}）也出现吸收，没有特征吸收。

叔胺没有特征吸收，而其盐强烈缔合的 NH$^+$ 在 2700~2350cm^{-1}（ν_{NH^+}）出现吸收。伯羟基在 1075cm^{-1} 和 1045cm^{-1} 有两个吸收峰，因氢键的影响在 1075cm^{-1} 处形成一个最大的吸收峰。十二烷基二乙醇胺盐的 IR 光谱图如图 2-21 所示。

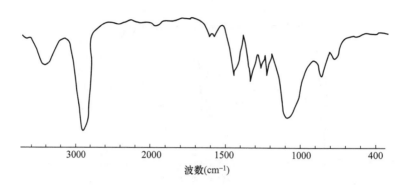

图 2-20 聚氯乙烯十二烷基胺的 IR 光谱图

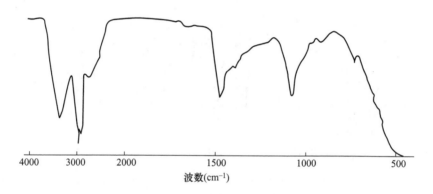

图 2-21 十二烷基二乙醇胺盐的 IR 光谱图（薄膜法）

3. 非离子表面活性剂

醇酰胺型的特征是 1640~1620cm^{-1} 的酰胺键吸收和 1050cm^{-1}（ν_{C-OH}）附近的吸收。

酯型除了酯键在 1740~1730cm^{-1} 和 1180~1170cm^{-1} 出现吸收外，随多元醇的种类和游离 OH 基残余的程度而出现相应的吸收，所以，比较光谱的整个图谱对其相互识别是很有必要的。

PEO 型的特征是在 1120cm^{-1} 有宽的强吸收，此吸收与环氧乙烷的加合摩尔数相对应，随 PEO 键在整个分子中所占的比例增加而吸收增强。其他部分的吸收强度相应减弱。PEO 键以外若有苯环、酯键或酰胺键存在，则会出现相应的吸收。具有酯键的 PEO 化合物，其化学结构和 IR 光谱都和上述化合物相似。

（1）脂肪酸醇胺酰类。

①脂肪酸二乙醇酰胺。脂肪酸二乙醇酰胺的特征是在 1620cm^{-1}（$\nu_{C=O}$）附近出现酰胺 I 谱带的强吸收带，在 3333cm^{-1}（ν_{OH}）和 1053cm^{-1}（ν_{C-O-H}）附近有羟基的强吸收，在 1730cm^{-1} 有弱吸收表示存在副产物酯类化合物。图 2-22 是肉桂酰二乙醇胺的 IR 光谱图。

②脂肪酸单乙醇酰胺。脂肪酸单乙醇酰胺的 1640cm^{-1}（$\nu_{C=O}$）为酰胺 I 吸收带，1560cm^{-1}（δ_{NH}）为酰胺 II 吸收带，1050cm^{-1}（ν_{C-O-H}）附近为羟基的吸收。图 2-23 为月桂酸单乙醇酰胺的 IR 光谱图。

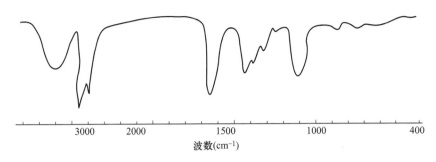

图 2-22 肉桂酰二乙醇胺的 IR 光谱图

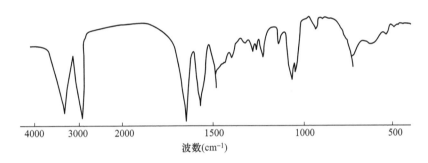

图 2-23 月桂酸单乙醇酰胺的 IR 光谱图（KBr 压片法）

（2）聚氧烯烃聚合物类。

①长链脂肪醇衍生物。图 2-24 是十六烷基 PEO 醚的 IR 光谱。PEO 链的特征吸收出现在 1120cm^{-1}（ν_{C-O-C}）。此外，在 3500 ~ 3000cm^{-1}（ν_{OH}）、945cm^{-1}、885cm^{-1}（ρ_{CH_2}）、850cm^{-1}（ρ_{CH_2}）的吸收峰，其强度随环氧乙烷的加合摩尔数增加而增强，这是 PEO 化合物的共同特点。

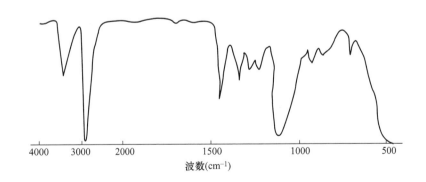

图 2-24 十六烷基 PEO 醚（$EO=5$）的 IR 光谱

②烷基酚衍生物。壬基酚 PEO 醚的特征是有苯环的吸收和 PEO 链的吸收，1610cm^{-1}、1580cm^{-1}、1515cm^{-1}（$\nu_{C=C}$ 和环振动）为苯环的特征吸收，根据这些吸收可与其他 PEO 型非离子表面活性剂区别，壬基酚 PEO 醚（$EO=9$）的 IR 光谱如图 2-25 所示。

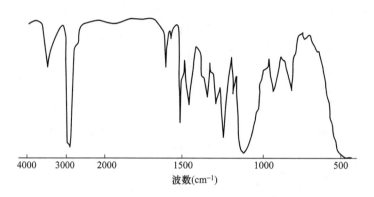

图 2-25　壬基酚 PEO 醚（$EO=9$）的 IR 光谱图（薄膜法）

因壬基酚 PEO 醚是以三聚丙烯和酚反应生成的壬基酚为原料，所以，在 1380cm^{-1} 附近可以看到甲基的 δ_{CH_3} 吸收，此吸收随环氧乙烷加合摩尔数的增大而辨认不出。

③单脂肪酸甘油酯衍生物。图 2-26 是单油酸甘油酯 PEO 醚的光谱。其谱形与脂肪酸 PEO 醚非常相似，除酯键在 1725（$\nu_{C=O}$）的吸收和 PEO 醚键在 1120cm^{-1}（ν_{C-O-C}）强吸收外，无特征吸收。

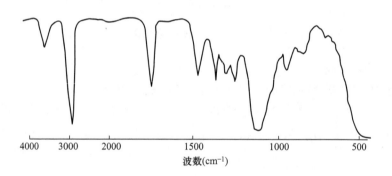

图 2-26　单油酸甘油酯 PEO（$EO=30$）醚 IR 的光谱图（薄膜法）

④脂肪酸失水山梨醇酯衍生物。单脂肪酸失水山梨醇酯 PEO 醚的 IR 光谱与长链脂肪酸衍生物、脂肪酸多元醇酯衍生物相同，除酯键在 1725cm^{-1}（$\nu_{C=O}$）、PEO 醚键在 1120cm^{-1}（ν_{C-C}）的吸收外，无特征吸收。图 2-27 是单脂肪酸失水山梨醇酯 PEO 醚的 IR 光谱。

⑤长链脂肪酸衍生物。油酸 POE 酯的 IR 光谱图，酯键在 1730cm^{-1}（$\nu_{C=O}$）、PEO 键在 1120cm^{-1}（ν_{C-O-C}）出现强吸收，根据酯键在 1730cm^{-1} 的吸收可与脂肪醇 PEO 醚、烷基酚 PEO 醚相区别。此外，1177cm^{-1}（ν_{CO}）的吸收可认为是醚键的肩形吸收。图 2-28 是柔软剂 SG 的 IR 光谱。

⑥脂肪酸酰胺衍生物。椰子油脂肪酸单乙醇酰胺 PEO 醚的主要特征是仲酰胺在 1645cm^{-1}（$\nu_{C=O}$）和 1550cm^{-1}（δ_{NH}）出现强吸收。另外，在 1120cm^{-1}（ν_{C-O-C}）有宽的强吸收，由 PEO 醚键的吸收引起。伯酰胺在 3330cm^{-1} 和 3100cm^{-1}（ν_{NH}）处有吸收。若在 1735cm^{-1} 出现小吸收峰，表示有副产物酯化合物存在。

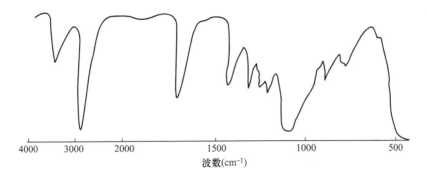

图 2-27　单脂肪酸失水山梨醇酯 PEO 醚的 IR 光谱图（薄膜法）

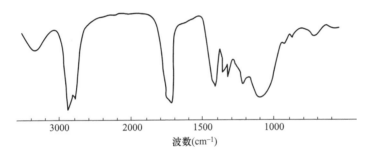

图 2-28　柔软剂 SG［$C_{17}H_{35}COO(CH_2CH_2O)_6H$］的 IR 光谱图

⑦聚丙二醇衍生物。其特点是 POP 键和 PEO 键的吸收相互掺杂，$1110cm^{-1}$ 附近出现宽而强的吸收是两链的醚键吸收相重叠形成的，$1370cm^{-1}$（δ_{CH_3}）和 $1010cm^{-1}$（骨架振动）的吸收是 POP 键的特征吸收，即是环氧乙烷加合摩尔数很高的试样，亦可以从肩形吸收峰辨认出聚氧丙烯链的存在。

（3）脂肪酸多元醇酯类。

①失水山梨醇衍生物。图 2-29 是油酸失水山梨醇酯的 IR 光谱，酯键吸收出现在 $1740cm^{-1}$（$\nu_{C=O}$）和 $1170cm^{-1}$（ν_{C-O}）。失水山梨醇结构中的醚键和 OH 的吸收在 $1120 \sim 1050cm^{-1}$。此外，脂肪酸失水山梨醇酯没有可辨认的特征吸收。通常，油酸及其他不饱和脂

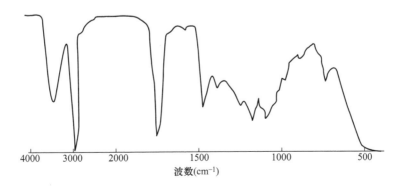

图 2-29　油酸失水山梨醇酯的 IR 光谱图（薄膜法）

肪酸酯在 3030cm⁻¹（ν_{CH}）处有一肩峰出现，在 1660~1640cm⁻¹（$\nu_{C=C}$）出现弱吸收，顺式双键在 720cm⁻¹、反式双键在 967cm⁻¹ 有吸收。此外，如在 1563cm⁻¹ 有吸收。表示试样中存在长链脂肪酸盐副产物。

②乙二醇衍生物。一般脂肪酸多元醇酯型非离子表面活性剂的酯键特征吸收出现在 1740~1730cm⁻¹（$\nu_{C=O}$）和 1180~1170cm⁻¹（ν_{C-O}）。如图 2-30 所示，二硬脂酸乙二醇酯的 IR 光谱呈现 1740cm⁻¹ 和 1180cm⁻¹ 吸收，此外没有特征吸收呈尖锐峰。

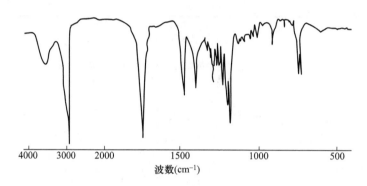

图 2-30　二硬脂酸乙二醇酯的 IR 光谱图（KBr 压片法）

③甘油衍生物。单脂肪酸甘油酯的酯键在 1730cm⁻¹ 和 1180cm⁻¹ 出现吸收。此外，甘油的 OH 吸收出现在 3300cm⁻¹（ν_{OH}）附近，仲醇在 1110cm⁻¹（ν_{C-OH}），伯醇在 1050cm⁻¹（ν_{C-O-H}）。

4. 两性表面活性剂

羧酸型两性表面活性剂的特征是随着 pH 的不同可转变成酸型和盐型，各有与其结构相应的 IR 光谱图。此外，氧化胺也随着 pH 的改变各有与其结构相应的光谱图。

（1）羧酸型。

①N-烷基甜菜碱型。这种两性表面活性剂羧基离子在 1640cm⁻¹、1600cm⁻¹（ν_{asCOO^-}）和 1400cm⁻¹（ν_{sCOO^-}）处出现吸收，δ_{NH} 在 870cm⁻¹ 处有尖锐吸收。

酸型在 1640cm⁻¹、1600cm⁻¹、1400cm⁻¹ 的吸收消失，新的羧酸在 1740cm⁻¹（$\nu_{C=O}$）和 1195cm⁻¹（ν_{CO}）处出现吸收。图 2-31 是 N-硬脂基二甲基氨基乙酸钠的 IR 光谱图。

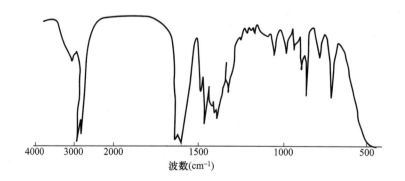

图 2-31　N-硬脂基二甲基氨基乙酸钠的 IR 光谱图（薄膜法）

② β-氨基羧酸型。N-十二烷基-β-氨基丙酸钠的 IR 光谱特征是羧基离子的 ν_{asCOO^-} 在 1590cm^{-1}、ν_{sCOO^-} 在 ~1410cm^{-1} 出现强吸收。

对于酸型，此吸收消失，在 1730cm^{-1}（$\nu_{C=O}$）、1200cm^{-1}（ν_{CO}）出现羧酸的强吸收，而在 2780cm^{-1}、2440cm^{-1}（ν_{NH^+}）和 1595cm^{-1}（δ_{NH_2}）处有氨基吸收。此外，在 805cm^{-1} 处出现丙酸次乙基吸收。

对于中间的两性离子，羧基离子在 1410cm^{-1} 处的吸收移向低波数，与甲基的 1380cm^{-1}（δ_{CH_3}）吸收重叠。这种现象是两性离子型表面活性剂中所有氨基羧酸的特征。

③咪唑啉环。这种两性表面活性剂的羧基离子的 ν_{asCOO^-} 吸收和咪唑啉环的 $\nu_{C=C}$ 吸收在 1670~1600cm^{-1} 相互重叠而出现强吸收，ν_{sCOO^-} 的吸收出现在 1400cm^{-1}，羟乙基在 3300cm^{-1}（ν_{OH}）附近和 1075cm^{-1}（ν_{CO}）处有吸收。1735cm^{-1} 处为副产物酯化合物吸收。

酸型的羟基吸收在 1745cm^{-1}（$\nu_{C=O}$）附近。咪唑啉环的 $\nu_{C=O}$ 吸收和副产物酰胺的酰胺 I 吸收带在 1650cm^{-1} 附近出现，相互重叠。酰胺 II 吸收带出现在 1550cm^{-1}。1-羟乙基-1-羧甲基-2-烷基咪唑啉钠 IR 的光谱如图 2-32 所示。

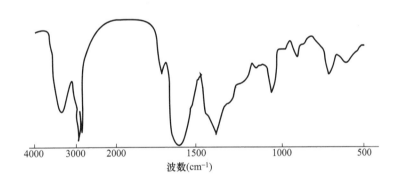

图 2-32 1-羟乙基-1-羧甲基-2-烷基咪唑啉钠 IR 光谱图（KBr 压片法）

④蛋白质分解的氨基酸—脂肪酸缩合物在 1640cm^{-1} 附近有宽而强的吸收，是酰胺键的 $\nu_{C=O}$ 吸收（酰胺 I 吸收带）和羟基离子的 ν_{asCOO^-} 吸收互相重叠的结果。在 1550cm^{-1} 还有 δ_{NH} 吸收（酰胺 II 吸收带），1400cm^{-1} 处是羧基离子的 ν_{sCOO^-} 吸收。

若转变为酸型，羧基出现 1720cm^{-1} 和 1220cm^{-1}（ν_{C-O}）的吸收，可以与酰胺I吸收带、酰胺II吸收带一起明确地辨认出。图 2-33 是蛋白质分解的氨基酸—脂肪酸缩合物钠盐的 IR 光谱。

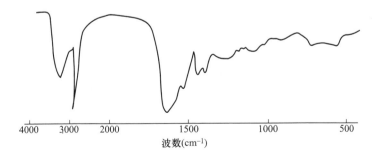

图 2-33 蛋白质分解的氨基酸—脂肪酸缩合物钠盐的 IR 光谱图（KBr 压片法）

（2）氧化胺。十二烷基二甲基氧化胺的 IR 光谱如图 2-34 所示，在 960cm^{-1} 处有 ν_{NO} 的特征吸收，对于盐酸盐，此吸收分裂为两个峰，氮原子上羟基在 2580cm^{-1}（ν_{OH}）附近和 1515cm^{-1}（δ_{OH}）处有吸收。

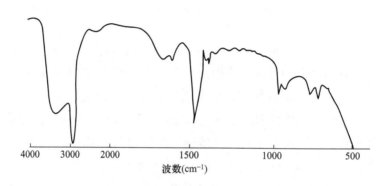

图 2-34　十二烷基二甲基氧化胺的 IR 光谱图（薄膜法）

因盐酸盐吸湿性强，因而在 3300cm^{-1} 附近和 1660cm^{-1} 附近有水分的吸收峰。

五、染料红外光谱

1. 三芳甲烷染料

三芳甲烷染料有三个明显的强吸收峰，即 1580cm^{-1}、1370cm^{-1} 和 1170cm^{-1}，碱性三芳甲烷染料尤为显著。图 2-35 为碱性紫 3（C. I. 42555）的 IR 光谱。

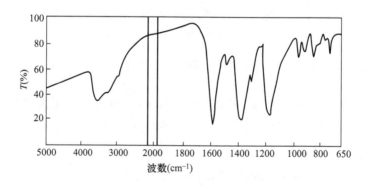

图 2-35　碱性紫 3 的红外吸收光谱图

酸性三芳甲烷染料在这些区域同样看到其特征吸收，如图 2-36 所示。

2. 偶氮染料

偶氮染料的—N=N—吸收很弱，且常与在同区域的其他吸收峰交盖，有时甚至分辨不出来。但偶氮染料结构中含有其他一些基团，具有明显的特征吸收，例如 NO$_2$ 一般在 1520cm^{-1} 有强吸收，当处于芳环、杂环或稠环上时会产生位移。图 2-37 是酸性偶氮染料的 IR 光谱。

3. 蒽醌染料

红外光谱用于鉴定蒽醌型分散染料特别有效，一系列氨基及羟基蒽醌的红外光谱分析结果表明，3500cm^{-1} 附近出现双峰，证明有伯胺存在的可能，虽然羟基的峰也位于同一区域，

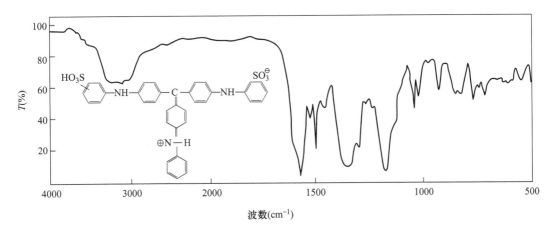

图 2-36 酸性三芳甲烷染料的 IR 光谱图

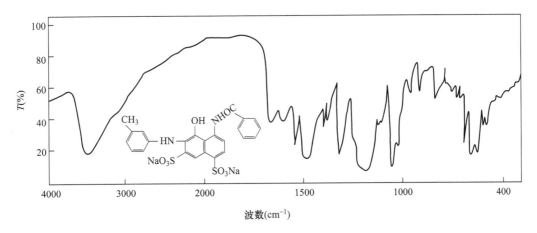

图 2-37 酸性偶氮染料的 IR 光谱图

但吸收呈宽峰，可加以区别，低于 1000cm^{-1} 的谱带可用于区别官能团及其位置。

蒽醌中 C=O 未成氢键时，强吸收峰在 1675cm^{-1}，而且在 1280cm^{-1} 附近有 C—O 的强宽吸收峰，蒽醌 α 位有 OH 或 NH$_2$ 取代时，形成氢键，吸收频率降低 20~55cm^{-1}，强度变小，波谱简化，因而较难辨认。例如，1-氨基蒽醌于 1665cm^{-1} 及 1610cm^{-1} 有吸收峰，而 1,4-二氨基蒽醌只在 1610cm^{-1} 有一个简单的吸收。

酸性蒽醌染料在这些区域附近出现吸收峰，如酸型绿 25（C. I. 61570）红外吸收光谱在 3500cm^{-1} 附近有 ν_{NH} 明显的单峰，在 1490~1700cm^{-1} 间有两强峰，在 1150~1300cm^{-1} 出现一宽强峰，后者是磺酸基的吸收。

C. I. 酸性绿 25

4. 还原染料

从苯绕蒽醌衍生物的稠环还原染料的红外光谱研究结果表明，一般醌构上的 C＝O 吸收峰在 1700~1600cm⁻¹，而多核醌构 C＝O 的吸收峰常常在 1650cm⁻¹，1470~1600cm⁻¹ 区域的强吸收峰可能是芳香环 C＝O 的伸缩振动。

阴丹士林蓝和靛蓝的红外吸收光谱如图 2-38 和图 2-39 所示。

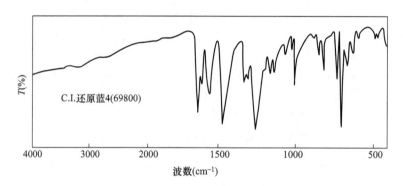

图 2-38 还原蓝 4 的红外光谱图

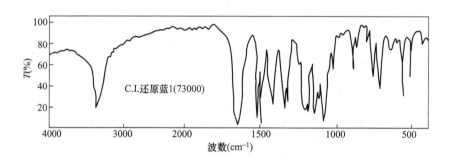

图 2-39 靛蓝的红外光谱图

5. 酞菁颜料

酞菁菁（CuPC）颜料在 800~700cm⁻¹ 及 1200~1100cm⁻¹ 两区域都有明显的强吸收峰，前者是苯环邻位双取代的吸收峰，可以此作为鉴别该类颜料的依据。从红外光谱也可区分出酞酞菁有 α 型和 β 型之分，α 型和 β 型的 IR 光谱如图 2-40 和图 2-41 所示。

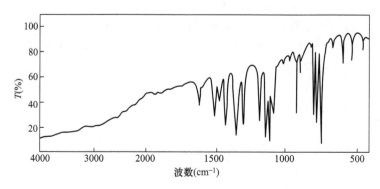

图 2-40 β 型 CuPC 颜料的红外光谱图

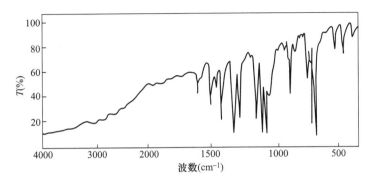

图 2-41　α 型 CuPC 颜料的红外光谱图

6. 颜料和色淀

无机颜料的吸收谱图都比较简单。

C. I. 颜料绿 17（C. I. 77288）是 Cr_2O_3 无机颜料的 IR 光谱，如图 2-42 所示。

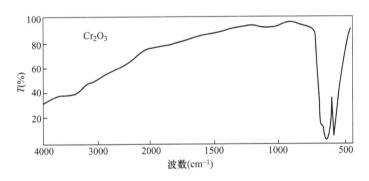

图 2-42　无机颜料 Cr_2O_3 的红外光谱图

表 2-16 和表 2-17 分别为有机颜料常见官能团的红外吸收光谱区域和各类有机颜料（色淀）的红外吸收光谱特征带。

表 2-16　有机颜料常见官能团的红外吸收光谱区域

—N≡N—	芳香偶氮	反式 1440~1460cm⁻¹（弱） 顺式 1500~1520cm⁻¹（弱）
—NH—	—CONHAr	1550~1560cm⁻¹（强） 3100~3200cm⁻¹（弱）
O —C—	—CONHAr ArNHOC— (OH) —N(CO—)(CO—)	1670~1680cm⁻¹（强） 1650~1660cm⁻¹（强） 1680~1700cm⁻¹（强）

续表

—C—O—	⬡—OCH₃	1245~1255cm⁻¹（强）
CH₃	⬡—OCH₃	2750~2800cm⁻¹（中）
—NO₂	Ar—NO₂	1340~1360cm⁻¹（中） 1550~1560cm⁻¹（中） 1345~1355cm⁻¹（中）
—C—Cl	ArCl	1050~1060cm⁻¹（中）
—SO₃Me	Ar—SO₃Me	1060~1070cm⁻¹（强） 1170~1240cm⁻¹（强）
—COOMe	ArCOOMe	1540~1560cm⁻¹（强）

表 2-17　各类有机颜料（色淀）的红外吸收光谱特征带

单和双偶氮颜料	乙酰基乙酰芳胺	1460~1470cm⁻¹（弱）；1490~1510cm⁻¹（强）；1550~1560cm⁻¹（中）；1590~1610cm⁻¹（中）；1680~1690cm⁻¹（中）
	萘酚 A 类	1445~1455cm⁻¹（中）；1485~1490cm⁻¹（强）；1545~1565cm⁻¹（强）；1600~1615cm⁻¹（中）；1680~1690cm⁻¹（中）
	β 萘酚	1460~1470cm⁻¹；1480~1500cm⁻¹（中）
	苯基甲基吡唑酮	1460~1470cm⁻¹（弱）；1490~1500cm⁻¹（中）；1550~1560cm⁻¹（强）；1680~1690cm⁻¹（中）
靛族	靛族衍生物	1470~1480cm⁻¹（强）；1490~1495cm⁻¹（强）；1590~1600cm⁻¹（弱）；1610~1640cm⁻¹（强）
	硫靛衍生物	1430~1440cm⁻¹（弱）；1570~1580cm⁻¹（弱）；1670~1680cm⁻¹（强）
稠环颜料	简单蒽醌	1480~1495cm⁻¹（强）；1540~1550cm⁻¹（弱）；1590~1600cm⁻¹（弱）；1445~1465cm⁻¹（中）
	稠环蒽醌	1270~1290cm⁻¹（强）；1495~1505cm⁻¹（弱）；1570~1580cm⁻¹（强）；1595~1600cm⁻¹（强）；1640~1655cm⁻¹（强）
	萘酚苯骈吲哚	750~760cm⁻¹（强）；1350~1360cm⁻¹（强）；1375~1385cm⁻¹（强）；1445~1455cm⁻¹（中）；1700~1710cm⁻¹（强）
	迫苯内酰胺	1590~1600cm⁻¹（中）；1675~1685cm⁻¹（强）；1690~1700cm⁻¹（强）
	喹酞酮	1345~1355cm⁻¹（强）；1485~1495cm⁻¹（强）；1560~1630cm⁻¹（强）
	双氧氮蒽颜料	1330~1340cm⁻¹（强）；1545~1560cm⁻¹（强）；1600~1610cm⁻¹（强）；1625~1635cm⁻¹（中）

续表

酞菁	铜酞菁	$725\sim745cm^{-1}$（强）；$755\sim765cm^{-1}$（强）；$775\sim785cm^{-1}$（中）；$900\sim910cm^{-1}$（弱）；$1080\sim1090cm^{-1}$（弱）；$1095\sim1100cm^{-1}$（强）；$1120\sim1130cm^{-1}$（强）；$1180\sim1190cm^{-1}$（中）；$1290\sim1300cm^{-1}$（中）；$1330\sim1340cm^{-1}$（强）；$1420\sim1430cm^{-1}$（中）
	卤化酞菁	$500\sim510cm^{-1}$（弱）；$745\sim755cm^{-1}$（强）；$775\sim785cm^{-1}$（强）；$940\sim950cm^{-1}$（强）；$1090\sim1100cm^{-1}$（强）；$1140\sim1150cm^{-1}$（强）；$1200\sim1210cm^{-1}$（强）；$1275\sim1285cm^{-1}$（中）；$1295\sim1305cm^{-1}$（强）；$1325\sim1335cm^{-1}$（中）；$1390\sim1400cm^{-1}$（强）
	无金属酞菁	$700\sim710cm^{-1}$；$875\sim885cm^{-1}$（弱）；$715\sim720cm^{-1}$（强）；$1090\sim1000cm^{-1}$（弱）；$1000\sim1100cm^{-1}$（强）；$1275\sim1285cm^{-1}$（弱）；$1105\sim1115cm^{-1}$（中）；$1300\sim1310cm^{-1}$（弱）；$1320\sim1330cm^{-1}$（双峰中）；$1430\sim1440cm^{-1}$（弱）
色淀	碱性三苯甲烷的磷钨钼色淀	$790\sim810cm^{-1}$（中）；$880\sim885cm^{-1}$（弱）；$960\sim970cm^{-1}$（中）；$1075\sim1085cm^{-1}$（中）；$1170\sim1180cm^{-1}$（弱）；$1185\sim1195cm^{-1}$（中）；$1330\sim1340cm^{-1}$（弱）；$1585\sim1595cm^{-1}$（强）
	碱性氧蒽的磷钨钼色淀	$790\sim810cm^{-1}$（中）；$880\sim885cm^{-1}$（弱）；$960\sim970cm^{-1}$（中）；$1015\sim1020cm^{-1}$（弱）；$1085\sim1095cm^{-1}$（弱）；$1120\sim1130cm^{-1}$（弱）；$1185\sim1195cm^{-1}$（中）；$1300\sim1320cm^{-1}$（强）；$1495\sim1500cm^{-1}$（强）；$1520\sim1530cm^{-1}$（中）；$1600\sim1610cm^{-1}$（强）
	酸性三苯甲烷色淀	$1160\sim1170cm^{-1}$（强）；$1295\sim1300cm^{-1}$（弱）；$1320\sim1370cm^{-1}$（强）；$1490\sim1495cm^{-1}$（弱）；$1585\sim1595cm^{-1}$（强）
	酸性氧蒽色淀	$1345\sim1355cm^{-1}$（强）；$1450\sim1460cm^{-1}$（强）；$1580\sim1595cm^{-1}$（强）
	亚硝基色淀	$1295\sim1305cm^{-1}$（强）；$1360\sim1370cm^{-1}$（强）；$1500\sim1510cm^{-1}$（强）；$1595\sim1605cm^{-1}$（中）
	硝基颜料	$1330\sim1340cm^{-1}$（强）；$1570\sim1580cm^{-1}$（弱）；$1630\sim1640cm^{-1}$（弱）

　　由基团的特征吸收频率，可以进行红外光谱图的解析以及未知物结构的推测，下面举一些例子，说明基团与特征吸收峰的对应关系。

　　例2.4.1　图2-43是一个红外光谱的一部分，分析一下可能有哪些基团存在，哪些不存在。

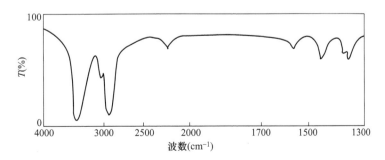

图2-43　某化合物的部分红外光谱

[解析] 应用红外光谱八分区, 对可能存在和不存在的基团做出如下分析。

可能存在的基团:

$3750 \sim 3000 cm^{-1}$: NH 或 OH (伸展)

$3300 \sim 2700 cm^{-1}$: 各个 C—H (伸展)

$2400 \sim 2100 cm^{-1}$: C≡C 或 C≡N (伸展)

$1475 \sim 1300 cm^{-1}$: C—N (弯曲)

不存在的基团:

$1900 \sim 1650 cm^{-1}$: C=O (伸展)

$1675 \sim 1625 cm^{-1}$: C=C (伸展)

例 2.4.2 对溴甲苯的红外光谱如图 2-44 所示, 指出图中标有波数的吸收峰归属。

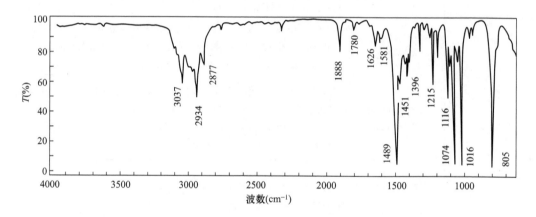

图 2-44 对溴甲苯的红外光谱图

[解析] 对溴甲苯的结构式是: Br—⟨苯环⟩—CH₃

归属峰如下:

$3037 cm^{-1}$: 芳核 ν_{CH}

$2934 cm^{-1}$、$2877 cm^{-1}$: 甲基的 ν_{CH}

$2000 \sim 1600 cm^{-1}$: 对位取代的典型图样 $1626 cm^{-1}$、$1581 cm^{-1}$、$1489 cm^{-1}$: 苯环 ($1600 cm^{-1}$、$1580 cm^{-1}$、$1500 cm^{-1}$) 对位取代苯基的前两个谱带波数较高

$1451 cm^{-1}$: 甲基和苯环 (δ_{CH})

$1396 cm^{-1}$: 甲基 (δ_{CH_3})

$1215 cm^{-1}$、$1047 cm^{-1}$、$1016 cm^{-1}$: 苯基 CH 面内弯曲

$805 cm^{-1}$: 芳族化合物相邻的两个氢的 CH 面外弯曲

例 2.4.3 图 2-45 是醋酸烯丙酯的红外光谱图, 指出标有波数吸收峰的归属。

[解析] 醋酸烯丙酯的结构式是: $CH_2 = CH—CH_2—O—CO—CH_3$, 各峰归属如下:

$3080 cm^{-1}$: 不饱和 ν_{CH}

$2960 cm^{-1}$: 饱和 ν_{CH}

$1745 cm^{-1}$: $\nu_{C=O}$

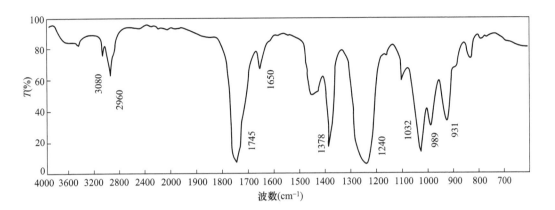

图 2-45 醋酸烯丙酯红外光谱图

1650cm^{-1}：$\nu_{C=C}$

1378cm^{-1}：乙酰氧基中的甲基对称弯曲

1249cm^{-1}、1032cm^{-1}：乙酰氧基的 C—O—C 伸展（在 1300cm^{-1} 和 1050cm^{-1} 之间有两个谱带）

989cm^{-1}、931cm^{-1}：端乙烯基的面外弯曲

例 2.4.4 对甲苯甲腈的红外光谱如图 2-46 所示，指出标有波数吸收峰的归属。

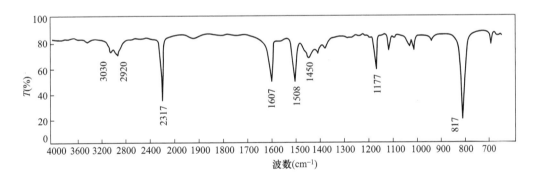

图 2-46 对甲苯甲腈红外光谱图

[解析] 对甲苯甲腈的结构式为： Me—⟨苯环⟩—CN

各峰的归属如下：

3030cm^{-1}：苯基的 ν_{CH}

2920cm^{-1}：甲基的 ν_{CH}

2217cm^{-1}：ν_{CN}（$2260 \sim 2210 \text{cm}^{-1}$，共轭 C≡N 出现在较低范围）

1607cm^{-1}、1508cm^{-1}：苯环，对位谱带出现在稍高位置（一般为 1600cm^{-1} 和 1500cm^{-1}）
苯环上相邻的两个氢的 CH 面外弯曲（$860 \sim 800 \text{cm}^{-1}$，一般在 810cm^{-1}）

例 2.4.5 图 2-47 是渗透剂 T 的 IR 光谱图，指出标记吸收峰的归属。

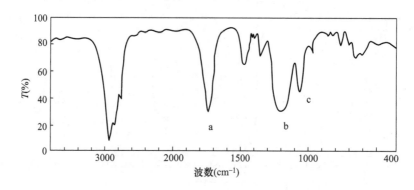

图 2-47 渗透剂 T 的红外光谱图

[解析] 渗透剂 T 的结构式为：

$$NaO_3S—CHCOOC_8H_{17}$$
$$\overset{|}{CH_2COOC_8H_{17}}$$

a 峰：$\nu_{C=O}$

b 峰：$\nu_{asS=O}$

c 峰：$\nu_{sS=O}$

例 2.4.6 二丁基萘磺酸钠（拉开粉）的 IR 光谱如图 2-48 所示，指出标记吸收峰的归属。

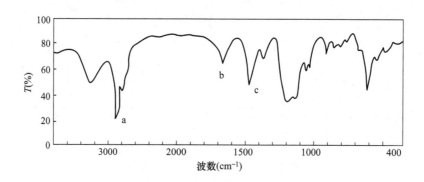

图 2-48 二丁基萘磺酸钠的红外光谱图

[解析] 拉开粉的结构为：

$$C_4H_9$$
$$-SO_3Na$$
$$C_4H_9$$

a 峰：$\nu_{C—H}$

b 峰：$\nu_{C=C}$

c 峰：$\delta_{C—H}$

例2.4.7　指出 C₁₂H₂₅——〈苯环〉——SO₃Na IR 光谱图（图2-49）中有关峰的归属。

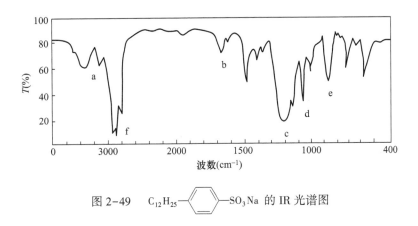

图2-49　C₁₂H₂₅——〈苯环〉——SO₃Na 的 IR 光谱图

[解析]　a 峰：$\nu_{=C-H}$

b 峰：$\nu_{C=C}$

c 峰：$\nu_{asS=O}$

d 峰：$\nu_{sS=O}$

e 峰：ν_{C-H}（对位取代，面外变形）

f 峰：ν_{C-H}（烷基）

例2.4.8　分析乳化剂 OP-10（烷基酚聚氧乙烯醚）IR 光谱图（图2-50）中标记峰的位置。

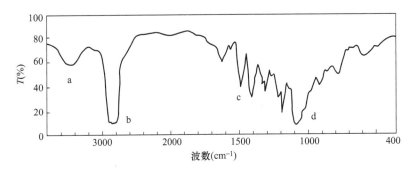

图2-50　乳化剂 OP-10 的 IR 光谱图

[解析]　乳化剂 OP-10 的结构式为：C₈H₁₇——〈苯环〉——O(CH₂CH₂C)₁₀H

a 峰：ν_{OH}

b 峰：ν_{C-H}

c 峰：$\nu_{C\cdots C}$

d 峰：ν_{C-O-C}

例2.4.9　试推断化合物 C₄H₅N（图2-51）的结构。

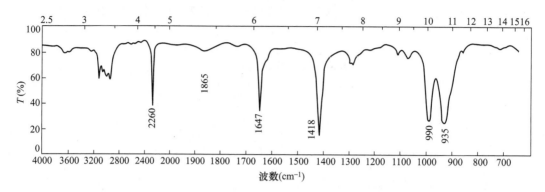

图 2-51　化合物 C_4H_5N 的红外光谱图

[解析]　计算不饱和度：$\Omega = (4 \times 2 + 2 - 5 + 1)/2 = 3$

由不饱和度分析，分子中可能存在一个双键和一个叁键。由于分子中含 N，可能分子中存在—CN 基团。

由红外谱图可见：在谱图的高频区可看到 $2260cm^{-1}$，为腈基的伸缩振动吸收；$1645cm^{-1}$ 为乙烯基—C=C—伸缩振动吸收。可推测分子结构为：

$$CH_2\!=\!CH\!-\!CH_2CN$$

$990cm^{-1}$、$935cm^{-1}$ 的吸收，表明末端有乙烯基。$1480cm^{-1}$ 为亚甲基的弯曲振动（$1470cm^{-1}$，受到两侧不饱和基团的影响，向低频率位移），末端乙烯基弯曲振动（$1400cm^{-1}$），验证推断正确。

例 2.4.10　某化合物的分子式为 C_6H_{14}，红外谱图如图 2-52 所示，试推测该聚合物的结构。

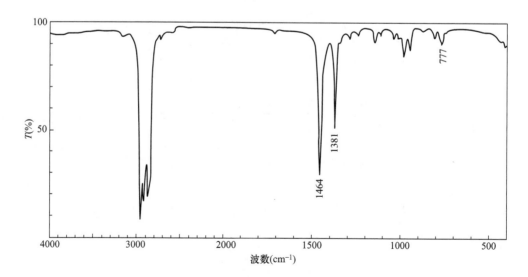

图 2-52　化合物 C_6H_{14} 的红外光谱图

[解析]　从谱图看，谱峰少，峰形尖锐，谱图相对简单，可能化合物为对称结构。从分

子式可以看出该化合物为烃类，计算不饱和度：

$$U = (6 \times 2 + 2 - 14)/2 = 0$$

表明该化合物为烃类，由于 $1380cm^{-1}$ 的吸收峰为一单峰，表明无二甲基存在。$777cm^{-1}$ 的峰表明亚甲基是独立存在的。因此结构式为：

$$
\begin{array}{c}
CH_3 \\
| \\
CH_3—CH_2—CH—CH_2—CH_3
\end{array}
$$

由于化合物相对分子质量较小，精细结构较为明显，当化合物的相对分子质量较高时，由于吸收带互相重叠，其红外吸收带较宽。

谱峰归属（括号内为文献值）：

$3000 \sim 2800cm^{-1}$：C—H 反对称和对称伸缩振动（甲基：$2960cm^{-1}$ 和 $2872cm^{-1}$；亚甲基：$2926cm^{-1}$ 和 $2853cm^{-1}$）。

$1461cm^{-1}$：亚甲基和甲基弯曲振动（分别为 $1470cm^{-1}$ 和 $1460cm^{-1}$）。

$1381cm^{-1}$：甲基弯曲振动（$1380cm^{-1}$）。

$777cm^{-1}$：乙基中—CH_2—的平面摇摆振动（$780cm^{-1}$）。

例 2.4.11 试推断化合物 C_7H_9N 的结构（图 2-53）。

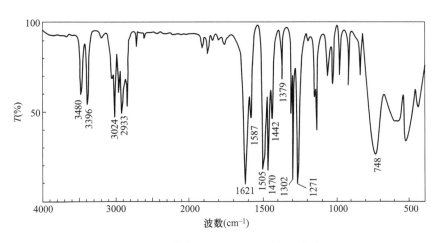

图 2-53 化合物 C_7H_9N 的红外光谱图

[解析] 计算不饱和度：$\Omega = (7 \times 2 + 2 - 9 + 1)/2 = 4$

不饱和度为 4，可能分子中含有多个双键，或者含有一个苯环。

$3480cm^{-1}$ 和 $3396cm^{-1}$ 两个中等强度的吸收峰表明为—NH_2 反对称和对称伸缩振动吸收（$3500cm^{-1}$ 和 $3400cm^{-1}$）。

$3024cm^{-1}$：苯环上 C—H 伸缩振动。

$1470cm^{-1}$：苯环上 C—H 伸缩振动（$1621cm^{-1}$、$1587cm^{-1}$、$1505cm^{-1}$ 及 $1470cm^{-1}$）证明苯环的存在。

$748cm^{-1}$：苯环取代为邻位（$770 \sim 735cm^{-1}$）。

$1442cm^{-1}$ 和 $1338cm^{-1}$：甲基的弯曲振动（$1460cm^{-1}$ 和 $1378cm^{-1}$）。

$1272cm^{-1}$：伯芳胺的 C—N 伸缩振动（$1340 \sim 1250cm^{-1}$）。

由以上信息可知该化合物为邻甲苯胺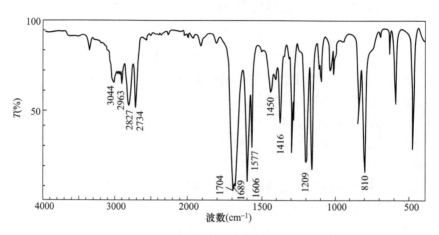

例 2.4.12 试推断化合物 $C_8H_8O_2$ 的分子结构（图 2-54）。

图 2-54 化合物 $C_8H_8O_2$ 的红外光谱图

[解析] 计算不饱和度：$U = (8 \times 2 + 2 - 8)/2 = 5$

不饱和度大于 4，分子中可能有苯环存在，由于仅含 8 个 C，因此该分子应含一个苯环和一个双键。

$3044 cm^{-1}$：苯环 C—H 伸缩振动。

$1606 cm^{-1}$、$1577 cm^{-1}$、$1450 cm^{-1}$：苯环的骨架振动（$1600 cm^{-1}$、$1585 cm^{-1}$、$1500 cm^{-1}$ 及 $1450 cm^{-1}$），证明苯环的存在。

$810 cm^{-1}$：对位取代苯（$833 \sim 810 cm^{-1}$）。

$1704 cm^{-1}$：醛基 C=O 伸缩振动吸收（$1735 \sim 1715 cm^{-1}$，由于苯环发生共轭向，低频率方向移动）。

$2827 cm^{-1}$ 和 $2734 cm^{-1}$：醛基的 C—H 伸缩振动（$2820 cm^{-1}$ 和 $2720 cm^{-1}$）。

$1465 cm^{-1}$ 和 $1395 cm^{-1}$：甲基的弯曲振动（$1460 cm^{-1}$ 和 $1380 cm^{-1}$）。

$1260 cm^{-1}$ 和 $1030 cm^{-1}$：C—O—C 反对称对称伸缩振动（$1275 cm^{-1}$ 和 $1010 cm^{-1}$）。

由以上信息可知化合物结构为：

$$CH_3O-\text{〈〉}-CHO$$

第五节　红外光谱的定性解析

一、有机化合物的不饱和度

有机化合物的不饱和度是表示有机分子中碳原子的饱和强度。在结构分析中很有用，往往根据分子的不饱和度可以估计分子中重键以及芳环等结构信息存在与否，从而可以简化红外光谱解析过程。计算不饱和度 Ω 的经验公式为：

$$\Omega = 1 + n_4 + \frac{1}{2}(n_3 - n_1)$$

式中：n_1、n_3 和 n_4 分别为分子式中一价、三价和四价原子的数目，通常规定双键（如 C=C，C=O 等）和饱和环结构的不饱和度为 1，叁键（C≡C，C≡N 等）的不饱和度为 2，苯环不饱和度为 4，可理解为一个环加三个双键。

例如，C_3H_3N 的不饱和度。

上面计算不饱和度 Ω 的经验公式对于含有高于四价的杂原子的分子不再适用，稠环芳烃可用下面公式计算其不饱和度。

$$\Omega = 4r - S$$

式中：r——稠环芳烃的环数；

　　　S——公用"边"数。

例如：（图），不饱和度 $\Omega = 4 \times 2 - 1 = 7$。

二、定性解析

由于有机化合物的种类繁多，结构复杂，影响因素多，因而红外光谱的解析是一件比较复杂的工作，目前还没有完备的规律可循。根据红外光谱的基本原理和经验规律，有机物红外光谱图的定性解析一般可按照下列步骤进行。

1. 了解样品的背景

了解存在的化学元素、未知样品的物理状态及色泽、未知样品的来源及用途、未知样品的纯度、是单一组分还是混合物、可能存在的组分（或组成）等。

2. 确定化合物的类型

（1）判断是有机化合物还是无机化合物，视其在 3000cm^{-1} 附近是否存在—CH$_3$、CH$_2$、C—H 或=CH 等表征有机化合物碳键结构的峰，若有，则为有机化合物。

（2）饱和碳原子的判别以 3000cm^{-1} 为界，若在略低于 3000cm^{-1} 处有吸收峰，则为饱和烃的 ν_{CH} 伸缩振动。若在略高于 3000cm^{-1} 处有吸收峰，则为不饱和烃 ν_{CH_2} 的伸缩振动。

（3）判别是芳香族化合物还是脂肪族化合物。若在 1600cm^{-1} 和 1500cm^{-1} 处有吸收峰（$\nu_{C=C}$），且 3030cm^{-1} 处有吸收峰（$\nu_{=C-H}$），则可判定为芳香族化合物，若无上述吸收峰存在，则为脂肪族化合物。

3. 推断可能含有的功能团

首先将整个红外光谱区域划分成特征功能团区［即 5000～1333cm^{-1}（2～2.5μm）］和指纹区［即 1333～667cm^{-1} 区（7.5～15μm）］。为了查找可能含有的功能团的特征吸收峰，可以用红外光谱八分区（表 2-5），如果在上述某一区域中没有吸收带，则表示没有相应的基团和结构，如果有吸收带，再作进一步详细分析。

（1）在 5000～1333cm^{-1} 区间，先分析最强的吸收，然后考虑中等强度的吸收。

（2）确定 C—H 振动存在与否，如果存在，进一步确定其振动类型。C—H 的伸缩振动频率出现在 3400～2840cm^{-1}，如果在 3000cm^{-1} 以上，则碳原子是不饱和的，或者存在着高卤素化合物（诱导效应）；如果低于 3000cm⁻¹，则碳原子是饱和的。在 3000cm⁻¹ 以上或以下都出现吸收，那么碳原子就存在着饱和及不饱和两种情况。在 1455cm⁻¹ 处有吸收带表明存在 CH₃（弯曲振动），在 1375cm⁻¹ 处有吸收带则表明存在 C—CH₃（用已知物的光谱图对照，进而确定究竟是乙基、正丙基、异丙基或叔丙基）。在 725cm⁻¹ 处有中等强度的吸收带，表明为开键，且存在四个或多个邻接次甲基。

（3）确定化合物或混合物所存在的类别中等强度的 1650cm⁻¹ 和 1600cm⁻¹ 带存在与否，表明芳香烃存在与否；若存在中等强度的 1650cm⁻¹ 和 1600cm⁻¹ 吸收带，表明存在烯烃（没有烯烃存在也有可能存在该吸收带）。2210cm⁻¹ 附近出现弱的吸收带或者在 3250cm⁻¹ 处出现一中等强度的吸收带，以及在 2115cm⁻¹ 处出现一中等强度吸收带，则表明存在炔烃衍生物（炔烃不存在时这些吸收带仍可以出现）。如果出现 CH₂ 吸收，但没有出现 CH₃—C 吸收，表明可能存在酯环化合物；如果有 CH₂ 和 CH₃ 存在，但没有芳烃、烯烃、炔烃的特征吸收，则认为是脂肪烃化合物。在确定了化合物的类型之后，接着要查清楚烯烃的类型、芳烃取代基的数目和位置。

如果光谱图只存在 3~10 个吸收带，且有几个宽带，无表征有机物的吸收带存在，则应考虑无机物存在的可能性。

（4）先解析强的吸收带，然后解析中等强度的吸收带。如果认为某一谱带与某一功能基有相关性，随之就应去查寻确定那类功能基所出现的整个吸收带，对其进行尽可能接近的分类。

然后，应集中于 1333~667cm⁻¹ 区间，从强吸收带到中等强度吸收带进行分析。

当解析能初步确定可能存在某化合物时，为了最终的鉴定，可以与已知物的光谱进行比较对照。两个图谱的峰形、位置和强度的比例都基本一致时，才能最后确证该化合物为何物。对用通过红外光谱还无法确知的未知物，或者无标准谱图与之比较时，常需借助核磁共振谱（第三章）、质谱（第四章）和紫外光谱等手段加以验证。

三、红外标准谱图

1. API 光谱图片

该光谱图片是由美国热力学研究中心、美国石油研究院第 44 研究计划从 1943 年开始出版的。主要是炔类的光谱（占 80% 左右），也有少量的氧、氮、硫衍生物、某些金属有机化合物以及一些很普通的化合物。1959 年与制造化学工作者联合会联合出版了含氧、氮、硫、磷、卤素、硼、钠、铋、硅、锌等有机化合物的光谱，作为初期 API 光谱图片的补充。

波长为 2~15μm，有少量为 14~25μm，在片子的右下角列出了化合物的名称、分子式、结构、纯度、溶剂和浓度等信息。有名称和分子式索引，知道了化合物的名称、分子式或结构式，即可利用索引查出谱图。

2. 萨特勒（Sadtler）红外谱图集

由美国萨特勒研究室编辑并出版，分为纯化合物标准谱图和商品物质图谱两大类。并逐年增印，谱集共有四种索引，分为化合物名称索引、化学分类索引、分子式索引和光谱编号索引。

商品红外光谱图集有：农业化学品、多元醇、表面活性剂、单体和聚合物、树脂和树胶、增塑剂、香料和香味品、润滑剂、橡胶化学品、纤维、中间体、药物、纺织物化学品、食品添加剂、染料和颜料及着色剂、无机物、涂料、石油化学品等，此外还有 ATR 光谱图。

萨特勒红外谱图集还附有《光谱检索》一书，把所有收集的光谱按其最强峰的波长顺序排列，逐个注出谱图中所有透过率小于 60% 的峰位置，然后将未知物图谱与此书进行查对，就可根据相应的标准图作出鉴定。

以图 2-55 所示的未知物为例，说明其查对步骤。

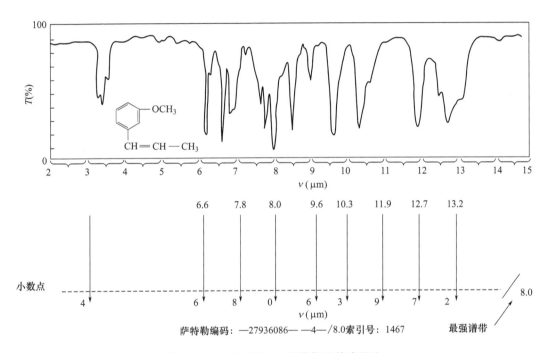

图 2-55　未知物的 IR 光谱集及其编码法

确定未知光谱的编码，将光谱从 2~14μm 区域等分为 13 个区域，每个区域选出一个最强的谱带，波长标记在小数点以后的一位。若谱带处在两个区域之间，则作为高波长区的峰，并标记为 0，若某区域中不存在吸收峰（或透过率>60%）则记以短线 "—"，选出各个区域中小数点后那些数字作为该光谱的 "编码"，从未知光谱选出最强带，将它记在下角，将未知化合物的 "编码" -27936086--4-/8.0 和《光谱检索》一书中参考光谱的编码对照，即首先找到和未知光谱相同最强谱带的那一页，再在其中从 5~14μm 区间找出与 "编码" 相同的这一栏，找出了光谱的索引号码 1467 后，可以查出萨特勒标准光谱图，进一步比较后就可以确定它是否为所鉴定出来的化合物茴香脑（近期出版物都以波数编码）。

这种方法并不限于纯物质，也适用于高聚物、洗涤剂、油脂和润滑剂等类商品。除此而外，还有 CobIentz 学会谱集、DMS 周边缺口光谱卡片等标准谱图集。

四、定性解析示例

下面举一些红外光谱定性解析的实例。

例 2.5.1　一个化合物分子式是 C_8H_8O，红外光谱如图 2-56 所示，试解释：

① 氧在这个化合物中属于哪个官能团类型；② 这一化合物是否属于芳香族，是否还含有

脂肪族的碳原子；③假若它是一个芳香化合物，是怎样替代的环？

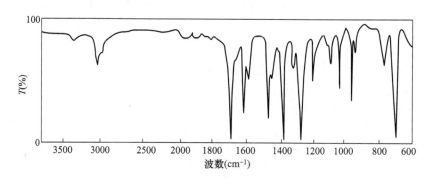

图 2-56　化合物 C_8H_8O 的红外光谱图

[解析]　根据图谱，可作如下分析。

$3500 \sim 3300cm^{-1}$ 无强吸收带，表示无 OH 基，在 $1960cm^{-1}$ 的 $C=O$ 吸收带说明有酮、醛或酰胺的可能，但分子中无 N，因此排除了酰胺。在 $2720cm^{-1}$ 无吸收带，排除了有 $O=C-H$ 基的可能性，因此，这一化合物系酮类。在 $3000cm^{-1}$ 以上有 $C-H$ 伸展吸收，说明可能有芳环存在，不饱和度 $\Omega = 5$ 也说明有芳环存在的可能性。结合在 $1600cm^{-1}$、$1580cm^{-1}$ 和 $680cm^{-1}$ 有强吸收带，说明这一化合物有芳环，在 $2920cm^{-1}$、$2960cm^{-1}$ 和 $1360cm^{-1}$ 有吸收带表示有甲基。$700cm^{-1}$ 和 $750cm^{-1}$ 附近有两个吸收带，表示是单取代芳香环。从以上分析的结果得出该化合物为苯乙酮，结构式是 。

例 2.5.2　一纯的无色液体的 IR 光谱如图 2-57 所示，沸点为 196℃，试确定该样品的结构。

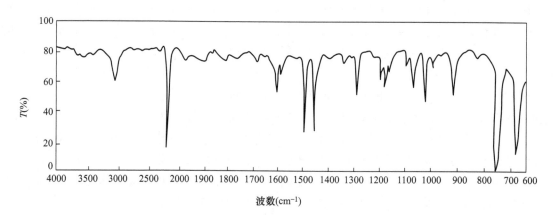

图 2-57　纯的无色液体的红外光谱图

[解析]　在 $1450 \sim 1600cm^{-1}$ 范围内有四个吸收峰是芳香系统的特征，$3100cm^{-1}$ 处的峰为 $C-H$ 伸缩振动。对于芳香系统，此峰一般都在 $3000cm^{-1}$ 以上，而脂肪族 $C-H$ 伸缩振动则在 $3000cm^{-1}$ 或低于 $3000cm^{-1}$ 处产生吸收，故该未知物含有芳环。$2250cm^{-1}$ 处的锐峰表示

有 —C≡C— 、—C≡CH 、—C≡N 和 SiH。又因 —C≡CH 基团的 ν_{CH} 约为 3250cm^{-1}，所以 —C≡CH 基团可被排除。

680cm^{-1} 和 760cm^{-1} 处的一对强吸收峰说明芳香环可能是单取代的，满足此红外数据的两个相似的结构可能是 $C_6H_5C≡N$ 和 $C_6H_5C≡CC_6H_5$。然而，后者在温室下为固体，苯基氰的沸点为 191℃，与样品的沸点极为接近，因而，可以得出初步的结论：所分析的化合物为 $C_6H_5C≡N$。

例 2.5.3 有一纯样品，知其含有 N 元素，沸点 97℃，红外图谱如图 2-58 所示，试推测其可能的结构式。

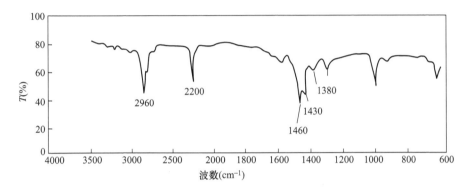

图 2-58　未知纯样品的红外光谱图

[解析] 在 3000cm^{-1} 以上无吸收峰，表示无 OH、NH、C≡C—H 及 C=C—H 存在，1600cm^{-1}、1500cm^{-1} 附近无强吸收，表明不含苯环。2200cm^{-1} 的吸收峰表示有 C≡N，1430cm^{-1}、1380cm^{-1}、2960cm^{-1} 有吸收，表明有 —CH$_3$ 存在。1460cm^{-1}、2920cm^{-1} 有吸收，表明有 —CH$_2$— 存在。根据沸点，确知为丙腈（CH_3CN、CH_3CH_2CN、$CH_3CH_2CH_2CN$ 的沸点分别为 79℃、97℃、118℃）。

例 2.5.4 一种仅含有 C、H 和 O 的液体有机化合物（沸点 67℃），该物质的稀乙醇溶液在 220~440nm 区域内无吸收峰。此纯净液体用 0.01mm 吸收池测得的红外光谱如图 2-59 所示，从中能得到什么结构信息？

[解析] 紫外区为透明，即可排除存在芳香环和羧基官能团。2800~3100cm^{-1} 区域内的吸收带表明可能存在（链）烯烃和（链）烷烃基团。925cm^{-1}、1000cm^{-1} 处强峰和 1650cm^{-1} 处的弱峰说明可能有乙烯基（—CH=CH$_2$）存在，3500cm^{-1} 处低而宽的谱带很可能是由于 H$_2$O 污染引起的。1100cm^{-1} 处强吸收带说明存在脂肪醚，1350~1000cm^{-1} 区域内一系列峰与分子中烃部分的各种氢的弯曲振动有关。基于此，仅能得出这样的结论：该样品很可能是一种在其结构中有一个乙烯基的脂肪族醚。实际上，该光谱是烯丙基乙醚（$CH_2=CHCH_2OCH_2CH_3$）的光谱图。

例 2.5.5 一未知物的分子式为 $C_5H_8O_2$，红外光谱图如图 2-60 所示，试推测其结构。

[解析] 不饱和度 $\Omega=2$ 表示无芳环存在。

3110cm^{-1}：$\nu_{=CH_2}$

2989cm^{-1}，2928cm^{-1}：ν_{-CH_3}

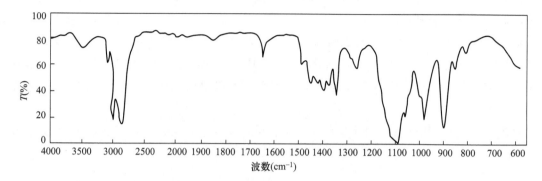

图 2-59　未知液态有机化合物的红外光谱

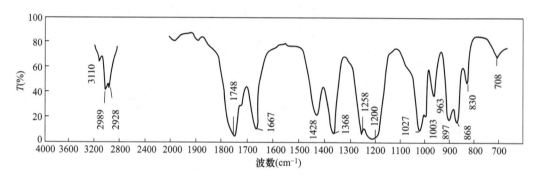

图 2-60　未知物 $C_5H_8O_2$ 的红外光谱

$1748cm^{-1}$：$\nu_{C=O}$（乙烯酯一般在 $1760cm^{-1}$）

与脂肪酮比较，普通酯（$1735cm^{-1}$）的伸缩频率向高波数位移，因氧原子的 $-I$ 效应大于它的 $+M$ 效应，故总的效应是吸电子效应。在乙烯酯中，氧的 $+M$ 效应由于与 C=C 和 C=O 两个键的 n 电子重叠而抵消，其净效应为 $-I$ 效应，从而增加了羰基的双键特征。

$$—O \leftarrow C=O \qquad\qquad C=C—O \leftarrow C=O$$
$$\text{普通酯} \qquad\qquad\qquad \text{乙烯酯}$$

$1667cm^{-1}$：$\nu_{C=C}$，由于与氧共轭而强度增加。

$1428cm^{-1}$、$1368cm^{-1}$：CH_3 和 CH_2 弯曲震动的吸收，和其他乙酸酯一样，较低频率的谱带较强。

$1250 \sim 1200cm^{-1}$：=C—O—C= 的反对称伸缩。在乙烯酯中，由于—O—C—O 基团中—O—C 部分的双键特征减少，而使 $1230cm^{-1}$ 处的正常"乙酸酯"谱带向低频位移约 $20cm^{-1}$，与上面羰基双键特征增加的解释是一致的。

$1027cm^{-1}$：=C—O—C= 对称伸缩。

$868cm^{-1}$：$=CH_2$ 的面外 δ_{CH}（$890cm^{-1}$）。

基于以上分析，结构式是
$$\begin{array}{c} H_3C \\ \diagdown \\ C—O—CO—CH_3 \\ \diagup \\ H_2C \end{array}。$$

第六节　红外光谱应用

一、定性分析

对某一化合物的红外光谱进行定性分析时，应通过红外光谱带的特征来分析化合物结构的可能信息，了解其与谱带的相关性。这种分析是基于红外光谱的三个重要特点，即吸收带的位置、吸收带的形状和吸收带的相对强度。

1. 化合物的鉴定

$1400 \sim 650 cm^{-1}$ 波段为指纹区。这一区域的吸收主要是表示整个分子的特征，除极少数化合物外，如 $CH_3(CH)_n CH_3$，$n = 76$ 与 $n = 77$ 很难能用红外光谱区别，只要两个化合物的红外光谱（尤其是指纹区）相同，便可认为是同一化合物。分子式相同而结构式相似的不同化合物，如顺式和反式，非对应光学异体结构，在红外光谱上都有区别。

鉴定化合物时，一般先将测出的图谱与已知样品或文献上的标准谱图进行对比。不同的化合物必显出不同的光谱，需注意同一化合物的不同状态与在液体中测出的光谱并不完全相同，在不同溶剂中，光谱有时也有差异，固体样品的红外光谱常因晶行不同而显出差异。此外，浓度和温度也会影响红外光谱，仪器分辨率的不同亦会有差异出现。

2. 官能团分析

前面已经讨论过，各种不同的官能团有其特征吸收频率，借助于特征频率可以进行官能团的分析。例如，$2500 cm^{-1}$ 以上是含有氢原子的伸展振动在内的基频，ν_{OH} 在 $3600 cm^{-1}$，氢键的存在会使频率降低、谱峰变宽，ν_{N-H} 在 $3300 \sim 3400 cm^{-1}$ 区域，常有 O—H 重叠，但峰较尖锐，饱和碳原子的 C—H 在 $2850 \sim 3000 cm^{-1}$，而芳香化合物的 ν_{C-H} 在 $3000 \sim 3100 cm^{-1}$ 区域，对应于 S—H、R—H 和 Si—H 的峰分别在 $2500 cm^{-1}$、$2400 cm^{-1}$ 和 $2300 cm^{-1}$ 附近。

$2500 \sim 2000 cm^{-1}$ 内包含了三重键的伸展振动： C≡N 基团在 $2200 \sim 2300 cm^{-1}$ 区域有强而敏锐的吸收峰。$2000 \sim 1600 cm^{-1}$ 区域包含双键分子的伸展振动和 O—H、C—H 及 N—H 基团的弯曲振动，羰基 C=O 在 $1700 cm^{-1}$、$1650 \sim 1610 cm^{-1}$，可能为烯类，$1600 \sim 1500 cm^{-1}$ 为芳香环特征。

低于 $1600 cm^{-1}$ 的区域为大多数有机化合物的指纹区，它是单键区，由力常数和质量相近的 C—O、C—C 和 C—N 单键伸缩振动相互耦合而形成。

若整个谱图只有几条宽而强的谱带，而不出现有机物官能团的谱带，则应考虑为无机化合物。

3. 结构判断

利用红外光谱进行化合物的结构分析是基于结构与吸收谱带之间的内在联系，所以，必须熟悉基团与频率之间的对应关系。

例 2.6.1　图 2-61 是 α-尼龙 6 的红外光谱，其吸收峰与结构的对应关系如下。

[解析]　α-尼龙 6 的链单元为 $\left[NH(CH_2)_3 - \overset{\displaystyle O}{\overset{\|}{C}} \right]_n$

$1640 cm^{-1}$：由酰胺的羰基伸展振动产生，即酰胺 I 谱带；

$1550 cm^{-1}$：酰胺 II 谱带，由 N—H 弯曲振动和 C—N 伸缩振动的组合吸收。

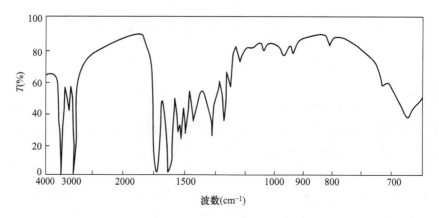

图 2-61　α-尼龙 6 的红外光谱图

$1260cm^{-1}$：酰胺Ⅲ谱带，是由 ν_{C-H} 和 δ_{NH} 伸缩振动产生。

$690cm^{-1}$：酰胺Ⅴ谱带，归属于 N—H 面外摇摆振动。

$3300cm^{-1}$：N—H 伸缩振动的吸收。

$3090cm^{-1}$：酰胺Ⅰ谱带（$1550cm^{-1}$）的倍频。

例 2.6.2　聚醋酸乙烯酯红外光谱如图 5-62 所示，分析其结构与吸收带的对应关系。

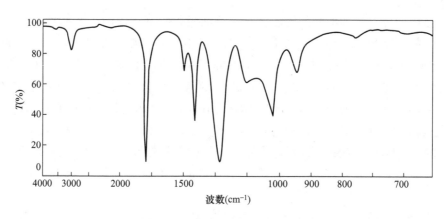

图 2-62　聚醋酸乙烯酯的红外光谱图

[解析]　聚醋酸乙烯酯链单元为 $\begin{matrix} -\!\!\!-(CH_2\!\!-\!\!CH)\!\!-\!\!_n \\ \quad | \\ \quad O\!\!-\!\!CO\!\!-\!\!CH_3 \end{matrix}$

$1740cm^{-1}$：羰基伸缩振动吸收。

$1240cm^{-1}$、$1020cm^{-1}$：分别归属于 —C—O—CH— 基团中 —C—O— 和 —O—CH— 的伸缩振动。

$1370cm^{-1}$：甲基变形振动。

$1470cm^{-1}$：亚甲基的变形振动。

例 2.6.3　香草醇结构中双键位置的确定。

[**解析**]　根据经典臭氧化法推断，下面两种结构式的香草醇均能与臭氧发生反应，生成甲醛和丙酮。

（A）　　　　　　　　　（B）

到底（A）和（B）中哪一个结构式能代表香草醇的真实结构呢？应用红外光谱法很容易得出结论。

在（A）式中存在着三取代双键，结构简式为 $RR'C{=}CHR''$，应有 $\nu_{C=C}\sim1670\text{cm}^{-1}$ 和 δ_{CH}（面外）830cm^{-1}。

在（B）式中存在着末端双键，结构简式为 $RR'C{=}CH_2$，应有 $\nu_{C=C}\sim1640\text{cm}^{-1}$ 和 δ_{CH}（面外）890cm^{-1}，实际上，香草醇的红外光谱出现在 δ_{CH}（面外）830cm^{-1} 吸收峰，而无 δ_{CH}（面外）890cm^{-1} 吸收峰，说明（A）的结构式是正确的。

4. 旋光异构体、几何异构体的判断

旋光异构体，即左旋和右旋两个光学对映体，在固体状态时，光学活性异构体同它的外消旋混合物的红外光谱是不同的，但在溶液中两者并无区别。后一现象对天然化合物的合成研究极为有用，因为天然化合物往往只存在对映体的一种，而化合物总是一对对映体并存的外消旋混合物。应用这一现象，便不需外消旋混合物进行麻烦的光学分离后再确定所需化合物的外消旋体是否已经合成。

由于顺式与反式异构体的分子对称性不同，故它们的特征吸收频率有较明显的差异，因此，很容易藉红外光谱加以鉴别。例如，一般的反式异构体在 965cm^{-1} 附近有一强吸收峰，而顺式异构体只在 $730\sim670\text{cm}^{-1}$ 有一中等强度的吸收，如果不饱和化合物分子是对称的，两双键又是骑跨在对称中心，则反式异构体的红外光谱不能显出 $C{=}C$ 的伸缩振动频率，顺式异构体，因无对称中心，故在 1660cm^{-1} 处有一中等强度的吸收峰。若双键不是骑在对称中心，反式异构体的 $\nu_{C=C}$ 频率比顺式异构体的 $\nu_{C=C}$ 频率高。在碳氢化合物中，反式比顺式的高 20cm^{-1}。

二、高聚物的研究

在高聚物的研究中，红外光谱法已成为重要的分析手段之一，目前，这方面的研究资料很多，这里就红外光谱法在高聚物研究中某些方面的应用作简要介绍。

1. 聚合方式的判断

例如，乙酸乙烯酯在聚合中有两种可能的聚合方式，一种聚和方式是头尾聚合：

另一种聚合方式是头头聚合：

究竟按照哪种方式聚合，光谱分析表明，聚合产物的红外光谱与模拟化合物乙酸异丙酯 CH$_3$—CH—CH$_3$ 光谱很相似，从而确定了聚合方式为头尾聚合。

    |
   OCOCH$_3$

2. 纤维取向度的研究

红外光谱谱带的吸收强度同电磁辐射矢量和跃迁极矩的相对方向有关，因此，可以利用红外偏振光测定高聚物分子中键或基团对于主键的方向，以及在不同拉伸条件下高聚物纤维的取向。

从红外偏振器出来的红外偏振光通过各向异性的纤维时，如果红外偏振光的电矢量和纤维中基团振动跃迁极矩的方向平行，则基团的振动谱带具有最大的吸收强度，垂直时，基团的振动谱带吸收强度为零。红外偏振光的电矢量和纤维中基团振动跃迁极矩的方向不同而使基团的振动谱带吸收强度产生差异的现象称为红外二色性。对于偏振光来说，某简正振动谱带的吸收强度正比于 $(M \cdot E)^2$，其中，M 为该简正振动的跃迁矩，E 为入射光的电矢量。红外二色性基本原理如图 2-63 所示，S 为光源，P 为偏振器。

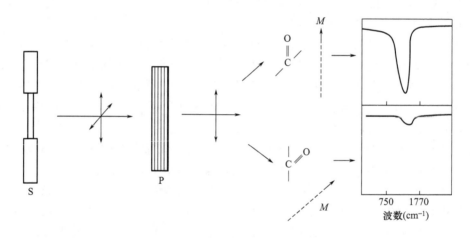

图 2-63 红外二色性基本原理示意图

红外二色性是用两个相互垂直的吸收谱带的积分强度之比表示，但由于测量比较复杂，有些谱带相互重叠，很难甚至不可能求出其积分值，因此，一般用两个相互垂直的吸收谱带峰值之比来表示。二色性比 R 用下式计算。

$$R = \frac{D_{/\!/}}{D_\perp}$$

式中：$D_{/\!/}$——平行纤维轴方向的光密度；

    $D_\perp$——垂直纤维轴方向的光密度。

当 $R=1$，$D_{/\!/}=D_\perp$，相当于纤维完全杂乱取向，即各向同性，因而无二色性。

若每个分子链是直的，和纤维轴成一角度 θ，假设振动跃迁极矩与分子链成 α 角，从平行与垂直于纤维轴的方向入射红外偏振光，分别测得其光密度与 $D_\perp$，则二色性比 R 可用下式表示。

$$R = \frac{D_{/\!/}}{D_{\perp}} = \frac{2\cot^2\alpha\cos^2\theta + \sin^2\theta}{\cot^2\alpha\sin^2\theta + \frac{1}{2}(1+\cos^2\theta)}$$

根据 X 射线测量的结果，大多数纺织纤维具有很高的晶区取向。对于非完全取向的纤维，可以认为纤维中有一部分是完全取向的，引用取向函数 f 来表示分子链取向的程度。设在高聚物中有 f 分数的分子链是完全取向的，即粗略地把 f 看成为结晶部分，剩余的（$1-f$）分数是任意分布的（无定形部分），如果跃迁极矩与分子链成 α 角，则二色性比为：

$$R = \frac{D_{/\!/}}{D_{\perp}} = \frac{f\cos^2\alpha + \frac{1}{3}(1-f)}{\frac{1}{2}f\sin^2\alpha + \frac{1}{3}(1-f)}$$

有时，采用平均取向角，即假定所有分子链轴与纤维轴成夹角 β，相当上面的角 θ，可以得到 f 与 β 的关系式：

$$f = 1 - \frac{1}{2}\sin^2\beta$$

另外，红外光谱还用于高聚物的结晶度、支化度和共聚物序列分布等方面的研究。

三、定量分析

除同核分子外，所有有机和无机分子都在红外区有吸收，因此，红外光谱法具有定量分析多种物质的能力。方法简单，重复性好，是定量红外光谱法的优点。但由于定量红外光谱分析误差较大，因此，一般在无其他光谱分析的情况下采用红外定量法。

红外光谱法进行定量分析的理论基础是朗伯—比尔定律。

$$A = \lg\frac{I_0}{I} = \varepsilon c L$$

式中：A——吸收值；

$\quad I_0$、I——分别为入射光和透射光的强度；

$\quad\quad \varepsilon$——摩尔消光系数；

$\quad\quad c$——摩尔浓度；

$\quad\quad L$——光程，cm。

在红外定量分析中，选用谱带吸收最大的峰作为定量峰，因为该峰位处具有最高的灵敏度。测量谱带的吸光值有很多方法，其中基线法较为常用。图 2-64 是基线法测量吸光值的图解说明。在谱带两侧透射比最高处 a、b 两点引切线，然后以谱带吸收最大的位置 c 作为横坐标的垂线，与横坐标交点为 e，和切线 ab 的交点为 d，用直线 de 的长度代表 I_0 值，ce 的长度代表 I 值，则定量谱带的吸光值为：

$$A = \lg\frac{I_0}{I} = \lg\frac{de}{ce}$$

实际遇到的情况要复杂得多，如图 2-65（a）所示，测量谱带受近旁谱带影响较小，由谱带透射比最高处 b 引平行线。在图 2-65（b）中，分析谱带受近旁谱带的影响，可作切线 ab。对于图 2-65（c），不管做平行线还是切线都不能反映真实情况，此时作两者的角平分线

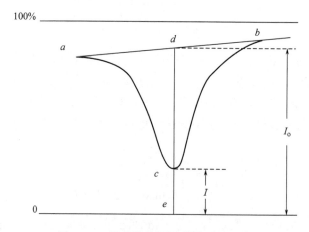

图 2-64 用基线法测量谱带的吸收值

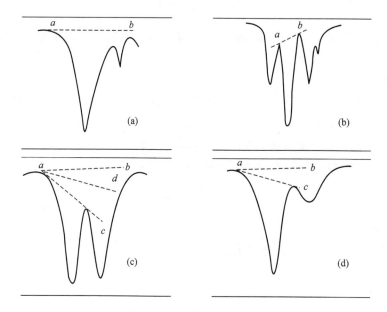

图 2-65 谱带基线的取法

ad 比较合适。遇到图 2-65（d）的情况，作切线 ab 或 ac 均可。这里必须指出，一旦确定了一种基线取法后，在以后的测量中应保持不变。

基于分析谱带的选择是正确进行定量分析的关键，实际工作中应该选择那些比较孤立、特征性强、灵敏度高、并且受干扰较少的谱带作为分析谱带。

下面介绍几种红外定量的分析方法。

1. 解联立方程法

该法适于多元组分的定量分析，测定时，每个组分需选择一个合适分析谱带，并以每个组分的纯品，先测出其吸光度 A，从而求出吸光系数 a，然后利用光谱吸光值的"加合性"列出方程组，解联立方程，即可求出个各组分的含量。

例如，邻二甲苯、间二甲苯、对二甲苯和乙苯混合物中各组分的测定，就是一个典型的例子。以环乙烷为溶剂，分析谱带分别为 13.47μm、13.01μm、12.58μm 和 14.36μm，C_8H_{10} 各异构体吸收谱带如图 2-66 所示。

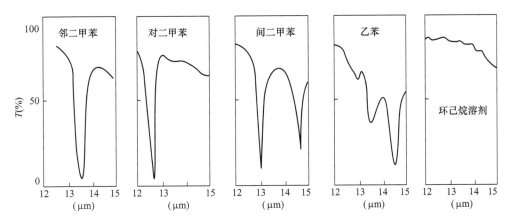

图 2-66 环乙烷为溶剂的 C_8H_{10} 异构体的光谱

根据吸光值加合性可得到如下的联立方程：

$$A_1 = a_{11}c_1 + a_{12}c_2 + a_{13}c_3 + a_{14}c_4$$
$$A_2 = a_{21}c_1 + a_{22}c_2 + a_{23}c_3 + a_{24}c_4$$
$$A_3 = a_{31}c_1 + a_{32}c_2 + a_{33}c_3 + a_{34}c_4$$
$$A_4 = a_{41}c_1 + a_{42}c_2 + a_{43}c_3 + a_{44}c_4$$

式中：A_1、A_2、A_3、A_4 分别表示 ν_1、ν_2、ν_3、ν_4 波数处所测量的分析谱带的吸光值；a_{11}、a_{12}、a_{13}、a_{14} 分别表示第一、第二、第三和第四个组分在 ν_1 波数处的吸收率，其余类推。c_1、c_2、c_3、c_4 分别为所求 C_8H_{10} 各异构体的含量，解此联立方程，就可以求出各异构体含量。

2. 吸光值比例法

对于厚度不定或不易准确测量出的样品，可以采用吸光值比例法进行分析。测定前，先测出各个组分纯品的吸收系数，或从文献中查出。例如，对于二元组分的混合物（以 x 和 y 表示）的光谱，根据朗伯—比尔定律，可写成：

$$A_x = a_x b_x c_x$$
$$A_y = a_y b_y c_y$$

因 $b_x = b_y$，所以两谱带的吸光度比 R 为：$R = \dfrac{A_x}{A_y} = \dfrac{a_x c_x}{a_y c_y} = K\dfrac{c_x}{c_y}$

又因：$c_x + c_y = 1$，得联立方程组：$\begin{cases} R = K\dfrac{c_x}{c_y} \\ c_x + c_y = 1 \end{cases}$

解方程组，求出：$c_x = \dfrac{R}{K+R}$

$$c_y = \dfrac{K}{K+R}$$

例如，甲基环己烷与甲苯混合物的分析。

分析峰：甲苯为 $1170cm^{-1}$，甲基环己烷为 $1264cm^{-1}$，液槽厚度 $0.15mm$，不稀释，据实验由最小二乘法可以得下面关系：

$$W_R = \frac{C_1}{C_2} = 1.60\left(\frac{A_{1170}}{A_{1264}} + 0.04\right)$$

式中：W_R——甲苯与甲基环己烷的重量比；

C_1、C_2——分别为甲苯和甲基环己烷重量百分浓度。

因 $C_1 + C_2 = 100\%$，故甲苯重量百分浓度为：

$$甲苯 = \frac{W_B}{1 + W_B} \times 100\%$$

又如非离子表面活性剂中氧化乙烯（EO）和环氧丙烯（PO）组分分析。

选取 $1380cm^{-1}(\delta_{CH_3})$ 作为 PO 的定量分析谱带，选取 $1350cm^{-1}(\delta_{-OCH_2-})$ 作为 EO 和 PO 的共用定量分析谱带（两者都含有—OCH_2—）

根据吸光值加合性原理得：

$$A_{1350} = A_{1350}^{EO} + A_{1350}^{PO} = a_{1350}^{EO} \cdot b \cdot c^{EO} + a_{1350}^{PO} \cdot b \cdot c^{PO} \tag{1}$$

$$A_{1380} = a_{1380}^{PO} \cdot b \cdot c^{PO} \tag{2}$$

比较（1）、（2）两式：

$$\frac{A_{1350}}{A_{1380}} = \frac{a_{1350}^{EO} \cdot b \cdot c^{EO}}{a_{1380}^{PO} \cdot b \cdot c^{PO}} + \frac{a_{1350}^{PO} \cdot b \cdot c^{PO}}{a_{1380}^{PO} \cdot b \cdot c^{PO}} = K\frac{c^{EO}}{c^{PO}} + K'$$

A_{1350} 和 A_{1380} 可采用基线法求得，然后由工作曲线求出 EO 和 PO 的相对含量。

3. 内标法

内标法是在样品内混入一定量的另一种物质作为内标，并准确求出其质量比，与吸光值比例法相似，由朗伯—比尔定律可知：

$$A_标 = a_标 \, b_标 \, c_标$$

$$A_未 = a_未 \, b_未 \, c_未$$

式中：$A_标$——选定的内标物的吸光度；

$a_标$——选定的内标物的摩尔吸收系数；

$b_标$——选定的内标物的吸收层厚度，cm；

$c_标$——选定的内标物的浓度，mol；L；

$A_未$——未知物的吸光度；

$a_未$——未知物的摩尔吸收系数；

$b_未$——未知物的吸收层厚度；

$c_未$——未知物的浓度，mol/L。

因为同一物体，光程相同，$b_标 = b_未$，两式相除得：

$$\frac{A_标}{A_未} = \frac{a_标 c_标}{a_未 c_未} = K\frac{c_未}{c_标}$$

把纯的内测物质和内标物质按一定比例混合，测其光谱，通过测量两者分析谱带的吸光度，即可求出 K 值。以此值作为纵坐标，$c_未$ 作横坐标，绘制工作曲线，即可求出未知物的含量。

在被测物内不含有选用的内标物，比较稳定，且纯，内标光谱简单，不与分析谱带干扰，并且满足制备条件。

4. 内反射光谱法

内反射光谱法的基本原理前面已经讲过，这里举例说明这种方法在定量分析上的应用。

例如，用内反射光谱法可以进行涤纶和羊毛混纺织品的组分分析，混纺织品内反射光谱如图 2-67 所示，使用一般的透射法对纤维或织物进行定量分析比较困难，但使用内反射光谱法却很简单。

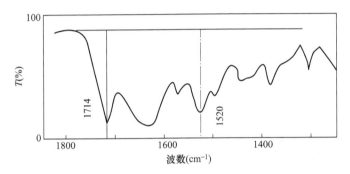

图 2-67　涤纶和羊毛混纺织品的 MTR 光谱

选择 1714cm⁻¹ 为涤纶定量分析谱带（羰基伸缩振动），选择 1520cm⁻¹ 作为羊毛定量分析谱带（酰胺Ⅱ谱带），然后配置一系列已知混合比例的标准样品作为薄片，在 105℃ 干燥 1h 以上，使用 KRS-5 的内反射板，入射角为 45°，扫描区域为 $1800 \sim 1400 cm^{-1}$。以 A_{1714}/A_{1520} 对涤纶的百分含量作图，从工作曲线就可方便地测量出未知组分混纺织品中涤纶的含量。

5. 基本线

在定量分析中，采用基线法可避免烦琐的测量和计算，很方便地求出吸收值，所以，在组分分析中常常被应用，以丙烯腈—醋酸乙烯酯共聚物的组分分析为例。丙烯腈—醋酸乙烯酯共聚物的红外光谱如图 2-68 所示。

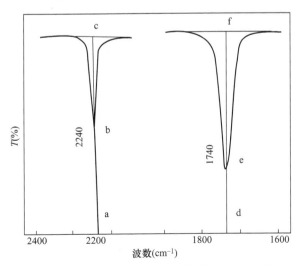

图 2-68　丙烯腈—醋酸乙烯酯共聚物的红外光谱

2242cm^{-1}：丙烯腈（AN）分析谱带（ C≡N 伸缩振动）。

1740cm^{-1}：醋酸乙烯酯（VAC）分析谱带（C=O 伸缩振动）。

在 2300~2150cm^{-1} 和 1850~1650cm^{-1} 区域分别测绘标准样品和未知样品的红外光谱。

丙烯腈组分分析谱带吸光值为：$A_{2242} = \lg \dfrac{ac}{ab}$

醋酸乙烯酯组分分析谱带吸光值为：$A_{1740} = \lg \dfrac{df}{de}$

标准样品两分析谱带的吸光值比：$R_{标} = \dfrac{A_{2242}}{A_{1740}}$ 或 $R_{标} = K \dfrac{c_{AN}}{c_{VAC}}$

故 K 值可以计算出来，然后，测量未知样品两分析谱带吸光度之比：

$$R_{未} = \frac{A'_{2242}}{A'_{1740}} = K \frac{c'_{AN}}{c'_{VAC}}$$

又因 $c''_{AN} + c''_{VCN} = 1$

则

$$c'_{AN} = \frac{R_{未}}{K + R_{未}} \times 100\%$$

$$c'_{VAC} = \frac{K}{K + R_{未}} \times 100\%$$

又如，聚丙烯腈共聚物中丙烯酸甲酯的不同重量比分别在 2240cm^{-1} 和 1736cm^{-1} 处测量吸光值 A_{2240} 和 A_{1736}，并以 A_{2240}/A_{1736} 之比为纵坐标，重量之比为横坐标，绘制标准曲线，由试样的 A_{2240}/A_{1736} 之值，从标准曲线即可求出丙烯酸甲酯的含量，其他混纺纤维的组分分析同样可以照此进行。

四、化学反应进行程度的测定

在化学反应中，总是伴随着一些基团的消失和新的基团的产生，基于这种情况，在反应进行过程中定时测定样品的红外光谱，通过观察一些关键性基团吸收带的消失和产生，分析推测反应进行的程度，进行反应动力学的研究，制订有机合成技术路线，选择最佳反应条件。

五、红外光谱在其他方面的应用

傅里叶红外光谱可用于鉴定翡翠等宝石材料。如图 2-69 所示，天然翡翠和 B 货翡翠的红外光谱有明显区别，B 货翡翠在 2827cm^{-1}、2928cm^{-1}、2942cm^{-1}、2969cm^{-1} 处显示 C—H 伸缩振动特征吸收峰，而天然翡翠无此吸收。

傅里叶红外光谱还可对肿瘤的良性、恶性及分型和分级进行区分，如宫颈癌、结肠癌、肝癌、皮肤癌、乳腺癌等。通过正常组织细胞和癌变组织细胞的傅里叶红外光谱的谱图差异，揭示细胞的分子结构差异。

此外，利用漫反射傅里叶红外光谱可对药物的同质多晶现象进行鉴定。

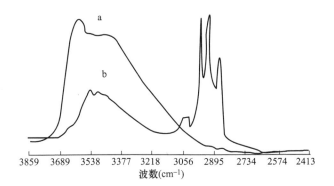

图 2-69　天然翡翠与 B 货翡翠的红外光谱图
a—天然翡翠　b—B 货翡翠

第七节　傅里叶红外光谱仪及其相关技术简介

一、基本原理

傅里叶红外光谱（FT—IR）的出现是红外光谱技术的新进展，是基于干涉调频分光的第三代红外分光光度计。

基本原理是利用麦克尔逊干涉仪将两束光的光程差按一定速度变化的复色红外光相互干涉，然后，用干涉光与样品作用，探测器将得到的干涉信号送入计算机进行傅里叶变化的数学处理，把干涉图还原成光谱图。

二、特点

傅里叶红外光谱与分光型红外光谱相比较，具有以下特点。

（1）信号多路传送，每一瞬间都是测量所有频率的全部信号，即全频多重谱。

（2）因无狭缝，红外光束截面大，因而能量输入大，即高通量的探测器响应好，灵敏度高。

（3）具有高的分辨能力，波数精确度高，可达 $\pm 0.01 \mathrm{cm}^{-1}$，并且光谱范围宽（10000~10cm^{-1}），一般色散型分光光度的波数在 4000~200cm^{-1}。

三、应用

由于傅里叶红外光谱具有独特的优点，因此，给红外光谱的应用开辟了新的领域。

（1）化学动力学研究中，如反应速率的研究，探讨反应机理以及各种因素对反应速率影响的定量关系等。

（2）由于扫描速度极快，所以可以与现代分离技术如气象色谱（GC）或高压液相色谱（HPLC）等联用。

（3）由于波数准确度极高，所以，由测出吸收峰位置（波数）的微小变化，可以研究分子间相互作用和分子结构的微小变化。

（4）适用于低通量样品的测定，如纤维或织物上的染料、整理剂和其他工业助剂等均可进行测量。

四、Nicolet5700 智能傅里叶红外光谱仪

红外光谱仪
操作讲解

五、红外显微镜

红外显微镜借助高光通量的光聚焦在样品的微小面积上，因此测量灵敏度较高。一般检测限量在纳克级，个别物质能检测到皮克级。红外显微镜分透射式和反射式。对红外光透明的微小样品可以直接做透射红外光谱，红外不透明的物质可测定反射红外光谱，进行无损分析。在红外显微镜中可见光与红外光沿同一光路，利用可见光在显微镜下直接找到需要分析的微区（直径可小至 $10\mu m$），并可将其拍照或摄像。保持镜台不动，即可测量所选微区的红外光谱。图 2-70 是红外显微镜观察到人毛发的角质层和毛髓部分。

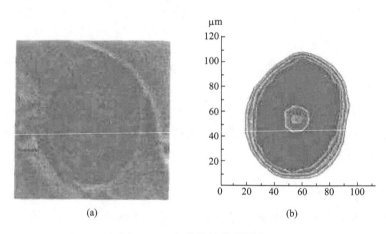

(a)　　　　　　　　　(b)

图 2-70　人毛发的截面图像

（a）可见图像　（b）$3300cm^{-1}$ 的 NH 伸缩振动红外成像

六、漫反射傅里叶变换红外光谱技术

当光照射到疏松的固体样品表面，一部分光发生镜面反射，另一部分光在样品表面发生漫反射，或在样品微粒间辗转反射并衰减，或射入样品内部再折回散射，入射光经过漫反射和散射后与样品发生了能量交换，光强发生吸收衰减，记录衰减信号，即可得到漫反射红外光谱。

与透射傅里叶变换红外光谱技术相比，漫反射傅里叶变换红外光谱技术具有不需要制样、不改变样品的形状、不对样品的外观和性能造成损害，可以进行无损鉴定的优点。例如，可对珠宝、钻石、纸币、邮票的真伪进行鉴定。

漫反射红外光谱可以测定松散的粉末，可以避免由于压片造成的扩散影响，特别适合散射和吸附性强的样品，目前在催化剂的研究中得到了广泛应用，可以进行催化剂表面物种的

检测及反应过程原位跟踪研究。

七、衰减全反射傅里叶红外光谱技术

20 世纪 90 年代初，衰减全反射（ATR）技术开始应用到红外显微镜上，即全反射傅里叶变换红外光谱仪。将样品与全反射棱镜紧密贴合，当入射角大于临界角时，入射光进入光疏介质（样品）一定深度时，会折回射入全反射棱镜中（图 2-71），射入样品的光线会由于样品的吸收而有所衰减，不同波长范围衰减的程度不同，这与样品的结构有关。记录衰减随波长的变化即得到衰减全反射光谱。衰减全反射光谱为一些无法用常规红外透射光谱测量的样品，如涂料、橡胶、塑料、纸、生物样品等提供了制样摄谱技术。近年来，随着计算机技术的发展，实现了非均匀样和不平整样品表面的微区无损测量。

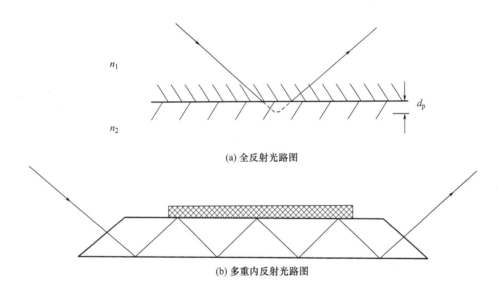

(a) 全反射光路图

(b) 多重内反射光路图

图 2-71　光线在样品和棱镜来回多次全反射

（a）图中 n_1 为光密物质；n_2 为光疏物质；d_p 为光在光疏物质中入射深度

（b）图中上层为样品，下层为棱镜

衰减全反射傅里叶变换红外光谱技术具有以下优点。

（1）不破坏样品，不需要对样品进行分离和制样，对样品的大小、形状没有特殊要求。

（2）可测量含水和潮湿的样品。

（3）检测灵敏度高，测量区域小，检测点可为数微米。

（4）能测量到未知物质分子的结构信息，某化合物或官能团空间分布的红外光谱图及微区的可见显微图像。

（5）能进行红外光谱数据库检索以及化学官能团辅助分析，以确定物质的种类和性质。

（6）操作简单、自动化，用计算机进行选点、定位、聚焦和测量，形状没有特殊要求。

八、红外—热重联用仪

红外—热重连用技术（TGA—FTIR）是 20 世纪 60 年代末首次提出的、80 年代末发展起

来的一种红外联用技术，并在 1987 年美国 Nicolet 仪器公司 TGA—FTIR 首次商品化后，得到了长足发展（图 2-72）。

1. TGA—FTIR 工作原理

利用吹扫气（通常为氮气或空气）将热失重过程中产生的挥发组分或分解产物，通过后恒定在高温下（通常为 $200 \sim 250 \degree C$）的金属管道及玻璃气体池，引入红外光谱仪的光路中，并通过红外检测、分析判断逸出气组分和结构的一种技术。

图 2-72 红外热重连接装置

该技术弥补了热重法只能给出热分解温度、热失重百分含量，而无法确切给出挥发气体组成定性结果的不足，因而在各种有机、无机材料的热稳定性和热分解机理方面得到了广泛应用。

2. TGA—FTIR 的优缺点

（1）缺点。

①由于热失重逸出气大多情况是多种同类气体的混合物，在红外谱图解析时通常得到某一类或几类气体的信息。

②TGA—FTIR 联用技术不适用于逸出气密度很大或为双原子分子的情形。

（2）优点。一个样品，一次升温就可同时获得样品的重量变化及热效应信息。

3. TGA—FTIR 联用热分析的影响因素

（1）升温速度。

①试样受热升温是通过介质（坩埚）进行热传递的，在炉子和试样坩埚之间可形成温差。升温速度不同，温差就不同，导致测量失误。

②升温速度对试样的分解温度有影响。升温速度快，造成温差和热滞后大，分解起始温度和终止温度都相应升高。

（2）样品因素。

①试样量。试样量大时，TG 曲线的清晰度变差，并移向较高温度。同样试样用量对 DTA 曲线也有很大影响，一般情况下，试样量少，差热曲线出峰明显、分辨率高，基线漂移也小，因此试样用量应在热重—差热联用分析仪灵敏度范围内尽量少。

②粒度。粒度越细，TG 曲线起始分解温度越低，DTA 曲线峰温越低。

习题

1. CO 的红外光谱在 2170cm^{-1} 处有一振动吸收峰，试问：

（1）C—O 键的力常数是多少？

（2）^{14}C—O 的对应峰应在多少波数处发生吸收？

（3）在稀溶液中，苯酚 OH 键的吸收出现在 3600cm^{-1} 处，重氢交换后 OD 键的吸收带在何处？

2. 下列振动中，哪些不会产生红外吸收峰？

（1）CO 的对称伸缩。

（2）CH≡CH 中 C≡C 的对称伸缩。

（3）CH_3CN 中 C—C 键的对称伸缩。

（4）乙烯中的下列四种振动：

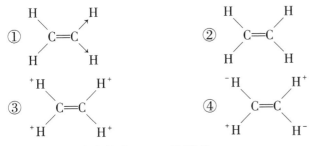

3. 指出下列化合物中 $\nu_c = 0$ 的顺序。

（1）（a）$CH_3-\overset{\displaystyle O}{\overset{\|}{C}}-F$　　（b）$CH_3-\overset{\displaystyle O}{\overset{\|}{C}}-H$　　（c）$CH_3-\overset{\displaystyle O}{\overset{\|}{C}}-Cl$

（2）（a）〔环己烯〕—$COCH_3$　　（b）〔甲基环己烯〕—$COCH_3$　　（c）〔二甲基环己烯〕—$COCH_3$

4. 试用 IR 光谱区别下列异构体。

（1）H_3C-〔苯环〕$-\overset{\displaystyle}{\underset{\displaystyle O}{\overset{\|}{C}}}-OH$　　〔苯环〕$-\overset{\displaystyle}{\underset{\displaystyle O}{\overset{\|}{C}}}-OCH_3$

（2）$CH_3CH_2\underset{\displaystyle O}{\overset{\|}{C}}CH_3$　　　　$CH_3CH_2CH_2CHO$

（3）〔环己烯酮〕$=O$　　　〔环己二烯酮〕$=O$

5. 题图 2–1 为化合物 $C_6H_{10}O$ 的 IR 光谱图，哪种化合物是正确的？为什么？

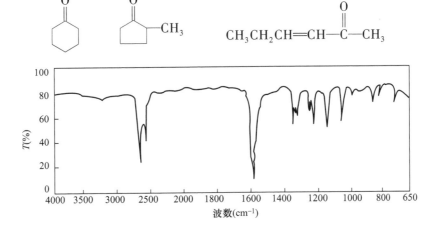

题图 2–1

6. 甲苯萘的 IR 光谱图见题图 2-2,指出化合物的特征吸收带是什么?
(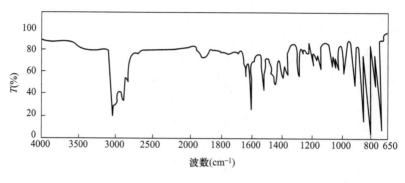)

题图 2-2

7. 化合物 $C_3H_{10}O$ 的 IR 光谱图如题图 2-3 所示,试推断其结构。

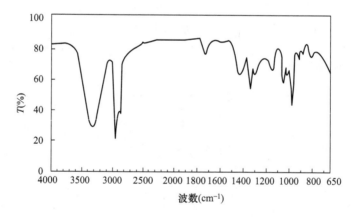

题图 2-3

8. 平平加 O-20 的 IR 谱如题图 2-4 所示,指出其主要的特征吸收带 [$C_{12}H_{25}$— $(OCH_2CH_2)_{20}OH$]

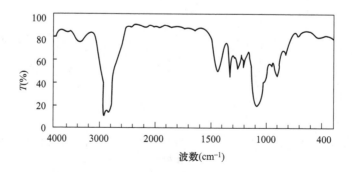

题图 2-4

9. 分散剂萘磺酸甲醛缩合物的 IR 谱图如题图 2-5 所示，指出标记谱图带的归属。

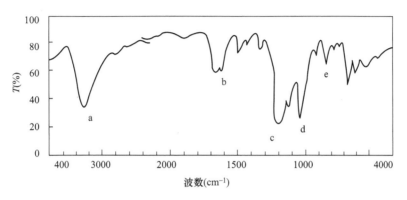

题图 2-5

10. 已知一化合物的分子式为 $C_{10}H_{10}O_2$，推测其结构式可能为 或 或 ，其 IR 谱图在 $1685cm^{-1}$、$3360cm^{-1}$ 有吸收，判断哪个式子最为符合，为什么？

11. SiZeCB 浆料是由丙烯酸、丙烯腈和丙烯酰胺共聚后经铵盐化而形成的水性浆料，IR 谱如题图 2-6 所示，试分析 $2160cm^{-1}$、$2940cm^{-1}$、$2250cm^{-1}$、$1670cm^{-1}$、$1570cm^{-1}$ 和 $1450cm^{-1}$ 吸收带的起因。

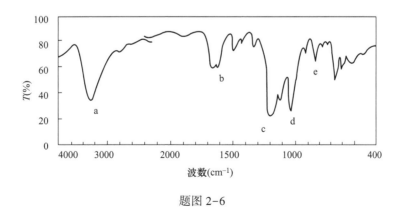

题图 2-6

12. 下列几种混纺纤维用 IR 谱进行组分定量分析时，各自的定量分析带是什么？

（1）腈纶—羊毛；（2）涤纶—腈纶；（3）涤纶—羊毛。

13. 分散染料 4G 的结构式为：

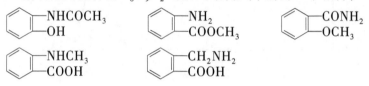

IR 谱中出现 3350cm^{-1}、1730cm^{-1}、1690cm^{-1}、1330cm^{-1} 和 1100～1300cm^{-1} 吸收峰，分析这些吸收峰的归属。

14. 一化合物的分子式为 $C_5H_3NO_2$，IR 谱中有 1725cm^{-1}、2210cm^{-1}、2280cm^{-1} 的吸收峰，推测化合物最可能的结构。

15. 题图 2-7 IR 谱表示的化合物 $C_8H_9O_2$ 与所列结构式中的哪一个相符？

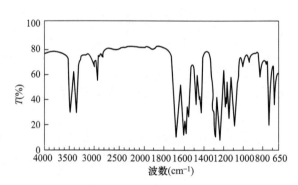

题图 2-7

第三章 核磁共振谱

核磁共振谱（NMR）是原子核吸收电磁波后，从一个自旋能级跃迁到另一个自旋能级而产生的波谱。这一吸收辐射量子的范围落在射频区，即无线电辐射频率的范围。

核磁共振谱图能够直接提供样品中某一特定原子的各种化学状态或物理状态，并得出它们各自的定量数据，而这些数据并不需要纯物质的校正，谱带下面的积分面积直接与提供这些面积的原子核数成正比，作为定性指标的"化学位移"值的测定。也可用混合样品，不必一定要事先分离提纯，只要被测化合物的共振信号与共存杂质不互相重叠即可。另外，其与红外光谱一样，样品不被破坏，可以回收。

核磁共振是一门边缘科学，其研究涉及某些物理学和数学的专门知识。但作为一种分析工具被应用于有机物的结构分析，并非一定要具备这些知识。

第一节 基本原理

一、核的磁性与自旋

原子核由带正电荷的质子和表面上不带电的中子组成。原子物理学研究证明，每一个质子和中子都有自旋运动，并有相应的磁矩（μ），原子核作为质子与中子的组成体，亦有自旋运动，随之也应产生相应的磁矩。如图3-1所示，原子核自旋运动的自旋角动量以及产生的磁矩是质子和中子自旋加和的结果。自旋角动量和磁矩均为矢量，根据量子力学的理论，原子核自旋角动量可按下式计算。

$$P = \frac{h}{2\pi}\sqrt{I(I+1)}$$

式中：P——原子核的总角动量；

h——普朗克常数；

I——自旋量子数。

I值由原子核的组成决定，存在着下面三种情况。

（1）当原子核的质量数 A 是偶数，并且它所包含的质子数 Z 和中子数 N 都是偶数时，$I=0$，这类原子核没有自旋角动量，因而没有磁矩，不能产生磁共振信号，所以不是 NMR 研究的对象。例如 $^{12}C_6$、$^{16}O_8$ 和 $^{32}S_{16}$ 等。

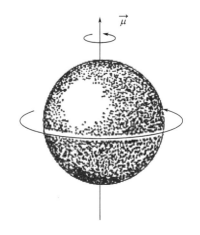

图3-1 质子自旋电荷产生的磁矩

（2）当原子核的质量数 A 为奇数时，$I \neq 0$，可以是半整数 $\left(\dfrac{1}{2}, \dfrac{3}{2}, \cdots\right)$，其中 $I = \dfrac{1}{2}$ 的核是 NMR 的主要研究对象，例如 $^1H_1$、$^{13}C_8$ 的核磁共振现象最为重要。

（3）当原子核的质量数 A 为偶数，而质子数和中子数都是奇数时，$I \neq 0$，它的值可以是整数（1，2，$\cdots$）。例如 $^2H_1$、$^{14}N_7$ 就属于这一类，由于这一类核具有"电四极矩"的性质，因而在核磁共振中的重要性大为降低。一些核的自旋量子数见表 3–1。

表 3–1　一些核的自旋量子数

质子数	中子数	自旋量子数（I）	NMR 信号	例子
偶数	偶数	0	无	$^{12}C^{16}O^{32}S$
奇数	偶数	$\dfrac{1}{2}, \dfrac{3}{2}, \cdots$	有	$^1H^{19}F^{31}P$
偶数	奇数	$\dfrac{1}{2}, \dfrac{3}{2}, \cdots$	有	$^{13}C^{17}O^{11}B$
奇数	奇数	1，2，3，$\cdots$	有	$^2H^{10}B^{14}N$

$I \neq 0$ 的核都有自旋角动量和磁矩，因此在一定的条件下都能引起磁共振，但共振吸收反应的信号差别很大，在 $I \neq 0$ 的各种原子核中，只有 $I = \dfrac{1}{2}$ 的原子核的核电荷呈均匀球状分布，自旋的核具有循环电荷，因之产生磁场，故有核磁矩形成（$\mu \neq 0$），而其他原子核包括 I 为整数和半整数的核 $\left(I = \dfrac{1}{2} \text{除外}\right)$，它们的核电荷都呈椭球分布。球状分布的核电荷各向同性，核磁共振时可以得到有用的信号，椭球状分布的核电荷各向异性，在核磁共振中得到的信号往往过于复杂，无法利用，因而失去了实用价值。由此可见，I 值是表征原子核的一个重要的物理量，它不但决定原子核的自旋角动量和磁矩的有无，而且还决定着原子核电荷的分布、核磁共振的特性以及原子核在外磁场作用下能级分裂的数目等。所以，原子核的 I 值决定了原子核共振的价值。到目前为止，只有 $I = \dfrac{1}{2}$ 的核的核磁共振谱在化学上得到应用。

二、磁场中原子核的行为

如果具有磁矩的原子核处在磁场中，由于磁性的相互作用，就会在原来所处能级状态的基础上产生能级分裂现象。磁核在外加磁场（H_0）中分裂后的能级，即磁核所采取的可能取向（自旋态）可用磁量子数 m 表示。m 与自旋量子数 I 的关系为：

$$m = I, (I-1), (I-2), \cdots -I$$

即磁核有 $(2I + 1)$ 个取向或能级状态。

对于 $I = \dfrac{1}{2}$ 的自旋核（如 ^1H、^{13}C、^{19}F、^{31}P 等）来说，在外加磁场中只有 $m = +\dfrac{1}{2}$ 和 $m = -\dfrac{1}{2}$

两种取向，前者相当于核与外磁场顺向排列，为能量较低的状态；后者相当于核与外磁场逆向排列，为能量较高的状态。

当 $m = +\frac{1}{2}$ 时，磁核量子能级的能量 $E = -\mu\beta H_0$，与 H_0 顺向。

当 $m = -\frac{1}{2}$ 时，磁核量子能级的能量 $E = +\mu\beta H_0$，与 H_0 逆向。

两种取向及能级间的能量差为：$\Delta E = 2\mu\beta H_0$。

式中：H_0——以高斯为单位的外加磁场的强度；

β——常数，称为核磁子，等于 $5.049\times10^{-24}\times10^{-25}\mathrm{N \cdot cm/T}$；

μ——以核磁子单位表示的粒子的磁矩，质子的 μ 值为 2.7927 核磁子。

若把磁核看作一个小磁体，两种取向的能级状态如图 3-2 和图 3-3 所示。

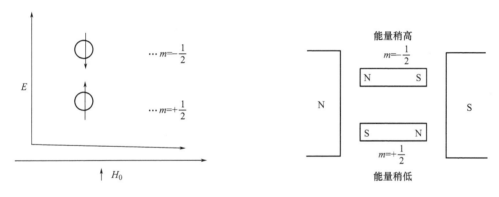

图 3-2 质子能级示意图　　　　　　　图 3-3 质子两种能级状态

图 3-4、图 3-5 分别是 $I = \frac{1}{2}$ 和 $I = 1$ 的磁核在外磁场中磁矩的取向和能级。

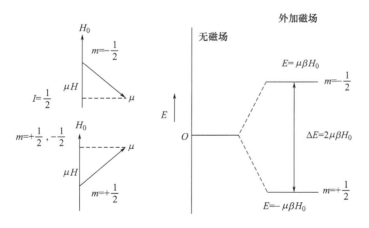

图 3-4 $I = \frac{1}{2}$ 磁核的取向

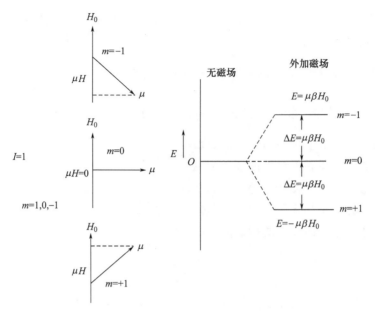

图 3-5　$I=1$ 磁核的取向

三、共振条件

自旋运动的磁核，由于磁核矩与外磁场 H_0 的作用会产生沿外磁场方向的运动，因磁核的轴（自旋轴）与外磁场方向（H_0）成一定的角度，自旋核就会受到磁场的作用，企图使它的自旋轴与 H_0 方向完全平行，也就是自旋核受到一定的扭力，扭力与自旋轴垂直方向的分量，有使这个夹角减小的趋势，但实际上夹角并不减小，结果自旋核围绕磁场方向发生回旋。这种现象与旋转的陀螺有些相似，如图 3-6 和图 3-7 所示，陀螺除了自旋外还可看到回转运动。

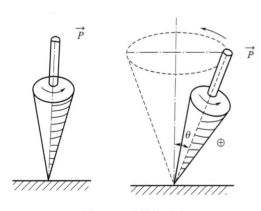

图 3-6　陀螺的运动

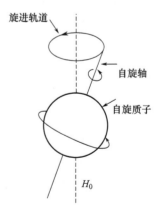

图 3-7　在磁场中旋进运动的质子

进动是一种有规律的周期运动［即磁核的自旋轴围绕磁场（H_0）沿一圆形轨迹的移动］，磁核在这种情况下具有进动角速度，若磁核进动角速度为 ω_0，则：

$$\omega_0 = \gamma H_0$$

式中：γ——磁旋比，为一常数。

自旋核的进动频率 $\nu_{回}$ 和 ω_0 之间存在着 $\omega_0 = 2\pi\nu_{回}$ 的关系。即：

$$\nu_{回} = \frac{\omega_0}{2\pi} = \frac{\gamma}{2\pi}H_0$$

电磁辐射能 $\Delta E' = h\nu_{照射}$，磁核能级差 $\Delta E = h\nu_{回}$，只有当 $\Delta E' = \Delta E$ 时，低能级 $\left(m = +\dfrac{1}{2}\right)$ 的磁核才会吸收辐射，跃迁到高能级 $\left(m = -\dfrac{1}{2}\right)$ 态。可见跃迁发生时，$\nu_{射} = \nu_{回}$，产生核磁共振现象，如图 3-8 所示。

式 $\nu_{回} = \dfrac{\gamma}{2\pi}H_0$ 说明，当交变磁场（射频波）的频率与磁核的进动频率相等时，磁核可以吸收电磁波而产生跃迁，其能量吸收 ΔE 是 H_0 的函数，如图 3-9 所示。

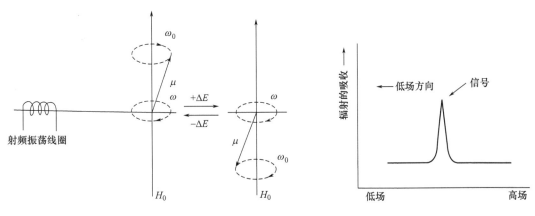

图 3-8　外加磁场中电磁辐射与进动核的相互作用　　　　图 3-9　磁场扫描

磁核共振条件即 H_0 和 $\nu_{回}$ 值有无数对。实验中固定射频，调节外加磁场得到信号的方法称为扫场，固定磁场强度，改变射频则称为扫频。

四、弛豫机制

上面讨论的仅是对单个磁核而言，即在共振条件下，从低能级态 $\left(m = +\dfrac{1}{2}\right)$ 获得能量跃迁到高能级态 $\left(m = -\dfrac{1}{2}\right)$，从而对核磁共振信号做出贡献的单一过程。那么作为无数磁核的集合体——样品，当其中每一个低能级态的磁核都跃迁到高能态时，吸收（共振）应当停止。核磁共振信号只能维持有限的时间，这在某些情况下，例如，当照射强度太大时确实如此。但在实际工作中，只要条件掌握适当，总能得到满意的核磁共振谱，为了说明这一原因以及解释核磁共振中其他的一些问题，有必要介绍一下与核磁共振机制有关的饱和现象和弛豫现象。

1. 饱和现象

以 $I = \frac{1}{2}$ 的磁核为例，无外加磁场存在时，核的磁矩并不影响核的能量状态，如果磁核置于外加磁场中，由于核磁矩与外磁场的作用，使原来的能级分裂为两个不同的能级，一个比原来能量高 $\left(m = -\frac{1}{2}\right)$，另一个比原来能量低 $\left(m = +\frac{1}{2}\right)$。核磁共振时，磁核受到射频的照射，可以在两种能量状态之间往返跃迁，两个方向跃迁的概率是相等的，所以，受照射的样品是吸收还是放出辐射能取决于两种状态下粒子的比数。按照能态分布规律，未受照射之前，总是低能态的粒子占多数，但由于两种状态的能量差很小，热运动削弱了这种差异，使低能态只能占微弱的多数。例如，常温下，当外加磁场强度为 1.4092T，相当于 60MHz 的频率，

两个能级的氢核数目之比为：$\dfrac{n\left(+\frac{1}{2}\right)}{n\left(-\frac{1}{2}\right)} = 1.0000099$（$n$ 为原子核数目），即在每 100 万个氢核

中处在低能态的氢核只比高能态的氢核多十个左右，好在这么微弱的多数核在受到照射时，已经能够提供所需要的信号。如果跃迁到高能态的磁核，没有其他非辐射途径而回到低能态，自旋核系统连续吸收电磁波，那么原来过剩的能量状态磁核数目就逐渐减少，NMR 信号的强度就会减弱，直至完全消失，这种现象叫作饱和。出现饱和时，高低能级的两种自旋核数目完全相等。测定 NMR 谱时，当照射电磁波的强度太大，或扫描时间过长，都会出现这种现象。

2. 弛豫机制

在正常条件下，测定 NMR 谱时，并不出现饱和现象，这是因为高能级的核有机会跳回低能态，使后者恢复到保持微弱过剩的平衡状态，致使 NMR 信号不断产生，通过非辐射方式从高能态变为低能态，这一过程称为弛豫。弛豫对于了解共振现象的本质和掌握实验条件十分重要，弛豫机制有以下两种。

（1）自旋—晶格弛豫。自旋—晶格弛豫过程系自旋核与环境交换能量的过程。这里所指的晶格泛指包含有自旋核的整个分子体系，同一分子或另一分子中的其他磁核，由于处于强烈的振动和转动运动中，从而会在每个磁核周围产生各种频率的交变磁场，当某些磁场频率和相位与某一自旋核的回旋频率恰好相等时，这一磁核就会与这种交变磁场交换能量，从而从较高自旋态变成低自旋态，把能量传给环境，变成周围分子的热能，结果就全体这一类磁核而言，总的能量下降了，因此，自旋—晶格弛豫又称纵向弛豫。

一个自旋体系由于核磁共振破坏了原来的平衡，借助纵向弛豫而恢复平衡，这一过程需要一定的时间，用半衰期 T_1 表示。T_1 越小，表示自旋—晶格弛豫过程的效率越高。T_1 是处于较高能态核的平均寿命的一个量度，与核的本性（磁旋比）、化学环境和样品的物理状态有关，并受温度的影响。

（2）自旋—自旋弛豫。自旋核与另一自旋核交换能量的过程叫自旋—自旋弛豫。当一个自旋核回旋时，其邻近有一个能够被"感觉"到的自旋核，如果这两个自旋核的回旋频率相同，自旋态相反，这两个核就可以相互作用，交换能量。高能态的核将能量传给低能态的核，使后者变为高能态。各种取向的核总数均未改变，自旋核系统的总能量也未改变，因此被称为横向弛豫，用半衰期 T_2 表示。液体、气体中的 T_2 与 T_1 的数值相近，在固体中，由于分子

中各种原子的位置固定，自旋核与自旋核之间易于交换能量，因而，T_2 特别短。同理，黏度较大的液体的 T_2 值也较小。横向弛豫并不能为保持磁核低能态占多数这一点做出贡献，但横向弛豫的 T_2 与纵向弛豫的 T_1 一样是核磁共振中很有用的参数。

根据微观粒子的统计性质，微观粒子所处状态的能量有一个范围（ΔE），并且它与该状态存在的寿命（Δt）相乘之积近似等于普朗克常数（h），显然，若寿命越长，ΔE 越趋近于稳定，核子状态的能量越具有一个明显的值；反之，如果寿命很短，状态的能量就越含糊不清（ΔE 大）。由 $\Delta E = h \Delta \nu$ 可得到 $h \Delta \nu = 1/\Delta t$。

$\Delta \nu$ 是核磁共振谱中某磁核吸收峰的宽度，Δt 直接与 T_1 和 T_2 有关，并取决于 T_1、T_2 中较小者。当 T_1、T_2 中有一个很小时，$\Delta \nu$ 必定很大，结果使吸收峰加宽，影响谱图的分辨率。所以那些影响弛豫时间的各种因素，如样品的状态（固体、液体、气体）以及电四极矩磁核或顺磁性物质（如氧）的存在等都可以影响核磁共振的测定和谱图的分辨率。例如，固体样品的晶格热运动受到很大限制，纵向弛豫 T_1 很大，但邻近磁核间横向弛豫的效率高，T_2 很小，所以 NMR 谱很宽，以致实际上不能用固体样品做核磁共振谱，需配成溶液后测定。因为溶液具有适宜的 T_1 和 T_2（1s 左右），能够得到分辨率很好的核磁共振谱。

由此可见，弛豫过程对核磁共振现象的重要性不单是保持低能态磁核占多数，而且还决定着核磁共振谱吸收峰的形状以及利用核磁共振方法的可能性。

五、化学位移（信号位置）

1. 化学位移的来源

磁核产生共振时，其吸收频率 $\nu = \dfrac{\gamma H_0}{2\pi}$，即同种核的共振频率由外加磁场强度 H_0 和核的磁旋比 γ 决定。以此似乎得出有机化合物中所有的氢核都有相同的共振频率，出现一个单峰，但这仅指的是裸磁核。事实上，原子核在一般情况下不能单独存在，它总是被外层电子所包围，外加磁场只能透过核外电子围绕核的环流运动而产生一个通常与外加磁场相反的微小磁场，所以，磁核所受到的是一个稍微比外加磁场要小（但有时也可能稍大）的有效磁场的作用，图 3-10 所示为电子对质子屏蔽作用示意图。

在图 3-11 中，a 是裸露的核，共振时的磁场强度为 H_1；b 为屏蔽着的核，共振时的磁场强度为 H_2；且 $H_2 > H_1$。

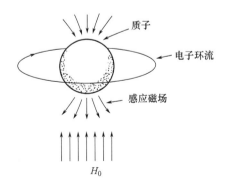

图 3-10　电子对质子屏蔽作用

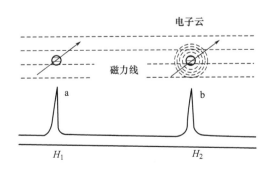

图 3-11　屏蔽示意图

磁核受到的合成磁场用 H' 表示：

$$H' = H_0(1 - \sigma)$$

式中：H_0 为外加磁场，σ 为屏蔽常数，与外加磁场无关，它取决于磁核的化学结构，是磁核化学环境的函数，电子云密度越大，屏蔽作用越大，共振时所需的外加磁场强度也越强。对于磁核而言，附加磁场（σH_0）使外磁场削弱的情况叫"屏蔽效应"，附加磁场使外加磁场增强的情况称为"去屏蔽效应"，屏蔽效应和去屏蔽效应的强弱取决于被测磁核的化学环境。它们的存在，使一种磁核在一定的外加磁场中具有不同的共振吸收，正是由于这种共振吸收的差别传递了分子结构的信息，才能使 NMR 技术在有机分析中发挥作用。

例如，乙醇在 60MHz 下的低分辨 NMR 谱如图 3-12 所示。

从图 3-12 可以看出，同是乙醇分子中的 H，由于所处化学环境不同，在相同的射频下，发生共振信号的位置和强弱略有差别。产生这种差别的原因是由于化学结构不同，质子外层电子云分布不一样，受到的屏蔽作用也不一样，因而在乙醇 NMR 谱中，各不同化学环境的 H（—OH、—CH_2、—CH_3）共振吸收位置亦不相同，这种由于电子屏蔽而引起的核磁共振吸收位置的移动称为化学位移。所以，电子对原子核的屏蔽是化学位移的物理基础，化学位移的实质是核外电子云密度之差。

化学位移（绝对值）与外加磁场的强度成正比，即当外加磁场的强度从 H_0 增大到 H_0' 时，发生共振的电磁波频率也由 ν_0 增大到 ν_0'，如图 3-13 所示。

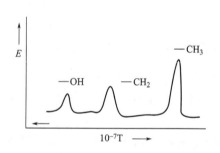

图 3-12　乙醇在 60MHz 下的低分辨 NMR 谱

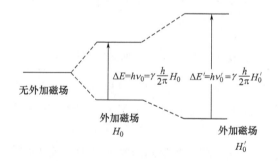

图 3-13　外加磁场的强度与频率

2. 测定与表示方法

化学位移通常以相对值表示，以某一标准物〔通常以四甲基硅烷（CH_3）$_4$Si 作为标准，简称 TMS〕的峰为原点，测出其他各峰与原点的相对距离作为化学位移值。

由于化学位移的绝对值随着外加磁场的改变而改变，因而，即使同一化学环境中的磁核在不同场强仪器下测得的化学位移亦不同，不便于对比。另外，实验发现，化合物中各种不同的氢核，所吸收的频率稍有不同，差异范围约为百万分之十左右（10^{-6} 数量级），不能精确地测定，所以常以相对值表示化学位移。

测定化学位移有外标准法和内标准法两种。外标准法是把标准样品装入毛细管中（封口），放入被测试的样品管中进行测试，这种方法不太采用。内标准法是把标准样品直接放入被测试的样品溶液中，使标准样品与样品受到同样的溶剂作用和磁场作用。

选用的标准物应该具有以下特点，化学稳定性好，即与样品和溶剂不发生任何反应，磁性各向同性，分子具有球形对称；只给出一个很容易识别的尖锐单峰，便于比较，可以与使用的溶剂混溶，并且容易回收。

对于氢谱来说（包括[13]C–NMR），目前使用的最理想标准物是 TMS，基本符合上述要求。一般把 TMS 配成 $1.0\% \sim 10\%$ 四氯化碳或重氢氯仿溶液，测试样品时，加入此溶液 2~3 滴即可。除了 TMS 外，也有以六甲基硅醚（HMOS）作为标准物的。

化学位移有几种表示方法，一种是以频率表示（绝对值），单位是赫兹（Hz），用这种方法表示时，必须注明外加磁场强度 H_0，因为共振频率随外加磁场 H_0 的改变而变化，这是绝对值表示化学位移的缺点，为了克服这一不足，常用相对值来表示化学位移，其中用得最多的是 δ 值。

若在频率 ν 时，TMS 产生共振所需的磁场强度为 $H_{参比}$，则：

$$H_0 = H_{参比}(1 - \sigma_{参比})，\quad 或 \quad \sigma_{参比} = \frac{H_{参比} - H_0}{H_{参比}}$$

同样，对于待测试样：

$$\sigma_{试样} = \frac{H_{试样} - H_0}{H_{试样}}$$

$$\delta = (\delta_{参比} - \delta_{试样}) \times 10^6$$

综合前面两式，得：

$$\delta = \frac{H_0(H_{参比} - H_{试样})}{H_{试样} \, H_{参比}} \times 10^6$$

但 H_0 与 $H_{试样}$ 值接近，故：

$$\delta = \frac{H_{参比} - H_{试样}}{H_{参比}} \times 10^6$$

若采用扫频方法，则：

$$\delta = \frac{\nu_{试样} - \nu_{参比}}{\nu_{参比}} \times 10^6$$

δ 为一无因次量，单位为 ppm（百万分之一），这种表示方法的优点是同一磁核不论在何种磁场强度的仪器上测定，得到的化学位移值相等。因为，式中分子分母随外磁场改变而等比例地变化，对 δ 值没有影响。

例如，仪器的射频是 60MHz 时，某质子的化学位移为 60Hz，它的 δ 值计算如下：

$$\delta(ppm) = \frac{\nu_{样品} - \nu_{标准}}{\nu_{标准}} \times 10^6 = \frac{60}{60 \times 10^6} \times 10^6 = 1.00$$

当使用 100MHz 仪器时，该质子的化学位移为 100Hz。

$$\delta(ppm) = \frac{100}{100 \times 10^6} \times 10^6 = 1.00$$

可见，前后两种情况的 δ 值没有改变。

采用 δ 表示化学位移是国际纯粹与应用化学协会（IUPAC）建议的，是最常见的一种表示方法。以标准峰为原点（δ 等于零），在标准峰之左 δ 为正值，在标准峰之右 δ 为负值（扫场时，以磁场由左到右强度递增）。δ 值与屏蔽作用成反比，δ 值越大，表明 H 所受屏蔽作用越小，为了使化学位移量度与屏蔽作用大小相一致，提出了化学位移的另一种量度，即 $\tau = 10 - \delta$。

用 τ 表示化学位移时，TMS 的 τ 值定为 10，其他磁核的值随着屏蔽作用的减小而顺次降低，所以，τ 值的大小与屏蔽作用的增减是一致的，显然用 δ 表示化学位移时，则正好相反。不过现在已不太采用 τ 值表示化学位移。

τ 值	$\cdots$, -2, -1, 0, 1, 2, 3, 4, 5, 6, 7, 8, 9, 10 (TMS), 11, 12, $\cdots$
δ 值	$\cdots$, 12, 11, 10, 9, 8, 7, 6, 5, 4, 3, 2, 1, 0 (TMS), -1, -2, $\cdots$

磁场递增（固定照射频率）——————————————————————————→
屏蔽递增——————————————————————————————————————→
频率递增（固定磁场）——————————————————————————→

3. 影响化学位移的因素

磁核的共振信号位置，即化学位移值与磁核的化学环境和空间位置有着重要的联系，所以影响化学位移的因素，其实质反映了化学位移与结构的关系（屏蔽原理），这些因素有以下几点。

（1）取代基电负性的影响。与质子相连的碳原子上的取代基电负性将影响碳链，以及所连质子周围电子云的密度，若取代基的电负性大，质子由于电子云密度降低而去屏蔽作用加强，质子的共振信号移向低场（δ 值增大）。

例如：CH_4（$\delta_{0.23}$）、CH_3Cl（$\delta_{3.05}$）、CH_2Cl_2（$\delta_{5.30}$）、$CHCl_3$（$\delta_{7.27}$）。

（2）邻近化学键的影响——磁各向异性效应。例如，对下列化合物中质子化学位移的分析。

$CH_3CH_3(\delta_{0.96})$ $CH_2{=}CH_2(\delta_{5.88})$

$CH{\equiv}CH(\delta_{2.88})$ ⬡ $(\delta_{7.2})$

在乙烯分子中，碳原子是 sp^2 杂化，所以，电负性比乙烷中的碳原子强，从而使相连氢核的化学位移 δ 值增大，但不能以此来解释为什么乙炔和苯环氢核的化学位移值分别为 2.88ppm 和 7.2ppm。产生这一异常现象的原因是由于分子中其他原子或基团的核外电子所产生的屏蔽效应对所要研究质子的影响，而对某一磁核，这种影响的大小是距离和方向的函数，即所谓的各向异性效应。

苯环屏蔽效应是典型的远程屏蔽，环上六个 π 电子在外磁场作用下产生环流效应，产生感应磁场，使苯环附近的空间分成两个区域，分别以"+""–"号表示。在"+"号区域，H_0 被削弱，相当于屏蔽效应增加；在"–"号区域，H_0 被增强，相当于去屏蔽效应，此区域质子的共振吸收峰处在低场（$\delta = 7$），而位置固定在苯环平面上方的质子处在屏蔽区，因而吸收峰处在高场。苯环流引起的屏蔽效应如图 3-14 所示。

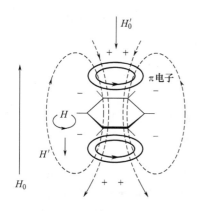

图 3-14 苯环流引起的屏蔽效应

叁键屏蔽效应可以乙炔为例，乙炔是一个直线分子，叁键上 π 电子云绕轴线对称成圆筒形，在外磁场的作用下，π 电子云环流，乙炔分子顺着外磁场排列，环流产生的抗磁磁场使处在轴线上的质子化学位移移向高场。含有 —C≡N 基团的化合物，在外加磁场中也具有同样的效应。叁键的屏蔽效应如图 3-15 所示。

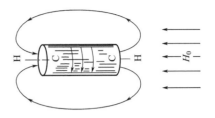

图 3-15 叁键的屏蔽效应

双键的 π 电子分布在平面的两侧，在外磁场作用下，π 电子产生环流和感应磁场情况与苯环相似，可通过醛基质子所受的影响对这种情况加以说明。如图 3-16 所示，π 电子云在分子平面两侧环流，造成平面上下两个屏蔽增强的圆锥区域，圆锥区以外，都是去屏蔽区，醛基质子处在去屏蔽区，所以化学位移处在低场。

又如苯乙酮，羰基和苯环共平面，且垂直于外磁场方向。环流 π 电子产生的感应磁场造成如图 3-17 所示的两个区域（苯环大 π 电子云的环流也造成屏蔽区和去屏蔽区，图上未画出）。所有苯环质子同时受到羰基和苯环去屏蔽效应的影响，其中邻位质子受到的去屏蔽效应特别强，邻位质子还受到羰基共轭效应的影响，间位或对位氢核 $\delta_{7.40}$，邻位氢核 $\delta_{7.85}$。

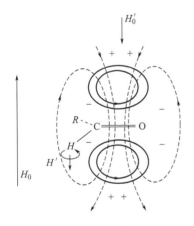

图 3-16 羰基屏蔽效应图

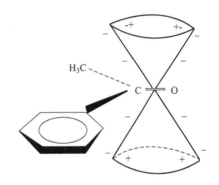

图 3-17 乙酰苯的屏蔽区及去屏蔽区

其他含有双键的基团，如 C=N— ， C=S ， C=C 都有同样的效应。

单键（C—C、C—O 等）的 δ 电子也能产生各向异性效应，但与 π 电子环流产生的各向异性效应相比要弱得多。碳—碳单键的键轴就是去屏蔽圆锥体的轴，如图 3-18 所示。当碳原子上的氢逐个被烷基取代，剩下的氢受到越来越强的去屏蔽效应，共振信号移向低场。例如，R_3CH，$\delta = 1.40 \sim 1.65$；R_2CH_2，$\delta = 1.20 \sim 1.48$；RCH_3，$\delta = 0.88 \sim 0.95$。

又如，在椅式构象的环己烷分子中，平伏氢和直立氢受环上碳—碳单键各向异性效应的影响并不完全相同，如图 3-19 所示。一般直立氢比平伏氢所受屏蔽作用大，因而 δ 值较小。就 C_1 上平伏氢和直立氢而言，C_1-C_6 和 C_1-C_2 两个单键对这两个氢的影响是相同的，但 C_2-C_3 和 C_5-C_6 对它们的影响都不相同（图中画了 C_2-C_3 的影响）。平伏氢处于去屏蔽区，

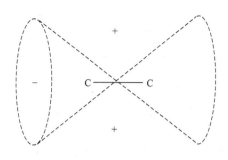

图 3-18 碳—碳单键的键轴

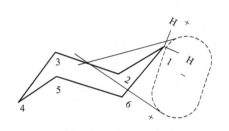

图 3-19 椅式构象的环己烷分子

而直立氢处在屏蔽区，环上每个碳原子上两个氢的情况都是这样。所以，应该出现两组质子的共振信号。由于在室温下，构象的快速互变，即平伏氢与直立氢之间快速交换，实际上只能得到 $\delta_{1.37}$ 的单峰。当温度降低时（$-89℃$），构象互变速度变慢，就会出现两个单峰，平伏氢和直立氢的共振信号分别在 $\delta_{1.12}$ 和 $\delta_{1.60}$ 附近，两者 δ 值的差别一般为 0.2~0.5ppm。

（3）溶剂效应。由于溶剂不同，同一样品其化学位移也不相同，这种因溶剂不同使得化学位移发生变化的效应叫作溶剂效应。

以二甲基甲酰胺为例。

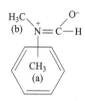

图 3-20 溶剂苯的屏蔽作用

由于 N 原子上的孤对电子与羰基发生了 p-π 共轭作用，导致 N 原子上的两个甲基与羰基处于同一平面内，使得两个甲基处于不同环境。另外，共轭效应使 N—C 键具有部分双键性质，自由旋转受到限制，因而，N 原子上的两个取代甲基上的质子表现为两个化学位移值。当以苯为溶剂时，苯与二甲基甲酰胺会形成复合物，由于苯环的磁各向异性效应，结果使得 α、β 两个甲基分别处于苯环的不同屏蔽区，图 3-20 为苯对二甲基酰胺甲基的屏蔽作用。

（4）氢键的影响。氢键对于质子的化学位移有比较明显的影响，氢键质子的 δ 值比无氢键质子的 δ 值大，往往位移到 10ppm 以上。氢键对质子化学位移影响的起因目前还研究得不够清楚，一般认为对于形成的强氢键，给予体原子或基团所产生的静电效应是主要的（X—$H^{\delta+}\cdots Y^{\delta-}$）。由于给予体的存在，使得 X—H 键的电子推向 X，结果造成 H 周围电子云密度的降低，因而去屏蔽效应增强，质子的化学位移移向低场。

在弱氢键形成的情况下，对于氢键质子化学位移的影响主要是由于给予体原子或基团所产生的磁各向异性效应。例如， $Cl_3CH\cdots\bigcirc$ 之间的弱氢键，氯仿质子处在苯环的屏蔽区，使得化学位移值移向高场，与未形成氢键的氯仿质子的 δ 值相差-0.9ppm。

4. 氢键化学位移的估量

常见结构氢核的化学位移大致范围如图 3-21 所示。

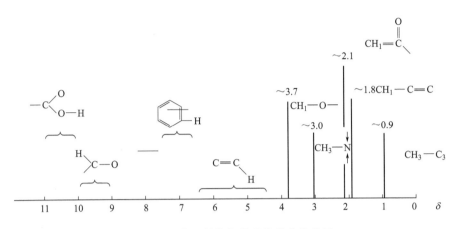

图 3-21　常见结构氢核的化学位移范围

脂肪链—CH—质子，邻近除碳原子外无其他原子存在，$\delta_{0.1\sim1.8}$，脂肪链—CH—质子，邻近有 N、O、X，或存在 sp、sp^2 杂化的碳原子，$\delta_{1.5\sim5}$，乙炔型质子 $\delta_{1.8\sim3.0}$，乙烯型质子 $\delta_{4.5\sim7.5}$，芳香型质子 $\delta_{6.0\sim9.5}$，醛基质子 $\delta_{9\sim10}$，醇羟基质子 $\delta_{0.5\sim5.5}$（外推浓度为零），酚羟基质子 $\delta_{4.0\sim7.7}$，烯醇羟基质子 $\delta_{15\sim16}$，羧酸羟基质子 $\delta_{10.5\sim12}$，脂肪胺质子 $\delta_{0.3\sim2.2}$，芳香胺质子 $\delta_{2.6\sim5.0}$，酰胺质子 $\delta_{5.0\sim8.5}$，硫醇质子 $\delta_{1.2\sim1.6}$，硫酚质子 $\delta_{1.7\sim4.6}$。

（1）甲基、亚甲基、次甲基氢核化学位移。CH_4 $\delta_{0.23}$；CH_3X $\delta_{1.5\sim4}$；$H_3C-\overset{\displaystyle X}{\underset{\displaystyle Z}{\overset{|}{\underset{|}{C}}}}-Y$，$\delta = 0.86 + (\sigma_X - 0.86) + (\sigma_Y - 0.86) + (\sigma_Z - 0.86)$，$\sigma_X$，$\sigma_Y$，$\sigma_Z$，分别为屏蔽常数，可查表，其中 $\delta_{0.86}$ 为 CH_3CH_3 的化学位移。

对于亚甲基 X—CH_2—Y，X 和 Y 基团对于—CH_2—δ 值的影响具有加合性，可用 Shoolery 经验公式计算，误差一般在 0.1ppm 以内。

$$\delta_{-CH_2-} = 0.23 + \Sigma\sigma$$

式中：σ——屏蔽常数。

例如，$C_6H_5CH_2OCH_3$

$$\delta_{计算} = 0.23 + 1.85（-C_6H_5）+ 2.36（-OCH_3）= 4.44ppm$$

$$\delta_{实测} = 4.41ppm$$

次甲基 $X-\underset{\displaystyle Z}{\overset{|}{C}H}-Y$ 氢核的化学位移亦可利用 Shoolery 公式计算，但误差较大。

例如，

$$\delta_{计算} = 0.23 + 2 \times 2.53 \ (\text{—Cl}) + 1.85 \left(\begin{array}{c} \bigcirc \end{array} \right) = 7.14 \text{ppm}$$

$$\delta_{实测} = 6.61 \text{ppm}$$

各取代基的屏蔽常数见表 3-2。

表 3-2　各取代基的屏蔽常数

取代基	σ	取代基	σ	取代基	σ
—Cl	2.53	—O—C—R ‖ O	3.13	—N₃	1.97
—Br	2.33	—C—R ‖ O	1.70	—SR	1.64
—I	1.82	—CO₂R	1.55	—SCN	2.30
—OH	2.56	—CONR₂	1.59	—CH₃	0.47
—OR	2.36	—NR₂	1.57	—C=C	1.32
—O— ⬡	3.23	—NHCOR	2.27	—C≡C	1.44
—C≡C—Ar	1.65	—CN	1.70	—NCS	2.86
—C≡C—C≡C—R	1.65	—CF₂	1.21	—NO₂	2.46
⬡	1.85	—CF₃	1.41		

表 3-3 列举了 CH_3Y、CH_3CH_2Y、$CH_3CH_2CH_2Y$、$(CH_3)_2CHY$、$(CH_3)_3CY$ 中各种氢的化学位移，可以看出，同一碳上有取代基的氢，化学位移变化范围较大（1.5~4ppm），邻碳有取代基的氢，变化范围较小（0.2~0.7ppm），而相隔一个碳时，变化范围更小（0.02~0.2ppm）。

表 3-3　烷基化合物（RY）的化学位移

Y ＼ R	CH_3Y CH₄	CH_3CH_2Y CH₂	CH₃	$CH_3CH_2CH_2Y$ αCH₂	βCH₂	CH₃	$(CH_3)_2CHY$ CH	CH₃	$(CH_3)_3CY$ CH₃
H	0.23	0.86	0.86	0.91	1.33	0.91	1.33	0.91	0.89
—CH=CH₂	1.71	2.00	1.00				1.73		1.02
—C≡CH	1.80	2.16	1.15	2.10	1.50	0.97	2.59	1.15	1.22
—C₆H₅	2.35	2.63	1.21	2.59	1.65	0.95	2.89	1.25	1.32
—F	4.27	4.36	1.24						
—Cl	3.06	3.47	1.33	3.47	1.81	1.06	4.14	1.55	1.60
—Br	2.69	3.37	1.66	3.35	1.89	1.06	4.21	1.73	1.76
—I	2.16	3.16	1.88	3.16	1.88	1.03	4.24	1.89	1.95
—OH	3.39	3.59	1.18	3.49	1.53	0.93	3.94	1.16	1.22
—O—	3.24	3.37	1.15	3.27	1.55	0.93	3.55	1.08	1.24

续表

Y \ R	CH₃Y	CH₃CH₂Y		CH₃CH₂CH₂Y			(CH₃)₂CHY		(CH₃)₃CY
	CH₄	CH₂	CH₃	αCH₂	βCH₂	CH₃	CH	CH₃	CH₃
—OC₆H₅	3.73	3.98	1.38	3.86	1.70	1.05	4.51	1.31	
—OCOCH₃	3.67	4.05	1.21	3.98	1.56	0.97	4.94	1.22	1.45
—OCOC₆H₅	3.88	4.37	1.38	4.25	1.76	1.07	5.22	1.37	1.58
—OSO₂—C₆H₄CH₃	3.70	3.87	1.13	3.94	1.60	0.95	4.70	1.25	
		4.07	1.30						
—CHO	2.18	2.46	1.13	2.35	1.65	0.98	2.39	1.13	1.07
—COCH₃	2.09	2.47	1.05	2.32	1.56	0.93	2.54	1.08	1.12
—COC₆H₄	2.55	2.92	1.18	2.86	1.72	1.02	3.58	1.22	
—CO₂H	2.08	2.36	1.16	2.31	1.68	1.00	2.56	1.21	1.23
—CO₂CH₃	2.01	2.28	1.12	2.22	1.65	0.98	2.48	1.15	1.16
—CONH₂	2.02	2.23	1.13	2.19	1.68	0.99	2.44	1.18	1.22
—NH₂	2.47	2.74	1.10	2.61	1.43	0.93	3.07	1.03	1.15
—NHCOCH₃	2.71	3.21	1.12	3.18	1.55	0.96	4.01	1.13	
—SH	2.00	2.44	1.31	2.46	1.57	1.02	3.16	1.34	1.43
—S—	2.09	2.49	1.25	2.43	1.59	0.98	2.93	1.25	
—S—S—	2.30	2.67	1.35	2.63	1.71	1.03			1.32
—CN	1.98	2.35	1.31	2.29	1.71	1.11	2.67	1.35	1.37
—NC	2.85			3.30（a）			4.83	1.45	1.44
—NO₂	4.29	4.37	1.58	4.28	2.01	1.03	4.44	1.54	

例如：

$$C_6H_5—CH—CH_3$$
$$\quad\quad\quad\quad |$$
$$\quad\quad\quad NH_2$$

$$\delta_{—CH_3} = 0.86 + (1.10-0.86) + (1.21-0.86) = 1.45 \ （实测值 1.38）$$

$$\delta_{—CH—} = 0.86 + (2.63-0.86) + (2.74-0.86) = 4.51 \ （实测值 4.10）$$

（2）烯氢的化学位移。乙烯型氢核 δ 值受取代基影响很大。

烯氢的通式为：

$$\begin{array}{cc} H & R'（顺） \\ \ \diagdown & \diagup \\ C &= C \\ \diagup & \diagdown \\ （同）R & R''（反） \end{array}$$

β 氢的 δ 值因反式、顺式有所不同，这些取代氢的影响也有加合性，乙烯型氢核的 δ 值可用下式计算：

$$\delta_{C=C-H} = 5.25 + \sum Z = 5.25 + Z_{同} + Z_{顺} + Z_{反}$$

式中：5.25——CH$_2$＝CH$_2$的氢核δ值；

$\sum Z$——乙烯氢上取代基屏蔽常数之和。

取代基对于烯氢的影响见表3-4。

表 3-4 取代基对于烯氢的影响

取代基	$Z_{同}$	$Z_{顺}$	$Z_{反}$	取代基	$Z_{同}$	$Z_{顺}$	$Z_{反}$
—H	0	0	0	—CON⟨	1.37	0.93	0.35
—R	0.44	-0.26	-0.29				
—R（环）	0.71	-0.33	-0.30	—COCl	1.10	1.41	0.99
—CH$_2$O—、—CH$_2$I	0.67	-0.02	-0.07	—OR（R 饱和）	1.18	-1.06	-1.28
—CH$_2$S—	0.53	-0.15	-0.15	—OR（R 共轭）	1.14	-0.65	-1.05
—CH$_2$Cl—、—CH$_2$Br	0.72	0.12	0.07	—OCOR	2.02	-0.40	-0.67
—CH$_2$N⟨	0.66	-0.05	-0.23	—Ar	1.35	0.37	-0.10
—C≡C—	0.50	0.35	0.10	—Br	1.04	0.40	0.55
—C≡N	0.23	0.78	0.58	—Cl	1.00	0.19	0.03
—C＝C	0.98	-0.04	-0.21	—F	1.03	-0.89	-1.19
—C＝C（共轭）	1.26	0.08	-0.01	—N⟨（R 饱和）	0.69	-1.19	-1.31
—C＝O	1.10	1.13	0.81				
—C＝O（共轭）	1.06	1.01	0.95				
—COOH	1.00	1.35	0.74	—N⟨（R 共轭）			
—COOH（共轭）	0.69	0.97	0.39		2.30	-0.73	-0.81
—COOR	0.84	1.15	0.56	—SR	1.00	-0.24	-0.04
—COOR（共轭）	0.68	1.02	0.33	—SO$_2$—	1.58	1.15	0.95
—CHO	1.03	0.97	1.21				

例如，

H$_3$C   H$_a$

C＝C

HC≡C   H$_b$

$\delta_{H_a计算} = 5.25 + (-0.22) + 0.12 = 5.15\text{ppm}$

$\delta_{H_a实测} = 5.27\text{ppm}$

$\delta_{H_a计算} = 5.25 + 0.69 + (-0.28) = 5.66\text{ppm}$

（3）炔基氢的化学位移。炔键的屏蔽作用使炔基氢的化学位移出现在较高场（1.6～3.4ppm），由于与其他类型氢重叠较多，因而不够典型，可利用偶合常数的大小来识别它们，炔类化合物氢核的化学位移见表3-5。

表 3-5 乙炔类化合物的化学位移（ppm）

化合物	化学位移（δ）	化合物	化学位移（δ）
H—C≡C—H	1.80	CH₃—C≡C—C≡C—C≡C—C	1.87
H—R≡C—H	1.73~1.88	R—C—C—C≡C—H，R，HO	2.20~2.27
H—Ar≡C—H	2.71~3.37		
C≡C—C≡C—H	2.60~3.10		
—C—C≡C—H，O	2.13~3.28	ROC≡C—H	1.3
		〔苯环〕—SO₃CH₂—C≡C—H	2.55
C≡C—C≡C—H	1.75~2.42	CH₃NH—C(O)—CH₂—C≡C—H	2.55

（4）芳氢化学位移。由于苯环上 π 电子环流产生的各向异性效应，苯环平面上的氢核处于低场，一般在 7~8 附近，吸收峰尖锐。一般来说，吸电子性取代基使苯氢核吸收峰左移，推电子性基团使吸收峰右移，邻、间和对位取代基的影响亦各不相同，其影响有加合性，可用下式计算。

$$\delta = 7.30 - \Sigma s$$

式中：7.30——未取代苯氢核的 δ 值；

Σs——取代基对苯氢核 δ 值影响相对数值之和。

例如：

$\delta_{H_a 计算} = 7.30 + 0.83 + 0.10 = 8.23 \text{ppm}$

$\delta_{H_a 实测} = 8.25 \text{ppm}$

$\delta_{H_b 计算} = 7.30 + 0.26 + 0.85 = 8.41 \text{ppm}$

$\delta_{H_b 实测} = 8.45 \text{ppm}$

取代基对苯环芳氢化学位移的影响参数见表 3-6。

表 3-6 取代基对苯环芳氢化学位移的影响参数[①]

取代基	S邻	S间	S对	取代基	S邻	S间	S对
—CH₃	0.15	0.10	0.10	—OTₛ	0.2	0.05	—
—CH₂—	0.10	0.10	0.10	—CHO	0.65	0.25	-0.10
—CH〈	0.00	0.00	0.00	—COR	0.70	0	-0.10
—CMe₃	0.02	0.02	0.13	—COC₆H₅	0.57	0.15	—
—CH═CHR	-0.10	0.00	-0.10	—CO₂H（R）	0.80	0.25	-0.20
—C₆H₅	-0.15	0.03	0.11	—NO	0.4	0.11	—
—CH₂Cl	0.03	0.02	0.03	—NO₂	0.85	-0.10	-0.55
—CHCl₂	-0.07	0.03	-0.07	—NH₂	0.55	0.15	0.55
—CCl₃	-0.8	-0.10	-0.17	—NHCOCH₃	-0.28	-0.03	—

续表

取代基	$S_{邻}$	$S_{间}$	$S_{对}$	取代基	$S_{邻}$	$S_{间}$	$S_{对}$
—CH₂OH	0.13	0.11	0.13	—N=NC₆H₅	-0.75	-0.12	—
—CH₂NH₂	0.03	0.03	0.03	—NHNH₂	0.48	0.35	-0.27
—F	0.33	-0.07	0.25	—CN	0.24	-0.08	—
—Cl	-0.10	-0.17	0.00	—NCO	0.10	0.07	—
—Br	-0.10	0.13	0.00	—SH	-0.01	0.10	—
—I	-0.37	0.03	0.06	—SCH₃	0.03	0.00	—
—OH	0.45	0.03	0.40	—SO₃H	-0.55	-0.21	—
—OR	0.45	0.10	0.40	—SO₃Na	-0.45	0.11	—
—OC₆H₅	0.26	0.03	—	—SO₂Cl	-0.83	-0.26	—
—OCOR	0.20	0.10	0.20	—SO₂NH₂	-0.60	-0.22	—

①参考 Tetrahedron. 23, 1691（1967）。

芳香环中引入杂原子如 N 和 O 后，由于 N 及 O 的吸电性，α 氢核的 δ 值增大，但噻吩的 α 氢核的 δ 值相差不大。

吡啶 H(7.06) H(8.50)　　　呋喃 H(6.30) H(7.40)　　　噻吩 H(7.04) H(7.19)

（5）醛基氢化学位移。醛基氢由于羰基的去屏蔽作用，化学位移出现在较低场，在 NMR 谱中吸收峰比较容易辨别，δ 值一般为 9.3～10.5。

R—CHO（R=烃，烯）$\delta = 9.26 \sim 10.11$

Ar—CHO（Ar=芳香环）间、对位取代基，$\delta = 9.63 \sim 10.20$，邻位取代基，$\delta = 10.20 \sim 10.50$。

（6）活泼氢化学位移。常见的活泼氢是—OH、—NH、—SH，氢核的情况比较复杂，常与所用溶剂、样品浓度以及温度有很大关系。氢键的存在，影响很大，羧酸一般为二聚集，δ 值在 11 左右，氨基氢吸收峰往往很宽，表 3-7 列出了各种活泼氢化学位移的大致范围。

表 3-7　活泼氢的化学位移①

化合物类型	δ 值（ppm）
醇	0.5～5.5
酚（分子内缔合）	10.5～16
其他酚	4～8
烯醇（分子内缔合）	15～19
羧酸	10～13
肟	7.4～10.2
R—SH	0.9～2.5

续表

化合物类型	δ 值（ppm）
Ar—SH	3~4
RSO_3H	11~12
RNH_2，R_2NH	0.4~3.5
$ArNH_2$，Ar_2NH，ArNHR	2.9~4.8
$RCONH_2$，$ArCONH_2$	5~6.5
RCONHR，ArCONHR	6~8.2
RCONHAr，ArCONHAr	7.8~9.4

①胺类加入三氟乙酸后，发生较大的左移。

六、自旋偶合与自旋裂分

以乙醇为例，在低分辨率核磁共振仪中，—OH、—CH$_2$—和—CH$_3$ 在相应的化学位移位置只呈现单峰。若采用高分辨率的核磁共振仪，所得图谱在相应的化学位移处出现多重峰，即所谓的精细结构。出现这种精细结构的根源是由于磁核之间的相互作用引起了能级裂分的结果，人们把这种磁核间的相互作用称为自旋偶合，由此而产生的谱线精细结构称为自旋裂分。显然，自旋偶合是因，自旋裂分为果。图 3-22 为乙醇在高分辨率仪器上所摄制的 NMR 图谱。

图 3-22 中出现的三个峰，表明在乙醇分子中有三种化学环境不同的质子，吸收峰分裂产生多重峰的现象，原因涉及核的自旋偶合。自旋偶合是邻近磁核通过价电子的传递而实现的。

以相邻碳原子上氢核之间的偶合为例，说明质子自旋偶合的机理。$\overset{\downarrow}{H_a}$—$\overset{\uparrow\uparrow}{C_a}$—$\overset{\uparrow\uparrow}{C_b}$—$\overset{\uparrow}{H_b}$中，$H_a$ 为 C_a 上的质子，H_b 为 C_b 上的质子，加箭头表示价电子自旋方向。靠近质子的价电子倾向于与质子的自旋成反平行关系，使能量降低，根据包里原理，共价键的另一电子一定是自旋反平行的。这样 H_a 的自旋状态就能通过六个价电子（三个键）影响到 H_b（自旋偶合）。H_a 与 H_b 自旋方向相反时，H_a 使 H_b（或 H_b 使 H_a）能量降低。H_a 与 H_b 自旋方向相同时，H_a 使 H_b（或 H_b 使 H_a）能量升高。升高和降低造成的能级分裂如图 3-23 所示。

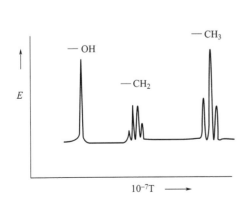

图 3-22 乙醇高分辨率的 NMR 谱（其中加痕量酸）

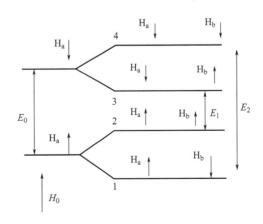

图 3-23 能级的偶合分裂

质子在磁场 H_0 中，可以有两种趋向，一种顺着磁场，能量较低；另一种逆着磁场，能量较高。H_a 在没有 H_b 偶合的情况下受照射，从顺磁场状态向逆磁场状态跃迁所需能量是 E_0；当 H_a 和 H_b 偶合时，H_a 的每一种状态可与两种 H_b 的状态偶合，造成 H_a 原来两种状态的能量分裂，结果有 1、2、3、4 四种 H_a—H_b 的组合状况。这时 H_a 受照射，从顺磁场状态向逆磁场状态跃迁，并保持 H_b 自旋方向不变的可能性有两种，即 1→4 和 2→3 的跃迁，跃迁所需的能量是 E_2 和 E_1，其中 E_1 小于 E_0，而 E_2 大于 E_0，并且 $E_2-E_0 = E_0-E_1$，反映到 NMR 谱上，就是吸收峰向左右等距离地分裂为双重峰，对 H_b 亦然。磁核间偶合的强弱用吸收峰分裂的间距来衡量，这间距称作偶合常数，用字母 J 表示，其单位是 Hz，其大小一般在 20Hz 之内，J 与分子内的结构有关，并不随外磁场强度的变化而改变，这一点是它与化学位移（绝对值）显著不同之处。

多个磁核互相偶合的情况要复杂一些，但基本原理是一样的。下面仍以乙醇为例，具体说明自旋核的偶合与分裂。如图 3-24 所示，左边实线代表甲基质子未受干扰的信号，但实际上甲基质子同时与亚甲基的两个质子自旋偶合，而亚甲基的两个质子按照自旋方向不同，可以有四种组合方式（图中的 1、2、3、4），每种组合方式参与甲基质子自旋偶合的机会是相等的，偶合的结果，如前所述，要发生吸收信号的分裂。其中组合 2 和组合 3 中的两个质子呈自旋反平行，所以对甲基质子的影响等于零，不能改变原有吸收信号的位置。但由于这两种组合对甲基质子偶合的概率加在一起比其他两种偶合的概率大一倍，所以，吸收强度也应比其他偶合得到的信号大一倍，由图 3-22 可以看出，甲基质子为三重峰。

同样道理，三个甲基质子如图 3-25 所示，有八种组合状态与亚甲基质子进行偶合，并造成吸收信号的分裂，其中组合 2、3、4 以及组合 5、6、7 对亚甲基质子的偶合结果是等同的，故从图 3-22 可以看到亚甲基的吸收峰分裂为四重峰。

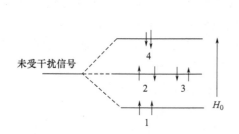

图 3-24 乙醇中亚甲基质子对甲基质子的
自旋偶合和分裂

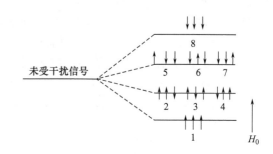

图 3-25 乙醇中甲基质子对亚甲基
质子的自旋偶合

自旋偶合产生了谱线的精细结构，使谱图复杂化，但是，它更进一步反映了磁核之间相互作用的细节，从而可以提供互相作用的磁核数目、类型及相对位置等信息，为有机分子结构提供了更多的内容情报。因此，在 NMR 波谱中，偶合常数、化学位移及其共振强度积分比值为核磁共振谱图的三项重要参数，因为化学位移即质子信号的位置，反映了质子的电子环境，信号的数目反映了分子中不同质子的种类，信号的强度反映了每种质子的多少。

例如：$\underset{a}{CH_2Br}$—$\underset{b}{CHBr_2}$ 中氢核偶合机理如图 3-26 和图 3-27 所示。

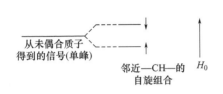

图 3-26　H_b 对 H_a 偶合

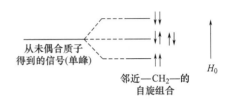

图 3-27　H_a 对 H_b 偶合

由偶合产生的精细结构如图 3-28 所示。

图 3-29 说明了邻近氢核裂分的简单原理。

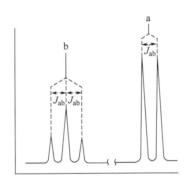

图 3-28　由偶合产生的精细结构

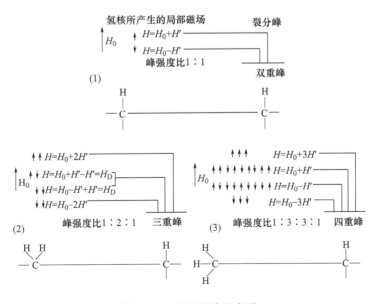

图 3-29　氢核裂分示意图

第二节   图谱解析

一、自旋偶合系统

1. 有关术语

（1）自旋偶合系统。所谓自旋偶合系统，即有机分子中存在着几组磁场，每组磁核之间有偶合而与系统以外的任何磁核都不偶合（但并非是系统内所有磁核之间都互相作用），把这样的一组磁核叫自旋偶合系统。例如，在乙基异丙基醚中：

$$\begin{array}{c} CH_3 \\ | \\ H-C-O-CH_2CH_3 \\ | \\ CH_3 \end{array}$$

乙基质子是一种自旋偶合系统，异丙基质子是另一种自旋偶合系统。

（2）化学等价质子。分子中化学位移值相等的质子称为化学等价质子。如 CH_3CH_2X 中，X 为卤素原子或其他基团，则三个甲基质子是化学等价的质子。同样，亚甲基上两个质子也是化学等价的。

（3）磁等价质子。在一个自旋偶合系统中，若一组化学等价质子同时对系统内任一磁核的偶合都相同（即偶合常数相同）时，称为磁等价（或磁全同）质子。

例如 CH_3CH_2X，其中甲基上三个质子不但化学等价，而且对亚甲基质子的偶合常数也相等；反过来两个亚甲基质子不但化学等价，对甲基质子的偶合常数也相等。所以，三个甲基质子是一组磁等价质子。

在对一氟硝基苯中，H_a 和 H_b 化学等价，它们对于氟核虽有相同键距和键角，但对 H_c 和 H_d 都有不同的偶合常数（$JH_aH_c \neq JH_bH_d$），故 H_a 和 H_b 是磁不等价的，同样 H_c 和 H_d 也是磁不等价的。

$$\begin{array}{c} NO_2 \\ H_c \diagup \diagdown H_d \\ H_a \diagdown \diagup H_b \\ F \end{array}$$

一般磁等价质子也是化学等价质子，但化学等价质子不一定是磁等价质子。

下列情况会产生不等价质子。

①单键不能自由旋转时，会产生不等价质子。

例如，CH_3CH_2Cl，构象是：

$$\begin{array}{c} Cl \\ H_b \diagup \diagdown H_b \\ H \qquad H \\ H_a \end{array}$$

H_a 处于 Cl 的对位，H_b 处于 Cl 的邻位，所以两者是不等价质子。

②构象固定环上 CH_2 质子是不等价的，例如，环己烷分子中的两种椅式构象中的六个平伏键质子和六个直立键质子，当温度为 $-70 \sim -100℃$ 时，由于翻转速度极小，而形成不等价质子，不再为单峰。

③双键同碳上的质子是不等价质子。

$$H_x \quad H_a$$
$$C=C \qquad (J_{ax} \neq J_{bx})$$
$$R \quad H_b$$

④单键带有双键性质上的质子是不等价质子。

$$\begin{array}{c} O \\ \| \\ R-C \cdots N \end{array} \begin{array}{c} H_a \\ \\ H_b \end{array}$$

⑤与不对称碳原子相连的 $-CH_2-$ 为不等价质子。

$$R-H_2C-\overset{*}{C}-R_3$$
$$\underset{R_2}{\overset{R_1}{|}}$$

构象：

$$\begin{array}{c} R \\ R_1 \quad R_3 \\ H_a \quad H_b \\ R_2 \end{array}$$

⑥苯环上邻位和间位质子是不等价质子。

$$\begin{array}{c} OCH_3 \\ H'_a \quad H_a \\ H'_b \quad H_b \qquad (J_{H'_aH'_b} \neq J_{H_aH_b}) \\ NO_2 \end{array}$$

2. 自旋系统的命名方法

为了表示自旋系统的组成情况（这种情况密切关系着分析图谱的方法和特点），现在已有一套为自旋系统命名的方法。

把英文字母分成三组：A、B、C…为一组，L、M、N…为一组，X、Y、Z…为另一组。化学位移相近的质子用同一组字母代表（上述三组的任何一组），化学位移相差较大的质子用不同组的字母代表，磁等价质子用同一个字母代表，它们的数目用阿拉伯数字注在字母的右下角，化学等价而磁不等价的质子用同一字母表示，但在字母右上角分别加撇和不加撇加以区别，如 $CH_2=CF_2$，就是 $AA'XX'$ 系统。

通过以下实例可以熟悉这套命名方法。

$CH_2=CCl_2$	A_2
CH_2F_2	A_2X_2
CH_3OH	A_3B 或 A_3X（取决于 OH 质子与甲基氢化学位移差值）
$CH_2=CHCl$	ABX
$CH_3CH=CH_2$	A_3MXY

$$^{13}CH_2F_2 \qquad\qquad A_2N_2X\left(^{19}F, ^{13}C, I=\frac{1}{2}\right)$$

$$(CH_3CH_2)_2O \qquad\qquad A_3X_2$$

二、核磁共振谱类型

1. 一级谱（低级谱）

前面已经讲过，由于自旋偶合的结果，吸收峰发生分裂，使图谱复杂化，而复杂程度与 $\Delta v/J$ 的比值大小有很大关系。其中 Δv 是两种偶合磁核的化学位移差，J 是两种磁核的偶合常数。当 $\Delta v/J \geqslant 6$ 时，虽然吸收峰有分裂，但这种分列很有规律，利用所谓一级规律，可以相当满意地完成图谱的分析工作，人们把符合一级规律的图谱称为一级图谱，或低级谱，常见一级谱包括 AX、A_mX_n、AMX、$A_mM_nX_q$ 等系统。

2. 一级规律

（1）磁全同质子不产生本组内部的偶合分裂，因此，在不与其他磁核偶合的情况下表现为单峰，如乙醇分子中，甲基只能使相邻的亚甲基质子分裂，而不能使它们自己分裂。

（2）偶合常数随官能团间距离的增加而减小，在距离大于三个键长时很少观测到偶合作用。

（3）吸收带的多重性可由相邻原子的磁等价质子数目 n 来确定，用 $(n+1)$ 予以表示，例如，乙醇中亚甲基吸收带的多重性可由相邻的甲基质子数目确定为 $(3+1)$。

（4）如果原子 B 上的质子受到非等效原子 A 和 C 上的质子影响，那么 B 上质子的多重性等于 $(n_A+1)(n_C+1)$。这里 n_A 和 n_C 分别为 C_A 和 C_C 上等效质子的数目。

（5）多重峰的近似相对面积对称于吸收带的中心，其裂分峰面积比等于 $(a+b)^n$ 展开式各项系数之比。

（6）质子化学位移的值在多重峰的中间。

（7）A 和 X 为彼此偶合的磁核，那么 A 峰分裂的间距必等于 X 峰分裂的间距。

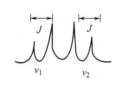

图 3-30 两个质子自旋偶合的近似一级图

（8）如果偶合质子 A 和 X 的 $\Delta v/J$ 比 6 略小，波谱仍可看成一级图谱，裂分峰的数目一般仍符合 $n+1$ 规律，但裂分峰的强度比不再符合二项式展开的系数比，两组吸收峰的内侧偏高，外侧偏低，化学位移值也已不是多重峰的中点，而是在每组分裂峰的“重心”位置上，图 3-30 中 v_1 和 v_2 就是质子 A 和 X 的化学位移值（指一个质子对另一个质子的偶合分裂）。

3. 高级谱

当 $\Delta v/J < 6$ 时，即互相偶合的两种质子化学位移互相接近（也可能是 J 值增大）时，图谱就逐渐离开一级规律而变得较为复杂，这种图谱称为高级谱或二级图谱。

对于高级谱来说，各种分裂峰的间距不一定相同，除了个别的类型外，化学位移 (δ) 和偶合常数 (J) 不能从图谱直接读出，需经过计算，各分裂峰的强度比无规律性可循，裂分峰的数目也不服从 $(n+1)$ 规律。

高级谱一般包括 AB、AB_2、ABX、ABC、A_2、B_2、AA′BB′、AA′XX′ 等类型。

三、辅助分析和简化图谱的实验方法

1. 改变外加磁场强度

在 NMR 谱上，要判明吸收峰的间距是化学位移差（$\Delta\nu$）还是偶合分裂的裂距（J），可以采用测试时改变磁场的方法判别。因为 $\Delta\nu$ 随外磁场变化而变化，而 J 不随外磁场变化而变化。

比值 $\Delta\nu/J$ 是决定 NMR 谱复杂性的关键因素，只要 $\Delta\nu/J$ 足够大（如>6），就可以利用一级近似规律求解，能够用一级近似规律的都是简单易解的图谱，所以，原则上说，只要外磁场足够强，高级谱都能变成一级谱图（至少近似一级谱图）。但是实际上，外磁场的增强受到技术条件的限制，所以，只能说这是简化谱图的一种方向。图 3-31 $\Delta\nu/J=3$ 为 AB 系统，$\Delta\nu/J>10$ 为 AX 系统，因为 J 不随外磁场变化，$\Delta\nu$ 随外磁场发生了变化，所以说明改变外加磁场强度可以使 AB 系统变为 AX 系统。

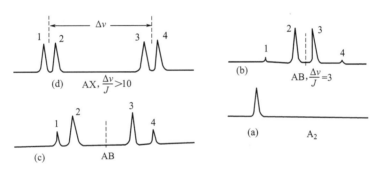

图 3-31 AB 和 AX 系统

2. 自旋去偶技术

NMR 谱的复杂情况主要来自核磁之间的自旋偶合，为了简化因这些原因引起的复杂情况，可以在实际中采取自旋去偶的方法，即在样品受到固定射频照射进行扫场的同时，用另一种能引起去偶磁场共振的射频进行饱和照射。这时受饱和照射的磁核进行快速跃迁，不能与邻近磁核实现偶合，谱图上与此相关的偶合分裂也就消失，使图谱得到简化，如图 3-32 所示。

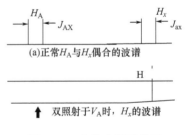

图 3-32 自旋去偶示意图

3. NOE 技术

NOE 技术属另一类型的双照射技术。某一自旋核饱和时，这时与其相近的另一个核的共振信号强度（吸收峰面积）会加强。由于偶合核吸收面积的改变与两核之间的距离有关，所以在结构测定上 NOE 技术是很有价值的。

产生这一现象是自旋—晶格弛豫效率增大（T_1 变小）的结果，在讨论弛豫机理时讲到 $\Delta t \cdot \Delta E \approx h$。显然，当 T_1 变小时，即 Δt 变小，ΔE 变大，反映在图谱上，即吸收峰面积增加。

例如
$$\underset{Cl}{\overset{H_3C}{}}C\!=\!C\underset{COOC_2H_5}{\overset{H_a}{}}$$

当饱和照射—CH$_3$ 时，H$_a$ 吸收峰面积增加 16%，照射—C$_2$H$_5$ 时，H$_a$ 吸收峰面积无变化。

又如

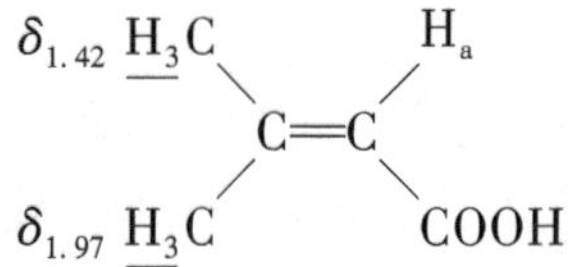

$$\delta_{1.42} \underline{H_3C} \underset{\delta_{1.97}\ \underline{H_3C}}{\overset{H_a}{\underset{COOH}{C=C}}}$$

当照射 $\delta_{1.42}$（—CH$_3$），H$_a$ 吸收峰面积增加 17%，当照射 $\delta_{1.97}$（—CH$_3$），H$_a$ 共振强度无变化，说明 H$_a$ 与—CH$_3$（$\delta_{1.42}$）为顺式结构。

4. 位移试剂

能够引起不等价质子化学位移差距增大的试剂叫作位移试剂。位移试剂常是一些过渡元素的有机配合物（稀土族—镧系离子），质子共振峰之所以会发生位移，是由于位移试剂中顺磁性离子（如 Er、Pr）所含未成对电子引起的，它可以部分地在整个分子中有所扩散，因此对各个磁核有强烈的影响。

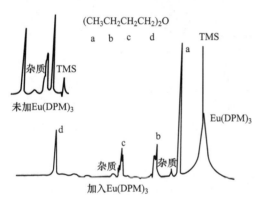

图 3-33 位移试剂应用示例

共振谱中的某一吸收峰，由于溶剂或结构的改变向低磁场移动，称为顺磁性位移，δ 值增大；反之，向高磁场移动，称为抗磁性位移，δ 值减小。

常用的位移试剂是三（2,2,6,6-四甲基庚二酮-3,5）铕，以缩写 Eu(DPM)$_3$ 作为标记符号。

位移试剂在结构测定方面的主要应用是简化谱型，使各质子信号拉开，原来无法辨认的一簇峰变得清晰，可以用"一级近似"进行分析。

图 3-33 为正丁醚的核磁共振图谱。可以看出，由于 Eu(DPM)$_3$ 的加入，各质子信号显著被拉开。

5. 重氢交换

与 N、O、S 原子相连的活泼氢（OH、NH、SH）可用重水处理，产生重氢（氘）交换，交换后的 NMR 谱中不再出现活泼氢的共振信号。产生这一现象是由于在同一磁场中，氘的共振信号离质子的共振信号相当远，例如，质子在 60MHz 共振时，氘在 9.2MHz 共振，从信号的消失可以判断分子中含有活泼氢。

另外，当活泼氢与其他质子之间存在偶合时，经过重氢交换，偶合分裂现象在图谱中会消失。因为重氢的偶合常数仅是质子的 1/6.3，相当于去偶作用，从而使谱图得到简化。

6. 溶剂效应

如前所述，选择不同的溶剂会对样品的化学位移发生不同的影响，使原来重叠和相距非常近的吸收信号拉开，从而使谱图得到简化。

对于乙腈、N-烷基甲酰胺、醛、α 或 β 不饱和酮以及一些芳香化合物，当用苯做溶剂时，由于苯的各向异性效应，使不同质子受到不同的屏蔽作用，结果吸收信号被拉开。例如，苯环对酮类化合物的屏蔽作用如图 3-34 所示。

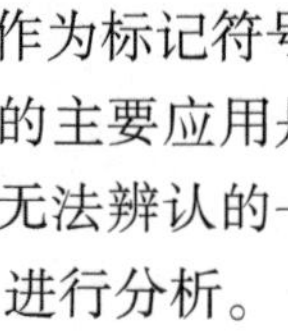

图 3-34 苯环对酮类化合物的屏蔽作用

四、图谱解析的一般步骤

在进行图谱解析之前，了解样品的原始背景，如物态、气味、色泽、物理常数、来源及合成方法等，对于图谱分析有一定的辅助作用。比较复杂的图谱，也可采用简化图谱的一些实验方法加以简化，使其接近一级图谱，必要时还可以结合其他波谱技术进行综合分析。

具体到某一有机物 NMR 谱图的分析，就是由图谱中吸收峰的位置（化学位移值）、峰的强度（积分面积）和峰形来分析确定各类质子的归属（定性分析），以及相对应的不同环境质子的数目（定量分析）等。

（1）利用化学位移（信号位置）确定各吸收峰与之对应质子的归属。因为信号的位置与每种质子的电子环境有关。

（2）由各峰的积分强度分析不等价质子数的相对比值，不同"种类"的质子数与积分面积呈线性关系。

（3）由各裂分峰的数目和峰形分析不等价质子之间的相互关系。对于低级偶合系统，利用 $n+1$ 规律，分析一类质子相对于其他邻近质子的环境。

高级图谱亦可简化图谱后再进行一级近似处理。若分析达到确认程度时，为了证实推断结果，还可与标准图谱对照，或者结合其他方法加以验证。

下面举几个 NMR 谱解析的例子。

例 3.2.1　化合物的分子式为 C_7H_8O，NMR 谱如图 3-35 所示，试写出其结构式。

[解析]　图谱中信号 a、b、c 的 δ 值分别为 7.3、4.4、3.7，积分高度分别为 7、2.9、1.4 单位，故 $a:b:c=7:2.9:1.4=5:2:1$，H 总数为 8，与分子式相符合。$\delta=7.3$ 的 5H 在苯环上，分子式减去 C_6H_5，余下的 CH_3O 部分必须有两种信号，因此，它只能是—CH_2OH，其中两个苄 H 的 δ 为 4.4，OH 的 H 为 3.7，所以，结构式应为 $C_6H_5CH_2OH$。

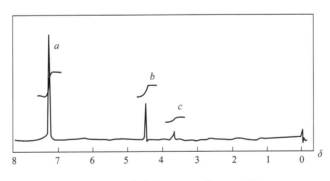

图 3-35　化合物 C_7H_8O 的 NMR 谱

例 3.2.2　一化合物的分子式为 $C_6H_9NO_3$，UV 在大于 200nm 处没有明显吸收。IR 在 3570cm^{-1}、3367cm^{-1}、1710cm^{-1}、1664cm^{-1} 有特征峰，用 D_2O 变换后的 PMR 谱表明只有两个相等强度的单峰，试写出化合物的结构式。

[解析]　化合物的不饱和度 $\Omega=2$，UV 表明没有共轭体系，IR 中的 357 0cm^{-1} 是 N—H 的伸缩振动，1710cm^{-1} 和 1664cm^{-1} 分别为酮（羧酸）和酰胺中的 C═O 伸缩振动，在 D_2O 中，—OH 和—$CONH_2$ 中的 H 可被交换而失去信号，留下两个相等的单峰，故其结构式可能为：

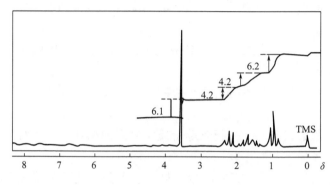

例 3.2.3　分子式为 $C_5H_{10}O_2$ 的有机化合物的 NMR 谱如图 3-36 所示，试推测其结构式。

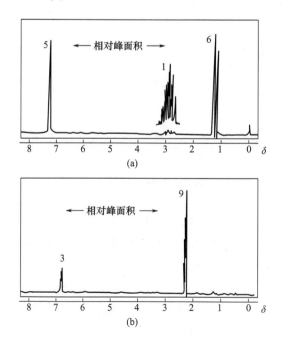

图 3-36　化合物 $C_5H_{10}O_2$ 的 NMR 谱

[解析]　积分图由左至右的吸收峰相对面积约为 6.1、4.2、4.2 和 6.2，则 10 个质子的分布为 3、2、2 和 3。$\delta = 3.6$ 处的单峰是由孤立 CH_3 引起的，甲基的结合单元为 $CH_3OC(=O)$—，所余质子的分布为 2:2:3，说明有一个正丙基存在，所以，结构式为 $CH_3OC(=O)CH_2CH_2CH_3$。

例 3.2.4　两种无色只含有碳和氢的同分异构体 NMR 谱图如图 3-37 所示，试鉴定这两种化合物的结构（CDCl 溶剂中）。

图 3-37　两种无色只含碳和氢的同分异构体的 NMR 谱

[解析] 图 3-37（a）上在大约 $\delta=7.2$ 处有一单一峰，说明有一个芳香结构存在，此峰的相对面积与 5 个质子相对应。因此，可以判定它可能是苯的单取代衍生物。对于 $\delta=2.9$ 处出现的单一质子的 7 个峰和在 $\delta=1.2$ 处的 6 个质子双重峰只能用 $H_3C\!-\!\overset{|}{\underset{CH_3}{C}}\!-\!H$ 加以解释。

因此，这一化合物为异丙基苯 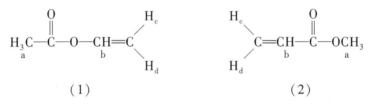—$CH(CH_3)_2$。

图 3-37（b）中，异构化合物在 $\delta=6.8$ 处有一芳香峰，根据相对面积说明为三取代苯，即 $C_6H_3(CH_3)_3$，但是，还无法判断是三种三甲基苯衍生物中的哪一种。

例 3.2.5 已知化合物的分子式为 $C_4H_6O_2$，其红外光谱和核磁共振谱图如图 3-38 所示，试推测其结构式。

[解析] 由分子式计算不饱和度为 2，所以为非芳香化合物。红外光谱中的 $1770cm^{-1}$、$1640cm^{-1}$、$1120cm^{-1}$ 吸收峰，分别表明 $C\!=\!O$，$C\!=\!C$、$C\!-\!O\!-\!C$ 的存在。NMR 谱中积分高度比为 $3.0:6.5:10.8=1:2:3$，因而，可能的结构式为（1）或（2）。

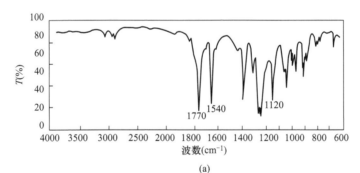

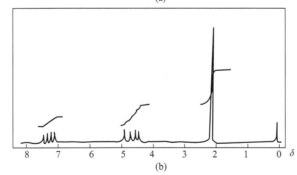

图 3-38 分子式为 $C_4H_6O_2$ 化合物的红外光谱和核磁共振谱

（1）的最低场是一个 H_b，被 H_c 裂分为四重峰，最高信号由三个 H_a 所引起，H_c 和 H_d 之

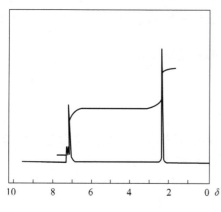

图 3-39 对氯甲苯的 NMR 谱

间因偶合常数小，在一般谱仪中观察不到裂分。它们各自被 H_b 裂分成双重峰，处于 H_a 和 H_b 的信号之间，与谱图相符合。若为（2），则最低场应为三个 H_a 所引起的信号，最高场是 H_c 和 H_d 两个双重峰。一个 H_b 的四重峰处于 H_a、H_c 和 H_d 的信号之间，与谱图不符，因而，可以确定是（1）。

例 3.2.6 对氯甲苯的 NMR 谱如图 3-39 所示，指出吸收峰归属。

[解析] $\delta=2.28$ 的单峰为芳香环上的甲基，两个双峰为芳香环上的氢核。双峰的自旋偶合常数为 8.5Hz，它是由邻位上氢核的相互作用得到的。双峰的中心为 $\delta=7.04$ 与 $\delta=7.19$，高磁场一端的吸收为甲基。

第三节　染料的氢核磁共振谱

核磁共振谱成功地用于染料合成和结构分析中，用核磁共振技术可以对染料结构中烷基和芳基等基团进行鉴别，染料结构中氢键的形成以及芳环、杂芳环上取代情况等也可根据环上质子化学位移和偶合常数加以确定。

例如，对位单取代和 p,p'-双取代偶氮型分散染料，偶氮基邻位芳香质子比对位和间位的去屏蔽作用大，并且，质子处在硝基邻位时，化学位移值比处在偶氮基邻位要大，即向低场位移。当芳香质子处于电子给予基团邻位时，共振峰移向高场，表 3-8 为偶氮苯侧链质子的化学位移值。

表 3-8　对位单取代和 p,p'-双取代偶氮苯侧链质子的化学位移

侧链		化学位移		溶剂
R_1	R_2	R_1	R_2	
CH_3	H	2.38	—	CCl_4
SCH_3	H	2.47	—	CCl_4
$NHCH_3$	H	4.13，2.48	—	$CDCl_3$
$N(CH_3)_2$	H	3.02	—	CCl_4
$N(CH_3)COCH_3$	H	3.17，1.88	—	CCl_4
OCH_3	H	3.77	—	CCl_4
CH_3	CH_3	2.43	2.43	CCl_4
OCH_3	NH_2	3.74	3.74	$CDCl_3$
OCH_3	$N(CH_3)Ac$	3.84	3.26，1.90	$CDCl_3$
OCH_3	$NHCH_3$	3.80	—，2.82	$CDCl_3$

续表

侧链		化学位移		溶剂
R_1	R_2	R_1	R_2	
OCH_3	$N(CH_3)_2$	3.80	2.99	$CDCl_3$
OCH_3	OH	3.80	8.90	$(CD_3)_2CO$
OCH_3	$OCOCH_3$	3.90	2.33	$(CD_3)_2CO$
OCH_3	OCH_3	3.96	3.96	$(CD_3)_2CO$
$N(CH_3)_2$	NH_2	3.06	~3.06	$(CD_3)_2CO$
$N(CH_3)_2$	NHAc	3.56	—, 2.51	TFA
$N(CH_3)_2$	$N(CH_3)$ Ac	3.06	2.67, 1.92	$CDCl_3$
$N(CH_3)_2$	$NHCH_3$	2.98	—, 2.83	$CDCl_3$
$N(CH_3)_2$	$N(CH_3)_2$	3.60	3.60	TFA
NO_2	NH_2	—	5.84	$(CD_3)_2CO$
NO_2	NHAc	—	—, 2.50	TFA
NO_2	$N(CH_3)$ Ac	—	3.30, 1.96	$CDCl_3$
NO_2	$NHCH_3$	—	—, 3.45	TFA
NO_2	$N(CH_3)_2$	—	3.69	TFA
NO_2	OH	—	9.65	$(CD_3)_2CO$
NO_2	$OCOCH_3$	—	2.35	$(CD_3)_2CO$
NO_2	OCH_3	—	3.96	$(CD_3)_2CO$
$N(CH_3)_2$	$NHCH_3$	2.98	—, 2.83	$CDCl_3$

蒽醌分散染料由于蒽酮母体上的取代基和结构的不同，衍生物较多，常因取代基的电负性和氢键等因素影响，使蒽醌分散染料中质子化学位移值出现变化。

例如：下面结构式的蒽醌分散染料质子化学位移见表3-9。

表3-9　蒽醌 X 染料质子的化学位移

取代基	A 环	C 环	化学位移		侧链（从左到右）	溶剂
			NH_2/ NH	OH 键		
R_2（R_1=H）						
OCH_3	7.73m；8.33m	6.53s	7.3vbr	14.3s	3.98s	$CDCl_3$
OCH_2CH_2OH	7.86m；8.27m	6.77s	vbr	14.6s	4.33t；3.98t	$DMF-D_7$
SCH_2CH_2OH	7.33m；8.0m	7.02s	8.0	13.6s	3.20t；3.75m；5.35br	$DMSO-D_6$
$OCH_2CH_2OCH_2CH_2CN$	7.8m；8.2m	6.67s	vbr	14.4s	4.32m；3.98m； 3.81t；2.57t	$DMF-D_6$
$OCH_2(CH_2)_4CH_2OH$	7.83m；8.20m	6.67s	vbr	14.5s	4.17；~1.2~2.1 3.43~4.2m	$DMF-D_6$

续表

取代基	A 环	C 环	化学位移		侧链（从左到右）	溶剂
			NH₂/NH	OH 键		
p-OC₆H₄OH	7.80m；8.1m	6.30s	vbr	14.1s	7.14；6.95（AA′，BB′）	DMF-D₆
					9.62brs	
p-OC₆H₄CH₂NCH₂（CH₃）₃CH₂CO	7.63m；8.1m	6.25s	vbr	13.1s	~7.35d；708d	CDCl₃
					4.58s；3.3br	
					-1.7br；2.60br	
p-OC₆H₄SO₂NH（CH₃）₃OCH₂CH₃	7.75m；8.27m	6.45s	7.3vbr	13.8s	~7.3；7.96；5.47brt；3.50t	CDCl₃
					1.78q；3.46t	
					3.14q；1.12t	
R₁（R₂=H）						
p-C₆H₄CH₃	7.73m；832m	7.1d	11.7br	13.7s	7.18s	CDCl₃
		7.5d				
p-C₆H₄NAc	-7.8m；8.2m	7.09d	11.5	13.4s	7.17d；7.66dd	DMSD-D₆

注 s—单峰；vbr—非常宽峰；t—三重峰；d—双峰；q—四重峰；br—宽峰。

阳离子染料由于分属于不同的化学类型，如偶氮、蒽醌、三芳甲烷、噁嗪和噻唑等，所以，不同化学类型的阳离子染料，其核磁共振谱显示了各自的波谱特征。另外，由于带正电荷杂原子的存在，接在带正电荷杂原子上的烷基质子化学位移向低场移动，与杂环中芳香质子相同。

通常用 PMR 分析阳离子染料时，先制成碘氢酸盐、苦味酸盐和氢氰酸盐，有时也做成硫酸甲酯盐和四氟硼酸盐，苦味酸的两个等同质子在 $\delta_{8.5\sim8.6}$ 处出现尖锐的单峰。

下面示出几个阳离子染料质子的化学位移。

DMSO-D₆，220MHz（FT）

DMSO-D₆，60MHz

DMSO-D$_6$，220MHz（FT）

酸性染料的 PMR 图谱与相应的分散染料相似，磺酸和磺酸钠吸电子基团无论在芳香环上，还是在脂肪支链中，对其相邻质子的化学位移都会产生影响，例如，蒽醌染料中是否存在磺酸基团，其环上质子的化学位移是不同的。

还原染料因在许多有机溶剂中溶解度非常小，所以，还原染料应用核磁共振技术分析其质子的特性，务必选择合适的溶剂。苯绕蒽酮系染料的衍生物一般选用四甲基脲为溶剂，其核磁共振谱数据见表 3-10。

表 3-10 苯绕蒽酮衍生物质子的化学位移

取代基	15,18-H	7,8-H	6,9-H	1,14-H	4,11-H	2,3,12-13-H	5,10-H	其他基团
5,10,16,17-(OCH$_3$)$_4$	1.27(s)	1.08(d)	1.62(d)	0.68(m)	1.4(m)	2.15(m)	5.77(s)	5.53,OCH$_3$ 在 16.17
5,10-Br$_2$	1.32(s)	1.08(d)	1.65(d)	0.73(d)	1.32(s)	2.08(bd)	—	—
5,10-(OCH$_3$)$_2$-16,17-O(CH$_2$)$_2$-O-	0.85	0.97	1.53	0.67	1.32	2.08	5.72	4.95(s)-O-CH$_2$-
5,10-(OCH$_3$)$_2$-16,17-O-(CH$_2$)$_4$-O-	1.1	1.02	1.57	0.65	1.33	2.1	5.74	4.95(bd)-O-CH$_2$-
5,10-(OCH$_2$)$_2$-16,17-(CH$_3$)$_2$	0.78	1.0	1.50	0.70	1.37	2.05	5.67	6.85,CH$_3$ 在 16.17（于吡啶中）

注 s—单峰；d—双峰（J=9Hz）；m—多峰；bd—宽双峰（J=9Hz）；60MHz的核磁共振谱仪，溶剂为四甲基脲，化学位移以 τ 表示。

第四节 表面活性剂的氢核磁共振谱

核磁共振谱可以分析并确定表面活性剂结构中各种不同氢核的相对丰度、化学环境以及与氢核邻近的原子的种类和性质。

表面活性剂芳基质子的化学位移为 6~8.5，烷基质子的化学位移在 1.0 左右，而烷氧基质子的化学位移在 3.4~4，表面活性剂特征质子的化学位移见表 3-11。

表 3-11　表面活性剂特征质子的化学位移

质子形式	化学位移 δ（ppm）	质子形式	化学位移 δ（ppm）
$RCH_2—H$	0.9	ROC—H（醚）	3.3~4
$R_2CH—H$	1.3	HO—C—H（醇）	3.4~4
$R_3C—H$	~1.5	RCOOC—H（α-烷基酯）	3.7~4
C=CHCH$_2$—H（烷）	1.6~1.9	R—N—H（氨基）	1~5
ROCOC—H（α-乙酰酯）	2~2.2	RO—H（羟基）	1~5.5
HOOC—C—H（α-羧基）	2~2.6	AO—H（酚）	10.5~12.5
O=C—C—H（α-羰基）	2~2.7	C=C—H（乙烯基）	4.6~5.9
Ar—C—H（苯甲基）	2.2~3	Ar—H（芳基）	6~8.5
Br—C—H（溴甲基）	2.5~4	O=C—H（醛）	9.5~10
Cl—C—H（氯甲基）	3~4	RCOOH（羧酸）	10.5~12

下面简要介绍各类表面活性剂质子的核磁共振谱的特征。

一、阴离子表面活性剂

阴离子表面活性剂结构中，烷基的甲基和亚甲基质子信号范围在 0.5~1.5ppm，而—CH$_2$—COO⁻、—CH$_2$SO$_3^-$、CH—SO$_3^-$ 等质子信号在 2.5~3.0ppm 处，据此，可以判断羧酸盐和磺酸盐，4.0~4.5ppm 处出现—CH$_2$—OSO$_3$、CHOSO$_3$、CH$_2$OPO$_3$ ppm 信号，说明可能存在硫酸酯盐或磷酸酯盐，6.5~8.5ppm 出现信号，且 3~5ppm 无信号，可认为有芳香族磺酸，另外，PEO 加合物的—OCH$_2$—CH$_2$—O—质子信号为 3.5~4.0ppm，5.0~5.5ppm 处为双键的质子信号。碳原子上吸电子性基团存在，使质子信号移向低场。

1. 硫酸酯盐类

（1）脂肪醇硫酸盐。从图 3-40 可以看出，—CH$_2$—OSO$_3$ 在 4ppm 处为三重峰，1.7ppm 峰为—CH$_2$—CH$_2$OSO$_3$ 的信号。

（2）脂肪醇聚氧乙烯醚硫酸盐。脂肪醇 C$_{12~13}$PEO（$EO=3$）硫酸钠的 NMR 光谱如图 3-41 所示。

PEO 基 —(CH$_2$CH$_2$O)$_n$— 的信号在 3.7ppm 处，4.2ppm 处出现—O—C—CH$_2$—OSO$_3$ 的信号，连接 PEO 基中 α 位亚甲基的信号在 3.5ppm 处。

（3）烷基酚聚氧乙烯硫酸盐。图 3-42 为支链烷基酚 PEO 硫酸钠（$EO=9$）的 NMR 光谱图，PEO 基信号在 3.7ppm 处，4.0ppm 为 —O—C—O—⟨苯环⟩ 的信号，苯环上的质子信号在 6.8~7.8ppm，PEO 的末端在硫酸化时，苯环上亦可引入磺酸基，此时，苯环上质子信号

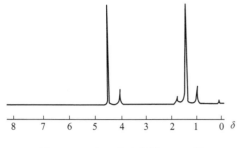

图 3-40 十二醇硫酸钠 NMR 谱

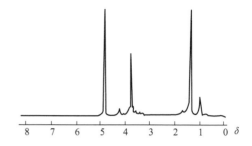

图 3-41 脂肪醇 PEO 硫酸钠（$EO=3$）NMR 谱

在 7.3~7.9ppm 处。

2. 磺酸

（1）长链烷基芳基磺酸盐。$C_{10\sim14}$ 烷基苯磺酸钠的 NMR 光谱图如图 3-43 所示。

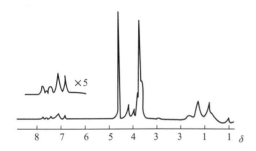

图 3-42 壬基酚 PEO 硫酸钠（$EO=9$）的 NMR 谱

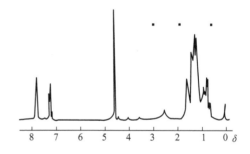

图 3-43 $C_{10\sim14}$ 烷基苯磺酸钠的 NMR 谱

7~8ppm 处对称的二重峰表示对位取代苯基，甲基峰和亚甲基峰分别在 0.6~1.0ppm 和 1.0~1.4ppm 处，—CH₂—C—⬡— 的峰在 1.5ppm 处。2.5ppm 为 CH—⬡ 的信号，另外，当甲基峰面积远大于亚甲基峰面积，并且甲基和亚甲基分别由几个信号重叠组成时，说明苯基未接在烷基的末端，为各种异构体的混合物。

（2）链烷磺酸盐。除在 1.8ppm 处出现—CH₂—C—SO₃ 的吸收峰和在 2.7ppm 出现 CH—SO₃ 的吸收峰外，无特征信号。

（3）α-烯基磺酸盐。由于 α-烯烃用发烟硫酸进行磺化时，得到了各种双链位置的链烯磺酸盐和羟基位置不同的羟基链烷磺酸盐的混合物，因而，光谱图重叠严重，图 3-44 为 α-十四烯基磺酸钠的光谱以及各信号的归属。

（4）磺基琥珀酸酯盐（Areosol OT）。图 3-45 是磺基琥珀酸二（2-乙基己基）酯钠盐的 NMR 光谱图。—O—C(=O)—CH₂—C—S 的吸收峰在 3.2ppm 处，4.0ppm 和 4.1ppm 处为 —CH₂—O—C(=O)— 的吸收峰，—O—C(=O)—CH₂—SO₃⁻ 的吸收峰在 4.4ppm。

0.9 1.3   1.5   3.9   1.8   2.9
$CH_3CH_2\cdots CH_2-CH-CH_2-CH_2-SO_3Na$
                             OH

                2.0   5.4~5.9 2.0   2.9
$CH_3CH_2\cdots CH_2CH_2-CH=CH-CH_2-(CH_2)_n-CH_2-SO_3Na$

           2.0   5.4~5.9 2.2   3.1
$CH_3CH_2\cdots CH_2-CH=CH-CH_2-(CH_2)-SO_3Na$

           2.0   5.4~5.9 3.6
$CH_3CH_2\cdots CH_2-CH=CH-CH_2-SO_3Na$

           2.0 6.6 6.3
$CH_3CH_2\cdots CH_2-CH=CH-SO_3Na$

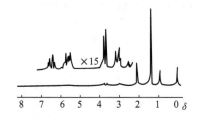

图 3-44 α-十四烯基磺酸钠的 NMR 光谱

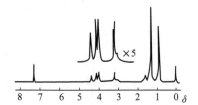

图 3-45 磺基琥珀酸二（2-乙基己基）酯钠盐的 NMR 光谱

（5）N-酰基氨基磺酸盐。N-酰基甲基氨基磺酸钠（N-酰基甲基牛磺酸钠）的质子吸收峰，归属见结构式。

          0.9 1.3   1.5 2.3   2.7 3.1
$CH_3CH_2\cdots CH_2-CH_2C-N-CH_2CH_2SO_3Na$
                                $\overset{\|}{O}$ $\underset{3.1}{CH_3}$

（6）α-磺基脂脑酸甲酯盐。 $-\overset{\overset{\displaystyle O}{\|}}{C}-C-CH_3$ 的质子信号在 3.8ppm 处， $-C-\underset{SO_3}{CH}-\overset{O}{C}-O$

的质子信号在 3.9ppm 处， $-CH_2-\underset{SO_3}{C}-\overset{O}{C}-O-$ 质子信号在 2.0ppm 处。

3. 羧酸盐类

（1）N-酰基氨基羧酸盐。N-月桂酰甲基氨基乙酸钠中，质子共振信号归属见结构式。

         0.9 1.2   1.5 2.3和3.5   3.9
$CH_3CH_2\cdots\cdots CH_2\quad CH_2\quad C-N-CH_2-COONa$
                                       $\overset{\|}{O}\quad CH_3$
                                     2.9和3.1

（2）长链脂肪酸盐。月桂酸钠的 NMR 光谱图如图 3-46 所示。—C—CH₂—C—O— 和

（化学式展示）—C—CH₂—C—O—，其中 C 上带有 ‖O

$CH_2—C—C—O—$ （‖O）的质子信号分别在 2.2ppm 和 1.5ppm 处，对于不饱和脂肪酸盐（如油酸钠），双键质子以三重峰出现在 5.3ppm 处，而邻近双键的亚甲基信号出现在 2.0ppm 处。

4. 磷酸酯盐类

（1）脂肪醇聚氧乙烯醚磷酸酯。对于 $C_{12\sim13}$ 脂肪醇 PEO 醚磷酸酯（$EO=10$），—O—C—CH₂—O—PO₃ 质子共振信号在 4.1ppm 处，3.7ppm 处为 PEO 的信号，与 PEO 基相接的烷基，α 位亚甲基和 β 位亚甲基信号分别为 3.5ppm 和 1.6ppm。

（2）烷基磷酸酯。图 3-47 为 2-乙基己基磷酸酯的光谱，CH—C—O—PO₃ 和 —CH₂—O—PO₃ 质子共振信号分别在 1.6ppm 和 4.0ppm 处，且 4.0ppm 处信号为三重峰。

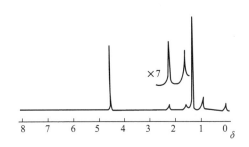

图 3-46　月桂酸钠的 NMR 光谱

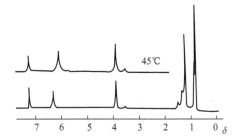

图 3-47　2-乙基己基磷酸酯的 NMR 光谱

二、阳离子表面活性剂

若在 3ppm 以上的低场区无共振信号，表明无羟乙基、PEO 基等，单纯叔胺、链烷醇胺中邻接烃基的亚甲基信号在 3.6ppm，季铵盐的 N⁺—CH₃ 和 N⁺—CH₂—质子信号分别在 3.3～3.5ppm 和 3.5～3.6ppm，若无这两个信号出现，但在 8～9.5ppm 有共振信号，则可能为吡啶盐、异喹啉盐。若在 7～8ppm 有芳环信号，且在 5～5.3ppm 有单峰信号，则可以判定具有 N⁺—CH₂— 或 N⁺—CH₂— 等结构，N⁺—CH₂— —CH₂— 的质子共振信号在 2.5～2.7ppm。

1. 季铵盐类

（1）烷基三甲基铵盐。十六烷基三甲基溴化铵的 NMR 光谱如图 3-48 所示。N⁺—CH₃ 成尖锐单峰信号，在 3.5ppm 处，N⁺—CH₂—和 N⁺—C—CH₂—的信号分别在 3.6ppm 和 1.8ppm。

（2）二烷基二甲基铵盐。图 3-49 是二烷基二甲基氯化铵的 NMR 光谱，N⁺—CH₃、N⁺—CH₂—的质子信号分别在 3.4ppm 和 3.5ppm 处，1.7ppm 处为 N⁺—C—CH₂—质子共振信号（2.7ppm 的信号由水产生），由 1.77ppm 的信号面积对这些信号的面积比，可以知道除烷基

末端甲基和邻接 N⁺ 的亚甲基外的亚甲基链的平均链长。

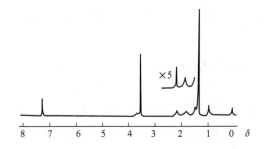

图 3-48　十六烷基三甲基溴化铵的 NMR 光谱

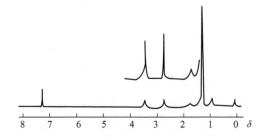

图 3-49　二烷基（加氢牛油脂肪酸）
二甲基氯化铵的 NMR 光谱

（3）三烷基甲基铵盐。三辛基氯化铵的 N⁺—CH₃ 信号出现在 3.4ppm，N⁺—CH₂—的信号出现在 3.5ppm，N⁺—C—CH₂—的信号出现在 1.7ppm。根据 N⁺—CH₃ 和 N⁺—CH₂—的强度可区别单、二、三烷基，再与 IR 的光谱信息对照，更加准确。

（4）烷基二甲基羟乙基铵盐。用加氢牛油脂肪酸制备的烷基二甲基羟乙基氯化铵的 NMR 光谱，在 3.4ppm 处出现 N⁺—CH₃ 的信号，3.7ppm 处为 N⁺—CH₂—的信号，3.7ppm 和 4.1ppm 处分别是 N⁺—CH₂—C—O—和 N⁺—C—CH₂—O—的质子共振信号。

（5）烷基芳香季铵盐。各信号的归属见结构式。图 3-50 中在 7.3ppm 处出现 CDCl₃ 的信号，2.7ppm 处出现水的信号。

$$\left[\underset{\substack{0.9 \quad 1.3 \quad 1.7 \quad 1.5}}{CH_3CH_2\cdots CH_2CH_2} - \underset{\substack{CH_3 \\ 3.3}}{\overset{\substack{3.3 \\ CH_3}}{N^+}} - \underset{5.0}{CH_3} \underset{\substack{7.5 \text{ 和 } 7.7}}{\bigcirc} \right] Cl^-$$

（6）烷基吡啶盐。图 3-51 是十六烷基氯化吡啶的光谱图。8.2ppm、8.5ppm、9.5ppm 处出现的是吡啶环的信号，5.0ppm 处为—CH₂—N◯ 的信号，2.0ppm 处出现—CH₂—C—N◯ 的信号。图 3-51 中 3ppm 处是水信号，7.3ppm 处是 CDCl₃ 信号。

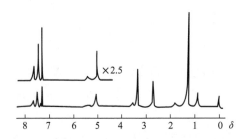

图 3-50　十四烷基二甲基芳基氯化铵的 NMR 光谱

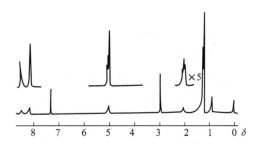

图 3-51　十六烷基氯化吡啶的 NMR 光谱

2. 烷基胺

（1）链烷醇胺。图 3-52 是代表性的月桂基二乙醇铵的 NMR 光谱图。3.6ppm 处为 —N—C—CH$_2$—O— 的信号，2.7ppm 处出现 —N—CH$_2$—C—O— 的信号，2.5ppm 处为 —CH$_2$—N$\diagdown$ 的信号，1.5ppm 处为 —CH$_2$—C—N$\diagdown$ 的信号。

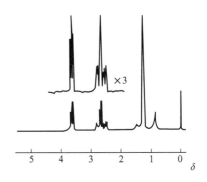

图 3-52　月桂基二乙醇铵的 NMR 光谱

（2）烷基聚氧乙烯胺。月桂基 PEO 胺（$EO = 10$）的 NMR 光谱中，3.7ppm 处出现 PEO 的信号，2.8ppm 处为 —N—CH$_2$—C—O—的信号，—CH$_2$—N$\diagup$ 的信号在 2.6ppm 处。

三、非离子表面活性剂

非离子表面活性剂大致可分为酯类、烷基醇酰类和 PEO 类（PEO 类包括酯类、烷基醇酰类与 EO 的加合物），因其结构相似，信号位置亦相似。

酯键 —CH$_2$—O—$\overset{O}{\overset{||}{C}}$— 和 —O—$\overset{O}{\overset{||}{C}}$—CH$_2$— 的共振信号分别出现在 4.1~4.4ppm 和 2.3~2.4ppm 处。在烷基醇酰胺中，—CH$_2$—$\overset{O}{\overset{||}{C}}$—N$\diagdown$ 、N—CH$_2$—C—O—和 N—C—CH$_2$—O—的质子信号分别在 2.3~2.4ppm、3.4~3.5ppm、3.7~3.8ppm 处。PEO 基信号在 3.7ppm 处，PEO 基的侧链甲基质子在 1.5ppm 处为二重峰，而 PEO 基的—O—CH$_2$—CH—O—信号出现在 3.4~3.6ppm 处，这两个信号是 PEO 基存在的根据。

下面简要介绍有关非离子表面活性剂的 NMR 光谱。

1. 脂肪酸烷基醇酰胺类

（1）脂肪酸单乙醇酰胺。如图 3-53 所示，—CH$_2$—C—$\overset{O}{\overset{||}{C}}$—N$\diagdown$ 质子信号在 1.6ppm 处，2.7ppm 处为—NH 信号，2.3ppm 处是 —CH$_2$—$\overset{O}{\overset{||}{C}}$—N$\diagdown$ 质子信号，3.5ppm 处是 —$\overset{O}{\overset{||}{C}}$—N—CH$_2$— 信号，—N—C—CH$_2$—O 信号在 3.8ppm 处。

（2）脂肪酸二乙醇酰胺。1.6ppm 处为 —CH$_2$—C—$\overset{O}{\overset{||}{C}}$—N$\diagdown$ 质子信号，2.4ppm、

3.5ppm、3.8ppm 处分别为 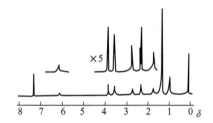 、 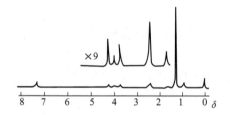 和 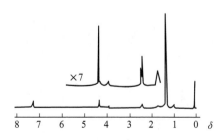 的质

子共振信号。

2. 脂肪酸多元醇酯类

（1）甘油衍生物。单硬脂酸甘油酯的 NMR 光谱如图 3-54 所示。 $-C-CH_2-C-O$ 、

$-CH_2OH$（亚甲基）、 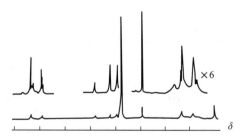 和 $-O-C-CH_2-C-C-$ 质子信号位置分别

在 2.4ppm、3.7ppm、4.0ppm 和 4.2ppm 处。

图 3-53　月桂酸单乙醇酰胺的 NMR 光谱　　　图 3-54　单硬脂酸甘油酯的 NMR 光谱

（2）乙二醇衍生物。图 3-55 是单硬脂酸乙二醇酯和二硬脂酸乙二醇酯混合物的 NMR 光谱图。
各信号的归属如下：

$$\underset{0.9}{CH_3}\underset{1.3}{CH_2}\cdots\underset{1.6}{CH_2}\underset{2.3}{CH_2}-\underset{O}{\overset{}{C}}-O\ \underset{4.3}{CH_2}\ \underset{4.3}{CH_2}-O-\underset{O}{\overset{}{C}}-\underset{2.3}{CH_2}-\underset{1.6}{CH_2}\cdots\underset{1.3}{CH_2}\underset{0.9}{CH_3}$$

$$\underset{0.9}{CH_3}\underset{1.3}{CH_2}\cdots\underset{1.6}{CH_2}\underset{2.3}{CH_2}-\underset{O}{\overset{}{C}}-O\ \underset{4.2}{CH_2}\ \underset{3.8}{CH_2}OH$$

3. 聚氧乙烯加合物类

（1）烷基酚衍生物。烷基酚 PEO 醚（$EO=9$）的 NMR 光谱如图 3-56 所示。

图 3-55　单硬脂酸乙二醇酯和二硬脂酸　　　图 3-56　壬基酚 PEO 醚（$EO=9$）的 NMR 光谱
乙二醇酯混合物的 NMR 光谱

PEO 质子信号在 3.7ppm 处，0.6～0.9ppm 处为甲基信号，1.1～1.7ppm 处为亚甲基和次甲基质子的信号，若甲基质子信号面积比前者大时，表明烷基有支链存在。

—〈苯环〉—O—C—CH₂—O— 和 —〈苯环〉—O—CH₂—C—O— 质子信号，分别在 3.9ppm 和 4.2ppm 处，6.9ppm 和 7.3ppm 处为苯环质子信号。7.3ppm 处的单峰是 CDCl₃ 的信号，2.8ppm 处的单峰是水的信号。

（2）长链脂肪醇衍生物。图 3-57 为十八烷（醇）PEO 醚（$EO=5$）的 NMR 光谱图。烷基的 β-亚甲基—C—CH₂—C—O— 的信号在 1.6ppm 处，α-亚甲基—C—CH₂—O— 的质子信号在 3.5ppm 处，3.7ppm 处是 PEO 基的共振信号。

（3）单脂肪酸甘油酯衍生物。单硬脂酸甘油酯 PEO 醚（$EO=30$）的 NMR 光谱图如图 3-58 所示。

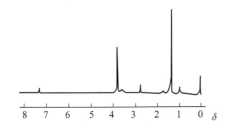

图 3-57　十八烷（醇）PEO 醚
（$EO=5$）的 NMR 光谱

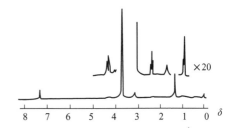

图 3-58　单硬脂酸甘油酯 PEO 醚
（$EO=30$）的 NMR 光谱

—O—C—CH₂—、 —O—$\overset{O}{\overset{\|}{C}}$—CH₂— 、 —$\overset{O}{\overset{\|}{C}}$—O—CH₂— 和 \CH—O— 质子共振信号

分别出现在 1.6ppm、2.3ppm、3.7ppm 和 4.0～4.5ppm 处。

（4）长链脂肪酸衍生物。对于硬脂酸 PEO 酯（$EO=0$），—CH₂—$\overset{O}{\overset{\|}{C}}$—O— 和 —$\overset{O}{\overset{\|}{C}}$—OCH₂—C—O 的质子共振信号位置分别出现在 2.4ppm 和 3.7ppm 处。

（5）脂肪酸失水山梨醇酯衍生物。月桂酸失水山梨醇醚 PEO（$EO=20$）的 NMR 光谱如图 3-59 所示。—O—$\overset{O}{\overset{\|}{C}}$—C—CH₂ 、 —O—$\overset{O}{\overset{\|}{C}}$—CH₂— 、 \CH—O— 和 —$\overset{O}{\overset{\|}{C}}$—O—CH₂ 的质子共振信号分别出现在 4.6ppm、2.4ppm、4.0ppm 和 4.2ppm 处，PEO 基在 3.7ppm 处出现信号。

（6）聚氧丙烯衍生物。聚丙二醇与环氧乙烷的共聚物，POP 基的—CH₃ 信号在 1.15ppm 处，3.5ppm 处出现 PEO 的信号。PEO 基的 —O—CH₂—$\overset{O}{\overset{\|}{C}}$—O— 信号在 3.4～3.6ppm 处。

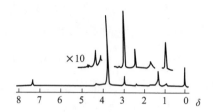

图 3-59　月桂酸失水山梨醇醚 PEO（$EO=20$）的 NMR 光谱

四、两性表面活性剂

1. 羧酸类

（1）N-烷基甜菜碱型。图 3-60 是 N-辛基二甲基氨基乙酸（N-烷基甜菜碱）的 NMR 光谱图，各信号的归属见结构式。

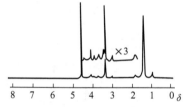

图 3-60　N-辛基二甲基氨基乙酸的 NMR 光谱

$$\underset{0.9}{CH_3}\underset{1.3}{CH_2}\cdots\underset{1.8}{CH_2}\underset{3.6}{CH_2}-\underset{}{N^+}\underset{\substack{|\\CH_3\\3.3}}{\overset{\substack{CH_2\\3.2}}{}}-\underset{4.0}{CH_2COO^-}$$

N-烷基甜菜碱中各信号的归属如下：

$$\underset{0.9}{CH_3}\underset{1.3}{CH_2}\cdots\underset{2.2}{CH_2}\underset{3.9}{CH}-COO^-$$
$$\underset{3.3}{N^+}(CH_3)_3$$

（2）氨基羧酸型。这类表面活性剂共振信号随 pH 变化发生移动。

$$\underset{0.9}{CH_3}\underset{1.3}{CH_2}\cdots\underset{1.6}{CH_2}\underset{2.9}{CH_2}\underset{+}{N}H_2\underset{3.1}{CH_2}\underset{2.5}{CH_2}COOH \quad （酸型）$$

$$\underset{0.9}{CH_3}\underset{1.3}{CH_2}\cdots\underset{1.5}{CH_2}\underset{2.5}{CH_2}NH\underset{2.7}{CH_2}\underset{2.3}{CH_2}COOH \quad （碱型）$$

2. 氧化胺

在中性至碱性条件下，氧化胺为非离子表面活性剂，但是在酸性条件下为阳离子活性剂，各信号移向低场，和相应的季铵盐的化学位移相同。

图 3-61 是在中性至酸性下测得的十二烷基二甲基氧化胺的光谱。

各信号的归属如下（4.5ppm 处是水的信号）。

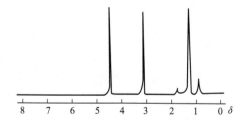

图 3-61　十二烷基二甲基氧化胺 NMR 谱

$$\underset{0.9}{CH_3}\underset{1.3}{CH_2}\cdots\underset{1.7}{CH_2}\underset{3.2}{CH_2}-\underset{\substack{|\\CH_3}}{\overset{\substack{CH_3\\3.1}}{N}}-O \quad （中性至碱性）$$

$$
\underset{0.9}{CH_3}\underset{1.3}{CH_2}\cdots\underset{1.8}{CH_2}\underset{3.6}{CH_2}-\underset{}{N}\underset{}{\overset{\overset{3.5}{CH_3}}{\underset{CH_3}{|}}}-O \qquad （酸性）
$$

3. 磺基甜菜碱型

图 3-62 为 3-（十六烷基二甲基氨基）-丙烷-1-磺酸的 NMR 光谱图。

各信号归属如下。

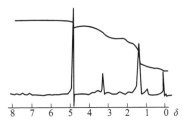

$$
\underset{0.9}{CH_3}\underset{1.3}{CH_2}\cdots\underset{1.7}{CH_2}\underset{3.6}{CH_2}-\overset{\overset{3.3}{CH_3}}{\underset{\underset{3.3}{CH_3}}{N^+}}-\underset{3.6}{CH_2}\underset{2.3}{CH_2}\underset{3.1}{CH_2}SO_3-
$$

图 3-62　3-（十六烷基二甲基氨基）-丙烷-1-磺酸的 NMR 光谱

第五节　核磁共振谱的应用

NMR 波谱同 IR、UV、MS 一样，在化合物鉴定、定量分析等方面已成为重要的分析手段，特别是与其他波谱技术联用时，会发挥出更大的作用。下面简单介绍一下 NMR 谱在结构分析和定量分析方面的应用。其原理是基于：吸收位置与磁性核的化学环境有关；信号的强度与不同环境氢原子的数目成正比；信号的裂分峰与邻近氢原子环境和数目有关；裂分距与偶合的氢原子间的几何构型有关。

一、结构分析

由于高分辨 NMR 谱的化学位移可表示磁性核的类型，自旋偶合能够反映各类磁核相对位置等关系，因此，对有机物的结构可以做出正确的判断。

例 3.5.1　氰基乙酸乙酯的 NMR 谱图如图 3-63 所示，分析共振信号与其分子结构的对应关系。

[**解析**]　在 $CNCH_2COOCH_2CH_3$ 的结构中，CH_3（a）的 δ 值，图示应在 1ppm 左右；因受—CH_2—的干扰，应有三重峰，查表，J 值约为 7Hz，从积分高度比可知应有 3 个 H。—CH_2—（b）的 δ 值，图示并用舒里公式计算约为 4ppm，因受邻近 CH_3 的干扰，应为四重峰；J 约为 7Hz，从积分高度比可知应有 2 个 H。

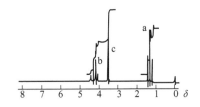

图 3-63　氰基乙酸乙酯的 NMR 谱

—CH_2—（c）的 δ 值，查表并用舒里公式计算约为 3.5ppm，因邻近没有氢核的自旋偶合干扰，表现为单峰，从积分高度比可知亦应为 2 个 H。

分析结果得到下列数据，与预测的数据基本符合（表 3-12）。

表 3-12　氰基乙酸乙酯 NMR 光谱结果

代号	δ （$\times 10^{-6}$）	裂分峰	偶合常数（J）	积分比	氢原子数比
a	1.33	三重峰	约 7	15	3
b	4.25	四重峰	约 7	10	2
c	3.50	单峰	—	10	2

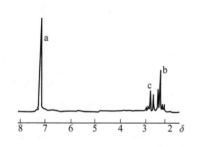

图 3-64　化合物 C_9H_9N 的 NMR 谱

例 3.5.2 化合物 C_9H_9N 的 NMR 光谱如图 3-64 所示，推断其结构（无 D_2O 交换）。

［解析］ 计算不饱和度 $\Omega = 6$，可能含有芳环和氰基。在 $\delta_{7.5}$ 处有一元取代苯环质子尖峰，所以，取代基不是一强电负性基团，很可能为烃基侧链。因无 D_2O 交换现象，表面 N 原子上无 H，可能是 —C≡N 基，在 $\delta_{2\sim 3}$ 处有两组等幅对称多重峰，可归因于 —CH_2CH_2—。属 A_2B_2 系统，加之两组峰宽度不同，低场 —CH_2— 峰较宽，可能是受 N 原子的影响。所以，化合物结构式为：

$$\underset{a}{C_6H_5}\underset{b}{CH_2}\underset{c}{CH_2CN}$$

例 3.5.3 芳香酯 $C_{10}H_{12}O_3$ 的 NMR 光谱如图 3-65 所示，共振信号强度比为 a : b : c : d : e : f = 3 : 2 : 2 : 2 : 1 : 2，推测其结构。

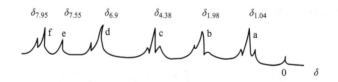

图 3-65　芳香酯 $C_{10}H_{12}O_3$ 的 NMR 谱

［解析］ $\delta_{1.04}$ 三重峰（3H）表示 —CH_3 邻近有 —CH_2— 存在；$\delta_{1.98}$ 多重峰（2H）说明 —CH_2— 两边有烷基取代（R—CH_2—R′）；$\delta_{4.38}$ 三重峰（2H），共振信号移向低场，表示 —CH_2— 邻近有 —CH_2O 基团，即分子中存在着 —$\underset{c}{OCH_2}\underset{b}{CH_2}\underset{a}{CH_3}$ 结构。$\delta_{7.55}$（1H）发生重氢交换，表明 —OH 可能存在，$\delta_{7.95}$（2H）和 $\delta_{6.9}$（2H）为芳氢共振信号，相似的二重峰说明 4 个芳氢为两组相邻成对，即两个取代基是互为对位的。故结构式是：

$$HO\underset{e}{-}\overset{d\quad f}{\underset{d\quad f}{\bigcirc}}-COO\underset{c}{CH_2}\underset{b}{CH_2}\underset{a}{CH_3}$$

例 3.5.4 某化合物的分子式为 C_3H_7Cl，其 NMR 光谱如图 3-66 所示，试推断该化合物的结构。

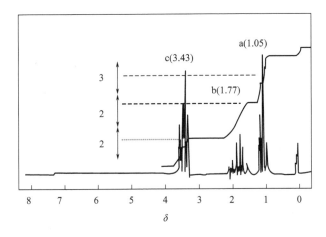

图 3-66 化合物 C_3H_7Cl 的 NMR 谱

[解析] 由分子式可知,该化合物是一个饱和化合物;

由谱图可知:

(1) 有三组吸收峰,说明有三种不同类型的 H 核。

(2) 该化合物有 7 个氢,由积分曲线的阶高可知 a、b、c 各组吸收峰的质子数分别为 3、2、2。

(3) 由化学位移值可知:H_a 的共振信号在高场区,其屏蔽效应最大,该氢核离 Cl 原子最远;而 H_c 的屏蔽效应最小,该氢核离 Cl 原子最近。

结论:该化合物的结构应为:

$$\underset{a}{CH_3}\underset{b}{CH_2}\underset{c}{CH_2}Cl$$

例 3.5.5 一个化合物的分子式为 $C_{10}H_{12}O$,其 NMR 光谱如图 3-67 所示,试推断该化合物的结构。

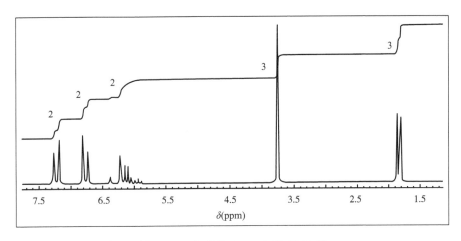

图 3-67 化合物 $C_{10}H_{12}O$ 的 NMR 谱

[解析] （1）分子式 $C_{10}H_{12}O$，$\Omega=5$，化合物可能含有苯基、C≡C 或 C≡O 双键。

（2）^{1}HNMR 光谱无明显干扰峰；由低场至高场，积分简比为 4：2：3：3，其数字之和与分子式中氢原子数目一致，故积分比等于质子数目之比。

（3）δ 为 6.5~7.5 的多重峰对称性强，可知含有 X—C_6H_5—Y（对位或邻位取代）结构；其中 2H 的 $\delta<7$，表明苯环与推电子基（—OR）相连。

$\delta_{3.75}$（s，3H）处为 CH_3O 的特征峰；$\delta_{1.83}$（d，3H）处为 CH_3—CH≡；$\delta_{5.5~6.5}$（m，2H）处为双取代烯氢（C≡CH_2 或 HC≡CH）的四重峰，其中一个氢又与 CH_3 邻位偶合，排除≡CH_2 基团的存在，可知化合物应存在—CH≡CH—CH_3 基。

例 3.5.6 一个化合物的分子式为 $C_{12}H_{17}O_2$，其 NMR 光谱如图 3-68 所示，试推断该化合物的结构。

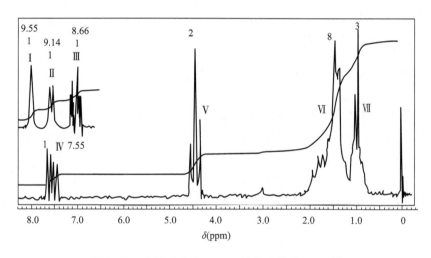

图 3-68 分子式为 $C_{12}H_{17}O_2$ 的化合物的 NMR 谱

[解析] （1）从分子式计算该化合物的不饱和度为：$\Omega=5$，可以考虑该化合物含有一个苯环或一个吡啶环。

（2）从积分曲线可知，各种氢原子数之比为 1：1：1：1：2：8：3，其数值之和正好与分子式中氢原子数目符合。由氢谱中各峰组所对应的氢原子数目及峰形可知分子无对称性。

（3）δ 在 7.55~9.55ppm 范围，超过苯环的 δ 值，从它们裂分情况看，存在两个较大的偶合常数，因此可知，分子内存在着吡啶环，由 5 个不饱和度可知分子还应有一个双键或一个脂肪环。

（4）I 组峰为单峰，说明它无邻碳氢；其 δ 值较高，说明该氢处于吡啶环 N 原子和 β 位的去屏蔽取代基团之间。

（5）II 组峰的峰形为 $d×d$，^3J 和 ^4J 较小，其 δ 值较高，因此可推断它为吡啶环 N 原子另一侧的 α-H。

（6）III 组峰的峰形为 $d×t$，d 反映出一个较大的 $3J$，从三重峰看出产生 $4J$ 偶合的是两个氢。

（7）IV 组峰的峰形为 $d×d$，对应两个 $3J$。

综合以上分析，其结构单元为：

(8) V组峰对应两个氢（积分曲线），即 CH_2，它表现为三重峰，说明相邻于 CH_2。从其化学位移约为 4.4ppm 可知，它连接强电负性的杂原子。该化合物中的杂原子为 O 和 N，N 已推断在吡啶环上，故 CH_2 的另一侧应与 O 相连。若 CH_2 只连接 O，δ 值不可能高达 4.4ppm，因此该 CH_2 应与—CO—O—相连。

(9) Ⅵ组峰 δ 为 1.2~2.1ppm，显示出典型的长、直链 CH_2 峰形。

(10) Ⅶ组峰对应 3 个氢，应是端甲基。

综合上述分析，其结构式为：

二、定量分析

核磁共振谱进行定量的基础是其与信号强度与磁核的数目成正比，下面介绍几种定量分析的方法。

1. 内标法（绝对测量法）

内标法是在样品溶液中直接加入一定量的内标物质，然后比较样品指定基团上的质子引起的共振峰面积与内标物质指定基团上质子引起的共振峰面积。此法需精确称量样品与内标物，样品的绝对重量如下：

$$\frac{W_u}{W_s} = \frac{A_u}{A_s}\frac{N_u}{N_s} \qquad W_u = W_s\frac{A_u}{A_s}\frac{N_u}{N_s}$$

式中：A_u——样品测得面积；

A_s——内标物质测量面积；

N_u——样品在该化学位移处的质子所相当的量，$N_u = \dfrac{\text{样品相对分子质量}}{\text{产生该共振峰的某基团中质子数}}$；

N_s——内标物在该化学位移处的质子所相当的量，$N_s = \dfrac{\text{内标物的相对分子质量}}{\text{产生该共振峰的某基团中质子数}}$；

$N_u = \text{（样品相对分子质量）} \cdot \text{（产生该共振峰的某基团中质子数）}^{-1}$

W_u，W_s——分别为样品重量和内标物重量。

若样品的重量为 W，则：

$$\text{样品的相对百分含量} = \frac{W_u}{W} \times 100\%$$

内标物能溶于分析溶剂中，不与样品中任何组分相互作用，最好能出现单一的共振峰，在扫描的磁场区域中，参比共振峰与样品峰的位置至少有 30Hz 的间隔，应有尽可能小的质子当量。

常用的内标物有苯、马来酸、甲酸苄酯等。

2. 相对测量法

若无纯品或合适的内标物时，可采用相对测量法。利用比较样品指定基团上的一个质子引起的吸收峰面积（A_1/n_1）和杂质指定基团上一个质子引起的吸收峰面积（A_2/n_2）计算样品的相对百分含量。

$$样品的相对百分含量 = \frac{\dfrac{A_1}{n_1}}{\dfrac{A_1}{n_1}+\dfrac{A_2}{n_2}} \times 100\%$$

式中：n_1，n_2——指定基团的质子数。

此法适用于含有一两种杂质样品的分析。

3. 外标法

用该成分的标准品配成一系列不同浓度的标准液，并对各种浓度标准液进行 NMR 测定，由所测得图谱中某一指定基团上质子引起的峰面积对相对浓度作图，即得标准品的校正曲线。然后在平行条件下，测定样品溶液中该成分指定基团上质子的峰面积，由校正图直接查出样品浓度。

4. 峰高或峰位测量法

上述方法不适用于结构相似混合物（如互为异构体）的定量分析，原因是 NMR 峰分离效果差，其常采用峰高或峰位测量法。

（1）峰高测量法。基于峰高与样品有关核的浓度成正比，所以，各组分间的峰高比只与样品的百分组成有关，而与光谱仪的性能和样品量无关。

（2）峰位测量法。当分析样品中所含两组分存在有可进行质子快速交换的基团时，交换后两组分基团的信号合并，NMR 谱上出现一单峰，该峰的化学位移与两组分的摩尔数有线性关系，这样测出混合物的化学位移，即可直接求出两组分的混合比例。

例 3.5.7 乳化剂 OP-10 的 NMR 谱如图 3-69 所示，分析分子中氧乙烯基（EO）的数量。

[解析] $\delta = 7$ 处为四重峰，表示苯环为对位取代；积分强度为 3.9，$\delta = 0.9$ 处为—CH_3 信号，$\delta = 1.2$ 处是亚甲基质子信号，两者积分强度为 19，氧乙烯中质子的 $\delta = 3.6$，端羟基质子 $\delta = 3.4$，其积分强度为 21，端基为一个质子，每个氧乙烯基有四个质子，所以 $EO = 5$，结构式如下：

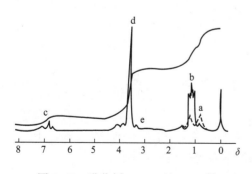

图 3-69 乳化剂 OP-10 的 NMR 谱

$$-\underset{a}{CH_3}(\underset{b}{CH_2})_8 \underset{c}{\underline{\bigcirc}} (\underset{d}{OCH_2CH_2})_5 \underset{e}{OH}$$

第六节 仪器与实验技术

核磁共振仪操作讲解

一、仪器简介

本节主要介绍 Bruker 600 AvanceⅢ型核磁共振仪。

Bruker 600 Avance Ⅲ型核磁共振仪由以下几部分组成。

（1）磁铁。提供均匀稳定的外磁场，除了永久性磁铁以外，亦可用电磁场调节原有磁场，对于 60MHz 的仪器，约需 14000G 的磁场强度。图 3-70 为 Bruker 600 AvanceⅢ型核磁共振仪的简体，其内部为磁铁。

（2）探头。探头上装有发射和接收线圈，测试时样品管放入探头中，处于发射和接收线圈中心。工作时，发射线圈发射照射脉冲，接收线圈接收共振信号。所以探头可以比喻为核磁共振仪的心脏。超导磁铁中心有一个垂直向下的管道和外面大气相通。探头就装在这个管道中磁铁的中心位置，这里是磁场最强、最均匀的地方。图 3-71 所示为探头的实物图。

图 3-70　Bruker 600 Avance Ⅲ型核磁共振仪的简体

图 3-71　探头

（3）自动进样器。核磁共振仪随电脑的操作指示自动进样和弹出样品。图 3-72 所示为自动进样器的实物图。

（4）前置处理单元。这部分有控制气流、控制变温系统、信号初级放大以及液氮和液氦的显示等功能。图 3-73 所示为前置处理单元。

（5）谱仪。谱仪是电子电路部分，包括射频发射和接收部分、线性放大和模—数转换等部分。由谱仪产生射频脉冲和脉冲序列，处理接收的共振信号。图 3-74 所示为谱仪的实物图。

（6）计算机。工作时人机对话（操作仪器、设置参数、数据处理和图谱打印）都是通过计算机完成的。现在，谱仪上所用的计算机操作系统有 Windows 和 Unix。

图 3-72　自动进样器

图 3-73　前置处理单元

图 3-74　谱仪

二、实验技术

1. 实验前准备

（1）仪器准备。实验前，首先应检查谱图基线是否正常，样品中含有 Fe^{3+}、Cu^{2+} 和 Mn^{2+} 等顺磁物质时将会使谱线显著加宽，应事先除去，O_2 亦会加宽谱线，可借通入 N_2 或采取深冷方法除去。另外，还应检查内标物（如 TMS 等）的信号是否尖锐对称、在不在零点。

由于使用的氘化溶剂中残余非氘化溶剂（氘化溶剂一般为 98%~99.7%），常常在谱图上出现 ^1H 的小峰，应予以识别，一些常用氘化溶剂残留物质子峰的 δ 值见表 3-12。

表 3-12　一些溶剂的 δ 值

常用溶剂[①]	δ（氘化溶剂中的残存氢峰）	其他溶剂	δ
$CDCl_3$	7.27	CH_3NO_2	4.33
CD_3OD	3.35；4.8[②]	CH_3CN	1.95
CD_3COCD_3	2.05	CF_3CO_2H	12.5[b]
D_2O	4.7[b]		
二甲基亚砜—d_6	2.50		
二氧六环—d_8	3.55		
吡啶—d_5	6.98，7.35，8.50		
甲酰二甲胺—d_7	2.77，2.97；7.5（宽）[②]		
苯—d_6	7.20		
乙酸—d_4	2.05；8.5[②]		
CCl_4	—		
CS_2	—		
$CF_3COCF_3 \cdot 1.6D_2O$	—		

①二甲基亚砜—d_6 代表 CD_3SOCD_3（六氘代化合物），其他仿此。

②变动颇大，与所测化合物及温度有关。

由于含 H 溶剂存在，可能出现^{13}C 卫星峰，如图 3-75 所示，产生这一信号是质子与同位素的自旋核（如^{13}C、^{29}Si）之间偶合的结果。在主峰两边出现的两个所谓旋转边带，来源于样品管中不均匀磁场。出现在旋转速度整数倍的地方，旋转边带的位置随样品管旋转速度的改变而发生改变，基于此，可以确认旋转边带，并判断仪器是否调好，一般不会出现旋转边带。

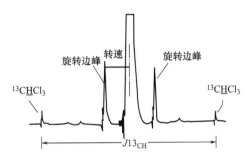

图 3-75　CHCl$_3$ 溶剂的吸收峰及边峰

另外，在摄取样品的 NMR 谱图时，溶液样品必须过滤，取样体积约 0.4mL，浓度为 0.1～0.5mol/L，加入 1%～2% TMS。一般常用溶剂有 CCl$_4$、CS$_2$ 和 CDCl$_3$，有时亦采用苯、环己烷、重水等作为溶剂。

（2）样品准备。非黏稠性的液体样品，可以直接进行测定。对难以溶解的物质，如高分子化合物、矿物等，可用固体核磁共振仪测定。但在大多数情况下，固体样品和黏稠性液体样品都是配成溶液（通常用内径 4mm 的样品管，内装 0.4mL 浓度约 10%的样品溶液）进行测定。

溶剂应该不含质子，对样品的溶解性好，不与样品发生缔合作用，且价格便宜。常用的溶剂有四氯化碳、二硫化碳和氘代试剂等。四氯化碳是较好的溶剂，但对许多化合物溶解度都不好，氘代试剂有氘代氯仿、氘代甲醇、氘代丙酮、氘代苯、氘代吡啶、重水等，可根据样品的极性选择使用。氘代氯仿是氘代试剂中最廉价的，应用也最广泛。

标准物是用于调整谱图零点的物质，对于氢谱和碳谱来说，目前使用最理想的标准物质是四甲基硅烷（TMS）。一般把 TMS 配制成 10%～20%的四氯化碳和氘代氯仿溶液，测试样品时加入 2～3 滴此溶液即可。除 TMS 外，也有用六甲基硅醚（HMOS）的，其化学位移值 δ = 0.07ppm，与 TMS 出现的位置基本一致。对于极性较大的化合物，只能用重水做溶剂时，可采用 4，4-二甲基-4-硅代戊磺酸钠（DSS）作内标物。

2. 实验操作

核磁共振仪的一般操作主要包括：开始→放置样品→锁场→调节匀场→探头调谐→设置参数→数据采集→数据处理。

（1）放置样品。放置样品前，要做好样品的准备工作。首先要有足够的样品量，一般 300MHz 核磁测氢谱需 2～10mg，500MHz 核磁测氢谱需 0.5mg 以上。因为碳谱灵敏度更低，需要的样品量更大。有了足够的样品，还要选择适当的溶剂，使样品完全溶解，才能得到好的图谱。如果用 5mm 的样品管，氘代溶剂的量要使液面高度在 3cm 以上。

样品管插入转子后放入量尺，量尺伸到底（图 3-76），使样品管中的溶剂位置与量尺中间刻度一致，这样样品放入磁铁后位于最佳位置。

注意：样品管放入磁铁入口时，一定要保证有气流从口中排出，否则不要放入样品管。

（2）样品管的旋转。将样品管放入磁铁中，使气流吹入带动样品管旋转。样品旋转可以消除磁场在 XY 方向的不均匀度，提高分辨率。样品管旋转和不旋转时峰形的比较如图 3-77 所示。

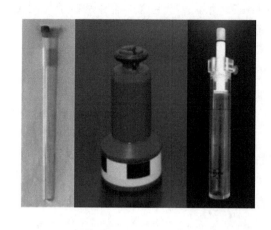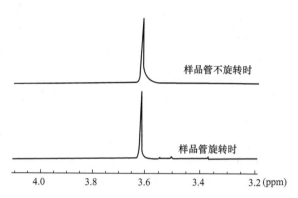

图 3-76　样品管（左）、转子（中）和量尺（右）　　图 3-77　样品管旋转和不旋转时峰形的比较

（3）锁场。按锁场钮，使锁场单元工作，锁住磁场。锁场的目的是为了使磁场稳定。

（4）调节匀场。在操作键盘上标有 X、Y、Z、XY、X2-Y2 和 Z3 等字母，表示一阶、二阶、三阶不同方向磁场的均匀度。

调节匀场时，一般先调节 Z1、Z2、Z3 和 Z4，然后调节 X、Y 方向。匀场的目的是找到各方向之间配合的最佳位置。另外，各高阶按钮在仪器验收时已经调好，平时不要随便调试，一旦调乱，很难找到最佳配合。

（5）探头调谐。为了获得最高的灵敏度，要进行探头调谐。通过反复的调谐和匹配，使接收到的功率最大，反射的功率最小。

（6）设置参数。

①测试参数文件。一般仪器出厂时，已经设置好一些常用测试方法的参数，只要调用文件就可以利用这些参数测试。

②观察核。就是所要测试那种原子核的谱。

③照射核。有时在观察通道测试时，需要去偶，选择去偶照射的原子核。

④共振频率。磁场强度一定，不同原子核的共振频率不同。

⑤数据点。用多少个二进制点表示图谱的曲线。

⑥谱宽。所观察谱的频带宽。

⑦脉冲宽带。照射脉冲持续的时间，一般为微秒。照射脉冲持续时间越长，磁化矢量的倾角越大，得到的信号越大，但等待弛豫时间延长。一般用 45°~60°脉冲弛豫时间较短，在单位时间内累加次数增多，信号增长较快。

⑧照射功率。照射脉冲强度。

⑨接收增益。指接收信号放大倍数。信号放大提高了灵敏度，但是放大倍数过大产生过饱和会使信号变形，不同浓度的样品要设置相应的接收增益。

⑩累加次数。设置总累加次数。如果使用的探头不是梯度场的，累加次数应为 4 的整数倍，否则有可能产生干扰峰。

（7）数据的采集与处理。输入采集命令即可开始采样。采样结果为 FID 信号，即时域谱；傅立叶变换，将时域谱变成频域谱。然后进行相位纠正使峰型对称，基线校正使基线平滑，域值线以上的峰标出化学位移，予以积分（注意区分溶剂峰及杂质峰）。

三、核磁共振氢谱图谱解析的步骤

（1）先观察图谱是否符合要求。

①四甲基硅烷的信号是否正常。

②杂音大不大。

③基线是否平直。

（2）积分曲线中没有吸收信号的地方是否平整。如果有问题，解析时要引起注意，最好重新测试图谱。

（3）区分杂质峰、溶剂峰、旋转边峰、^{13}C 卫星峰。

①杂质峰。杂质含量相对样品比例很小，因此杂质峰的峰面积很小，且杂质峰与样品峰之间没有简单整数比的关系，容易区别。

②溶剂峰。氘代试剂不可能达到 100% 的同位素纯度（大部分试剂的氘代率为 99% ~ 99.8%），因此谱图中往往呈现相应的溶剂峰，如 $CDCl_3$ 中的溶剂峰的 δ 值约在 7.27 ppm 处。

③旋转边峰。测试样品时，样品管在 $^1H—NMR$ 仪中快速旋转，当仪器调节未达到良好工作状态时，会出现旋转边带，即以强谱线为中心，呈现出一对对称的弱峰，称为旋转边峰。

④^{13}C 卫星峰。^{13}C 具有磁矩，可以与 ^1H 偶合产生裂分，称之为 ^{13}C 卫星峰，但由于 ^{13}C 的天然丰度只为 1.1%，只有氢的强峰才能观察到，一般不会对氢的谱图造成干扰。

（4）根据积分曲线，观察各信号的相对高度，计算样品化合物分子式中的氢原子数目。可利用可靠的甲基信号或孤立的次甲基信号为标准计算各信号峰的质子数目。

（5）先解析图中 CH_3O、CH_3N、$CH_3C=O$、$CH_3C=C$、$CH_3—C$ 等孤立的甲基质子信号，然后再解析偶合的甲基质子信号。

（6）解析羧基、醛基、分子内氢键等低磁场的质子信号。

（7）解析芳香核上的质子信号。

（8）比较滴加重水前后测定的图谱，观察有无信号峰消失的现象，了解分子结构中所连活泼氢官能团。

（9）根据图谱提供信号峰数目、化学位移和偶合常数，解析一级类型图谱。

（10）解析高级类型图谱峰信号，如黄酮类化合物 β 环仅 4-位取代时，呈现 AA，BB 系统峰信号，二氢黄酮则呈现 ABX 系统峰信号。

（11）如果一维 $^1H—NMR$ 难以解析分子结构，可考虑测试二维核磁共振谱配合解析结构。

（12）根据图谱的解析，组合几种可能的结构式。

（13）对推出的结构进行指认，即每个官能团上的氢在图谱中都应有相应的归属信号。

习题

1.下列化合物中各有几种等性质子？

a. $CH_3CH_2CH_3$ b. $CH_3CH{=}CH_2$ c. $CH_3CHClCH_2CH_3$

2. 下列化合物的 NMR 谱中，有无自旋—自旋偶合，若有偶合裂分，应产生几重峰？

a. $ClCH_2CH_2Cl$ b. $ClCH_2CH_2I$

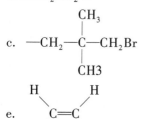

3. 下列各对化合物的 NMR 谱有何不同？

a. 对二甲苯和乙苯   b. 丙醛和丙酮   c. 对二甲苯和均三甲苯

4. 一个化合物 $C_4H_6O_2$ 在 1721 cm^{-1} 显示一个很强的吸收峰，它的 NMR 谱只显示一个单峰信号，推测该化合物的结构。

5. 化合物 $C_3H_5Cl_3$ 的 NMR 谱显示两个信号，一个是双重峰，另一个是五重峰，此化合物的结构是什么？

6.

a. 设某质子的化学位移为 366Hz，若用 δ 和 τ 表示应为多少？（谱仪所用频率 60MHz）

b. 若用一个 100Hz、250Hz 或 1000Hz 的扫描宽度，这些核磁共振谱的 δ 值和 τ 值范围如何？质子的化学位移和应用的扫描宽度有关系吗？

7. 下列化合物只有一个 NMR 信号，试写出各结构式。

a. C_5H_{12} b. C_2H_6O c. $C_2H_4Br_2$

8. 下列化合物的 NMR 谱只有两个单峰，试画出各个化合物的结构式。

a. $C_3H_5Cl_3$ b. $C_3H_3O_2$ c. $C_5H_{10}Cl_2$

9. 在测 $C_4H_8Br_2$ 的两种异构体的 NMR 谱时，得到以下结果，问各自的结构是什么？

a. $\delta_{1.7}$（d，6H），$\delta_{4.4}$（q，2H）；

b. $\delta_{1.2}$（d，3H），$\delta_{2.3}$（q，2H），$\delta_{3.5}$（t，2H），$\delta_{4.2}$（m，1H）。

10. 两个氢核，化学位移分别为 $\delta_{3.8}$ 和 $\delta_{3.92}$，偶合常数 10.0Hz，试问该两氢核属 AX 系统还是 AB 系统（60MHz）。

11. 以 CCl_4 为溶剂时，CH_3OH 的 NMR 谱表现为两个单峰，若以 $(CH_3)_2SO$ 作为溶剂，则显示一个双重峰和一个四重峰，为什么？

12. 如何用 NMR 鉴定甲乙醚的一氯代产物是哪一种？

13. 如何应用 UV、NMR 和 IR 对下列各对化合物进行快速有效的鉴别？

a. $CH_3{-}CH{=}CH{-}CH{=}CH{-}CH_3$ 和 ${-}CH_3{-}CH{=}CH{-}CH_2{-}CH{=}CH_2$

b. $CH_3COOCH_2CH_3$ 和 $CH_3CH_2COOCH_3$

c.

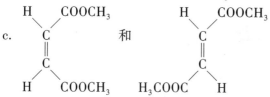

d.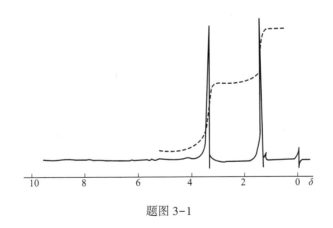

14. 如何用 NMR 谱区别 1-硝基丙烷和 2-硝基丙烷？

15. 下列 NMR 谱数据分别与下面 $C_5H_{10}O$ 异构体中的哪一种化合物相对应？

a. $\delta_{1.02}$（双峰），$\delta_{2.13}$（单峰），$\delta_{2.22}$（七重峰）

b. $\delta_{1.05}$（三重峰），$\delta_{2.47}$（四重峰）

c. 两个单峰。

  $(CH_3)_3{-}C{-}CHO$

  $(CH_3)_2CH\overset{\displaystyle O}{\overset{\displaystyle \|}{-C-}}CH_3$ $CH_3CH_2\overset{\displaystyle O}{\overset{\displaystyle \|}{-C-}}CH_2CH_3$

16. 写出下列分子式所表示的羧酸的两种异构体，并预测它们的 NMR 谱外观。

a. $C_4H_8O_2$ b. $C_5H_8O_4$

17. 乙醇的羟基氢核化学位移受浓度影响明显，而醋酸羧基的氢核化学位移却不大受浓度的影响，为什么？

18. 化合物 C_4H_7N 的 IR 谱在 $2250cm^{-1}$ 处有中等程度的尖锐吸收峰，NMR 在 $\delta_{1.33}$（6H）有双峰，$\delta_{2.72}$（1H）出现七重峰，推测该化合物的结构。

19. 当满足下列 NMR 数据时，分子式为 C_8H_9Br 的化合物的结构式什么？

$\delta_{2.0}$ 双 峰   积分值 3

$\delta_{5.15}$ 四重峰   积分值 1

$\delta_{7.35}$ 多重峰   积分值 5

20. 某化合物的分子式为 $C_5H_{12}O_2$，以 TMS 为标准，谱仪 60MH$_z$，NMR 谱如题图 3-1 所示，推测其结构式。

题图 3-1

21. 有一挥发性的无色液体，其 IR 谱如题图 3-2 所示。NMR 谱在 $\delta_{2.32}$ 和 $\delta_{7.17}$ 可以看到积分比为 1∶1.65 的两个单峰。元素分析结果 C 为 91.4%、H 为 8.7%，试问该化合物的结构是什么？

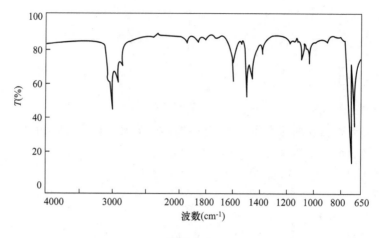

题图 3-2

22. 一个化合物的分子式是 $C_7H_{16}O_3$，其 NMR 谱如题图 3-3 所示，推断其结构。

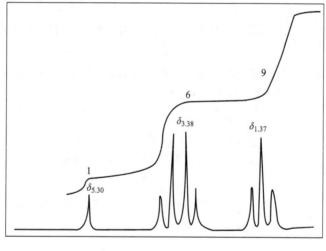

题图 3-3

23. 一个化合物的分子式是 $C_{10}H_{12}O_2$，其 NMR 谱如题图 3-4 所示，推断其结构。

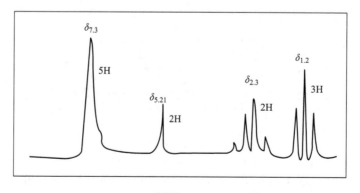

题图 3-4

24. 一个化合物的分子式是 $C_8H_8O_2$，其 NMR 谱如题图 3-5 所示，推断其结构。

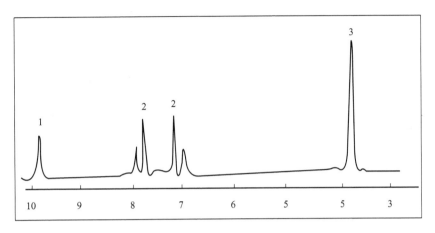

题图 3-5

第四章　质谱法

质谱法（MS）已有 70 多年的历史。早期仅被用于同位素测定，20 世纪 50 年代以后，开始应用于研究有机化合物的结构。近年来，随着分离技术的发展，气相色谱与质谱联用仪器业已问世，高压液相色谱与质谱联用技术的研究也在不断地发展，质谱技术在工业生产和科学研究中的应用不断扩大，成为重要的分析工具。

第一节　概　况

一、基本原理

质谱法的原理比较简单，是基于气态有机化合物分子在高真空状态下受到 50~100eV 电子束轰击后离解成带正电荷的离子（偶尔也有阴离子产生），离解的阳离子若其寿命在 $10^{-6} \sim 10^{-5}$ s 时，由于受磁场和静电场的综合作用而被依次分开，从而得到所谓的质谱数据，借此对有机物进行定性和定量分析。

下面以 180° 磁场单聚焦质谱仪说明其原理，如图 4-1 所示。

有机化合物的分子于离子化室中被一单束电子冲击后，使其丢失一个外层价电子（偶然也可以失去一个以上的电子），从而生成带有正电荷的离子，当其离子寿命在 $10^{-6} \sim 10^{-5}$ s 时，经离子加速器加速后，该离子获得的动能等于其位能：

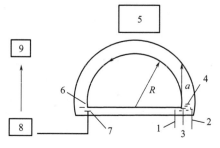

图 4-1　180°磁场单聚焦质谱示意图
1—灯丝　2—电子接受屏　3—电子加速器
4—离子化室　5—磁铁　6—出口狭缝
7—离子捕集器　8—电子放大器　9—记录器

$$W = \frac{1}{2}mv^2 = eV \tag{1}$$

式中：m——离子质量；

　　　v——离子速度；

　　　e——离子的电荷；

　　　V——加速离子的电压。

在阳离子未进入磁场前，离子沿着直线 a 前进，在进入磁场后，由于受磁场的作用，改变其前进的轨道发生偏转，此时，离子在磁场中的向心力和离心力应是相等的。

即：

$$\frac{mv^2}{R} = \mathrm{H}ev \tag{2}$$

式中：H——磁场强度；

R——正离子在磁场中的轨道半径。

m、v 和 e 与式（1）相同。由式（1）和式（2）可以推导出：

$$\frac{m}{e} = \frac{H^2 R^2}{2V} \tag{3}$$

式中 m/e 称为质荷比，与正离子在磁场中的轨道半径的平方成正比，与磁场强度的平方成正比，而与加速电压成反比。由式（3）可得：

$$R = \left(\frac{2V}{H^2} \cdot \frac{m}{e}\right)^{\frac{1}{2}} \tag{4}$$

式（4）表明离子在磁场中轨道曲线半径受加速电压 V、磁场强度 H 和离子的质荷比 m/e 三个因素的影响。当 R 固定不变而改变加速电压 V，或改变磁场强度 H，只能允许一种 m/e 值的离子通过出口缝隙进入检测系统，而其他 m/e 值的离子则撞击在管壁上，被真空泵抽出。

$$\frac{^{13}C}{^{12}C} = \frac{1.1080}{98.8920} \times 100\% = 1.12\%$$

这样，只要连续改变加速电压（称为电压扫描）或连续改变电磁场的磁场强度（称为磁场扫描），就会使各离子依次按质荷比大小顺序先后到达收集器，产生信号。

二、质谱计

质谱计由离子源、分析器、检测器和显示系统组成。

1. 质谱计的类型

（1）磁场偏转型质谱计。该类质谱计分为单聚焦型和双聚焦型两种，前者属于低分辨率，即仅有磁场分析器。后者具有高分辨率，除了磁场分析器以外，还有静电分析器，图 4-2 和图 4-3 分别是单聚焦质谱计和双聚焦分离器的示意图。

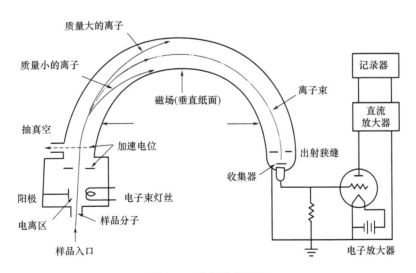

图 4-2　单聚焦质谱计

单聚焦质谱计为质量分析型，因为它仅能使整数的不同 m/e 分开。

双聚焦质谱计是在离子源和磁场分析器之间加一弧形静电场分析器，在质量聚焦之前先进行一次能量聚焦（速度分析）。例如 CO、$CH_2=CH_2$、N_2 的相对分子质量均为 28，但精确值分别为 27.9949、28.0313 和 28.0061，因此三者在单聚焦质谱计上是分不开的。

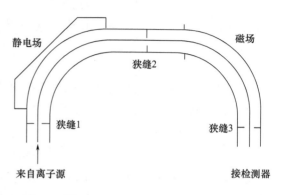

图 4-3 双聚焦分离器示意图

由于各个离子在加速前可能具有明显不同的动能，即质荷比 m/e 相同的离子也可能沿着不同的途径运行，离子能量分散的结果导致离子流变宽。可通过静电分析器消除相同质量离子间的动能差别。作用在离子上的力被离子离心力所平衡。即：

$$\frac{mv^2}{R} = eV \qquad R = \frac{mv^2}{eV} \qquad (R \text{ 恒定})$$

可见，在给定的电场强度 V 下，离子按照其动能大小先进行第一次聚焦被分开，而与它的质量 m 无关。结果使得所有相同质量的离子更为均匀，在进入磁场分析器前能量恒定。因此，分辨率大大提高，可见静电分析器属能量分析器，即速度分析器。

（2）飞越时间质谱计。是基于给不同离子以同样的动能，则它们将具有不同的速度，从而具有依赖于质量的飞越时间。

除此之外，还有四级质谱计等。

2. 质谱计常用的离子源类型

（1）电子轰击源（EI）。用电子束在高真空下轰击有机物而产生离子，轰击电压在 70 eV 左右。

（2）化学电离源（CI）。高真空下，一般用反应气体所产生的离子去轰击样品，轰击能量较 EI 低。最常用的反应气体是甲烷和异丁烷。以甲烷为反应气体时，在反应的等离子体中最重要的离子是 CH_5^+ 和 $C_2H_5^+$。反应过程如下：

$$CH_4 + e \longrightarrow CH_4^+ + 2e$$
$$CH_4^+ \longrightarrow CH_3^+ + H$$
$$CH_4^+ + CH_4 \longrightarrow CH_5^+ + CH_3$$
$$CH_3^+ + CH_4 \longrightarrow C_2H_5^+ + H_2$$

由此产生的离子再去撞击样品：

$$CH_5^+ + RX \longrightarrow RXH^+ + CH_4$$

（3）场电离（FI）。气态分子在强电场的作用下发生电离，是一种软电离技术。当样品蒸汽邻近或接触到带高正电位的金属针时，由于高曲率的针端产生很强的电位梯度，样品分子可被电离为正离子。

（4）场解吸（FD）。场解吸的原理与场电离相同，但是对样品没有气化要求，而是被沉积在电极上直接送入离子源得到准分子离子，因而场解吸适合于难气化的、热不稳定的样品。

（5）快原子轰击（FAB）。氩气在电离室依靠放电产生氩离子，高能氩离子经电荷交换得到高能氩原子流，氩原子打在样品上产生样品离子。样品置于涂有底物（如甘油）的靶上。靶材为铜，原子氩打在样品上，使其电离后进入真空，并在电场作用下进入分析器。

（6）基质辅助激光解吸电离（MALDI）。将被分析化合物的溶液和某种基质溶液混合。蒸发掉溶剂，则被分析物质与基质形成晶体或半晶体。用一定波长的脉冲式激光照射，基质分子能有效地吸收激光的能量，并间接地传给样品分子，从而得到电离。

（7）电喷雾电离（ESI）。从雾化器套管的毛细管端喷出的带电液滴，随着溶剂的不断快速蒸发，液滴迅速变小，表面电荷密度不断增大。由于电荷间的排斥作用，就会排出溶剂分子，得到样品的准分子离子。

（8）大气压化学电离（APCI）。是在大气压下，利用电晕放电使气相样品与流动相电离的一种离子化技术。样品溶液被氮气流雾化，通过加热管时被气化，在加热管端进行电晕尖端放电，溶剂分子被电离，发生化学电离过程。APCI 比较适合于分析弱极性的小分子物质。

（9）大气压光喷雾电离（APPI）。APPI 源与 APCI 源的电离机制基本相似，只是用紫外灯取代 APCI 源的电晕放电，是利用光化学作用将气相中的样品电离的离子化技术。APPI 源适用于分析非极性化合物。

三、有关术语

下面介绍几个表征质谱计性能指标的术语。

（1）质量范围。即仪器测量质量数的范围，例如质量范围为 1~500，表示质谱计能测定质量数范围在 1~500 的物质。

（2）灵敏度和分辨率。分析峰的高度对纯化合物压力之比叫灵敏度，即单位压力分析峰高。

$$灵敏度 S = \frac{峰高度}{记录前气体压力} = \frac{峰高度}{离子源压力}$$

能够分离开相邻质量数离子的能力称为分辨率，以 R 表示。分辨率的高低与分析峰的关系如图 4-4 所示。

$$R = \frac{m_1}{\Delta m} = \frac{m_1}{m_2 - m_1} = \frac{m_1}{Am} \qquad （式中 m_2 > m_1）$$

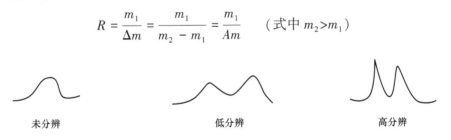

未分辨　　　　　　　　低分辨　　　　　　　　高分辨

图 4-4　分辨高低与分析峰的关系

常以 10%峰谷法表示质谱计分辨情况。10%峰谷法规定两个相邻峰的信号大小（峰高）相等，它们的峰谷相当于峰高的 10%，此时质谱计的分辨率 $R = m/\Delta m$。

四、离子电荷与电子转移的表示

质谱中，正电荷用"+"或者"∔"表示，前者表示离子中电子数为偶数，后者表示有奇数个电子。为了说明裂解机理，尽可能将正电荷的位置明确地表示出来，一般正电荷留在杂原子、不饱和键 π 电子系统和苯环上。例如：

$$OH_2C=O^+ \cdot R \quad H_2C=HC-\overset{+}{C}H_2$$

苯环电荷的表示方式有 ⌬⊕ 或 ⌬⁺ 或 ⌬⁺·，当正电荷的位置不太明确时，可以用 $[\ ]^+$ 或 $[\ ]^{+\cdot}$ 表示，例如，$[R—CH_3]^{+\cdot}\longrightarrow CH_3 + [R]^+$ 这样结构复杂的裂片离子，可在式子右上角记以 "⌐⁺" 或 "⌐⁺·"。

裂解过程中，以鱼钩 "⤵" 表示一个电子的转移，以箭头 "↷" 表示一对电子的同向转移。

五、裂解类型
质谱中常见的裂解类型有下列几种。

1. 简单裂解
这种裂解系共价键的简单断裂，如 $A—B^+\longrightarrow B^{+\cdot} + \cdot A$

2. 重排裂解
在共价键断裂的同时，常发生氢原子的转移，或者碳骨架转移。$ABC^+\overset{\circ}{\longrightarrow}AC^{+\cdot}+B$ 或 $AB^{+\cdot}+C$，符号 "$\overset{\circ}{\longrightarrow}$" 表示重排。

3. α、β、γ 裂解
这三种裂解的区别在于断裂键相对于极性基团的位置不同。例如：

$$C—C \vdots Y \qquad (α 裂解)$$
$$C—C \vdots C—Y \qquad (β 裂解)$$
$$C \vdots C—C—Y \qquad (γ 裂解)$$

4. 烯丙基裂解
含双键的碳链中，相对于双键的 $C_α—C_β$ 键断裂称为烯丙基裂解。

$$\text{C=C—C—C—} ⌐^{+\cdot} \longrightarrow \text{C=C—C}^+$$

5. 苯基裂解

（苄基离子）　　（草鎓离子）

六、质谱的表示方法

1. 质谱图表示法
这是一种常用的表示法，以横坐标表示质荷比（m/e），纵坐标表示相对强度（或相对丰度），把强度最大的离子峰作为基峰（100%），其他各离子峰的强度取其基峰的相对值，有时也采取把总离子量作为 100% 的表示方法。

以丁酮为例，裂解过程如下：

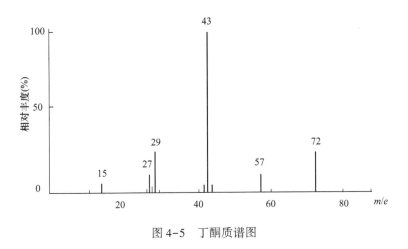

$$\begin{array}{c} H_3C \\ \diagdown \\ C=\ddot{O} +e \longrightarrow \\ \diagup \\ H_3CH_2C \end{array} \qquad \begin{array}{c} H_3C \\ \diagdown \\ C=\ddot{O}^{+}+2e \\ \diagup \\ H_3CH_2C \end{array}$$

$$m/e = 72$$

$$\begin{array}{c} H_3C \\ \diagdown \\ C=\ddot{O} \longrightarrow H_3CC\equiv\cdot\ddot{O}^{+}+CH_3CH_2^{\cdot} \\ \diagup \\ H_3CH_2C \end{array}$$

$$m/e = 43$$

$$\begin{array}{c} H_3C \\ \diagdown \\ C=\ddot{O} \longrightarrow H_3CC\equiv\ddot{O}\cdot+CH_3CH_2 \\ \diagup \\ H_3CH_2C \end{array}$$

$$m/e = 29$$

$$\begin{array}{c} H_3C \\ \diagdown \\ C=\ddot{O} \longrightarrow H_3CH_2CC\equiv\overset{+}{\ddot{O}} +CH_3^{\cdot} \\ \diagup \\ H_3CH_2C \end{array}$$

$$m/e = 57$$

$$\begin{array}{c} H_3C \\ \diagdown \\ C=\ddot{O} \longrightarrow H_3CH_2CC\equiv\dot{\ddot{O}} +CH_3^{+} \\ \diagup \\ H_3CH_2C \end{array}$$

$$m/e = 15$$

若把丁酮的裂解用质谱图表示，如图 4-5 所示。

图 4-5 丁酮质谱图

2. 元素图表示法

将质荷比、离子强度和各种离子的元素组成情况用表格的形式表示，这种表示方法在进行结构分析时比较方便。

3. 质谱表表示法

将各离子的质荷比与相对强度以表格形式表示出来。

七、质谱离子类型

1. 分子离子

有机分子不论通过何种电离方法，失去一个外层价电子而形成的离子叫分子离子，亦称母体离子，因为出现在质谱中的其他离子都与它有关，所以它是其他离子的先驱。在质谱中相应的峰称为分子离子峰或母峰，以 $M^{\ddagger}$ 或 P 表示。

分子离子的标称质量即为样品的相对分子质量，形成分子离子峰所需能量较小（7～15eV），分子离子峰的丰度与离子的稳定性有关。一般来说，有利于离子电荷去域性的结构，都使分子离子峰的稳定性增大。表 4-1 列出了部分有机化合物的分子离子峰丰度与化学结构的关系。

表 4-1　分子离子峰丰度与化学结构的关系

强丰度	中等丰度	弱丰度或无丰度
芳香族化合物	共轭双键化合物	脂肪族化合物
ArH	ArBr	长链烷烃化合物
ArF	ArI	支链烷烃化合物
ArCl	ArOOR	叔醇类化合物
ArCN	$ArCH_2R$	叔醇取代溴化合物
$ArNH_2$	$ArCH_2CL$	叔醇取代碘化合物

在质谱中，有时由于很多化合物的分子离子极易裂解，因而丰度很弱或者不出现分子离子峰，常借助以下几点来辨认分子离子峰。

（1）"N-规律"，有机化合物一般由 C、H、N、O、S 和卤素等原子组成，其相对分子质量服从 "N-规律"，即分子中含有偶数个 N 原子或者不含 N 原子时，相对分子质量为偶数，含有奇数 N 原子时相对分子质量为奇数。这个规律的解释是 C、O、S 等元素，它们的质量数（最丰同位素）和化合价均为偶数，而 H、Cl、Br 等的质量数及化合价均为奇数，仅有 N 的质量数为偶数，而化合价为奇数（3 价或 5 价）。

（2）分子离子不可能裂解出 2 个以上的 H 原子和小于一个甲基（15）的质量单位，所以，在分子离子峰左面，不可能出现比分子离子峰质量小 3～14 个质量单位的峰。

（3）重同位素的存在有助于分子离子峰的辨认，例如：含 1 个 Cl 或 1 个 Br 原子的化合物，由于 ^{35}Cl 与 ^{37}Cl 的含量比约为 3:1，^{79}Br 和 ^{81}Br 的含量比约为 1:1，所以在 M+2 处的丰度分别为分子离子峰丰度 1/3 或几乎相等，因而分子离子峰极易分辨。

（4）一些不稳定的化合物，如胺、醚、酯等分子离子较不稳定，同时由于分子离子与分子碰撞，常发生结合一个 H 原子或者失去一个 H 原子的现象，因而除了分子离子峰的小峰外，在 M-1 或 M+1 处出现明显峰。

（5）利用分子离子失去功能团的合理性来辨认分子离子峰，如 M-15（CH_3）、M-17（OH）和 M-18（H_2O）等是合理的。分子离子易于失去的结构部分见表 4-2。

表 4-2　从分子离子丢失的中性裂片

离子	中性裂片	可能的推断
M−1	H	醛（某些酯和胺）
M−2	H$_2$	—
M−14	—	同系物
M−15	CH$_3$	高度分支的碳链，在分支处甲基裂解，醛、酮、酯
M−16	CH$_3$+H	高度分支的碳链，在分支处裂解
M−16	O	硝基物、亚砜、吡啶 N-氧化物、环氧、醌等
M−16	NH$_2$	ArSO$_2$NH$_2$，—CONH$_2$
M−17	OH	醇 R—OH，酸 RCO—OH
M−17	NH$_3$	—
M−18	H$_2$O，NH$_4$	醇、醛、酮、胺等
M−19	F	氟化物
M−20	HF	氟化物
M−26	C$_2$H$_2$	芳烃
M−26	C≡N	腈
M−27	H$_2$C=CH	酯、R$_2$CHOH
M−27	HCN	氮杂环
M−28	CO，N$_2$	醌，甲酸酯等
M−28	C$_2$H$_4$	芳香乙醚乙酯，正丙基酮 $RC\overset{O}{\overset{\|}{-}}CH_2C_2H_5 \longrightarrow RC\overset{O}{\overset{\|}{-}}CH_2 + C_2$，环烷烃、烯烃
M−29	C$_2$H$_5$	高度分支的碳链，在分支处乙基裂解，环烷烃
M−29	CHO	醛
M−30	C$_2$H$_6$	高度分支的碳链，在分支处裂解
M−30	CH$_2$O	芳香甲醚
M−30	NO	Ar—NO$_2$
M−30	NH$_2$CH$_2$	伯胺类
M−31	OCH$_3$	甲酯，甲醚
M−31	CH$_2$OH	醇
M−31	CH$_3$NH$_2$	胺
M−32	CH$_3$OH	甲酯
M−32	S	—
M−33	H$_2$O+CH$_3$	—
M−33	CH$_2$F	氟化物
M−33	HS	硫醇
M−34	H$_2$S	硫醇
M−35	Cl	氯化物（注意 ^{37}Cl 同位素峰）
M−36	HCl	氯化物

离子	中性裂片	可能的推断
M-37	H_2Cl	氯化物
M-39	C_3H_3	丙烯酯
M-40	C_3H_4	芳香族化合物
M-41	C_3H_5	烯烃（烯丙基裂解），丙基酯、丙基醇
M-42	C_3H_6	丁基酮，芳香醚，正丁基芳烃，烯，丁基环烷
M-42	CHCO	甲基酮，芳香己酸酯，$ArNHCOCH_3$
M-43	C_3H_7	高度分支，碳链分支处有丙基、丙基酮、醛、酯、正丁基芳烃
M-43	NHCO	环酰胺
M-43	CH_3CO	甲基酮
M-44	CO_2	酯（碳架重排），酐
M-44	C_3H_8	高度分支的碳链
M-44	$CONH_2$	酰胺
M-44	CH_2CHOH	醛
M-45	CO_2H	羧酸
M-45	C_2H_5O	乙基醚，乙基酯
M-46	C_2H_5OH	乙酯
M-46	NO_2	$Ar—NO_2$
M-47	C_2H_4F	氟化物
M-48	SO	芳香亚砜
M-49	CH_2Cl	氯化物（注意^{37}Cl同位素峰）
M-53	C_4H_5	丁烯酯
M-55	C_4H_7	丁酯
M-56	C_4H_8	$Ar—C_5H_{11}$，$Ar-n-C_4H_9$，$Ar-i-C_4H_9$，戊基酮，戊酯
M-57	C_4H_9	丁基酮，高度分枝碳链
M-57	C_2H_5CO	乙基酮
M-58	C_4H_{10}	高度分支碳链
M-59	C_3H_7O	丙基醚，丙基酯
M-59	$COOCH_3$	$R-\overset{O}{\overset{\|}{\underset{}{}}}-COCH_3$
M-60	CH_3COOH	醋酸酯
M-63	C_2H_4Cl	氯化物
M-67	C_5H_7	戊烯酯
M-69	C_5H_9	酯、烯
M-71	C_5H_{11}	高度分支碳链、醛、酮、酯
M-72	C_5H_{12}	高度分支碳链
M-73	$COOC_2H_5$	酯

续表

离子	中性裂片	可能的推断
M-74	$C_3H_6O_2$	一元羧酸甲酯
M-77	C_6H_5	芳香化合物
M-79	Br	溴化物（注意^{81}Br同位素峰）
M-127	I	碘化物

（6）降低冲击能量，如改用场电离（FI）与化学电离（CI）的方法使分子离子化，因电离能较低，从而增强了分子离子峰的丰度。

各类化合物的分子离子的稳定性顺序如下：芳香族化合物>共轭多烯>脂环化合物>直链烷烃类>硫醇>酮>胺>酯>醚>酸>分枝较多烷烃类>醇。

2. 同位素离子

大多数元素都是由一定自然丰度的不同同位素组成的混合物，所以即使是纯化合物的质谱图，其分子离子峰也不只是一个，每个峰代表了存在原子的一种可能组合，分子离子峰总是伴有较高质量数的其他峰——同位素离子峰出现。

例如，$C_2H_4Cl_2$，除 $m/e=98$ 母峰外，$m/e=100$ 和 $m/e=102$ 为同位素离子峰。即：

$$m/e=98 \rightarrow C_2H_4{}^{35}Cl{}^{35}Cl$$

$$m/e=100 \rightarrow C_2H_4{}^{35}Cl{}^{37}Cl$$

$$m/e=102 \rightarrow C_2H_4{}^{37}Cl{}^{37}Cl$$

又如，CH_3I 除 $m/e=142$ 分子离子峰外，还有 $m/e=143$ 同位素离子峰（$^{13}CH_3{}^{127}I$）。因^{13}C的自然丰度是^{12}C的1.1%，所以 $m/e=143$ 峰的强度为 $m/e=142$ 峰强的1.1%，常见同位素的自然丰度见表4-3。

表4-3 常用同位素的相对原子质量及其自然丰度

同位素	相对原子质量 （$^{12}C=12.000000$）	自然丰度 （%）
^1H	1.007825	99.985
^2H	2.014102	0.015
^{12}C	12.000000	98.9
^{13}C	13.003354	1.1
^{14}N	14.003074	99.64
^{15}N	15.000108	0.36
^{16}O	15.994915	99.8
^{17}O	16.999133	0.04
^{18}O	17.999160	0.2
^{19}F	18.998405	100
^{28}Si	27.976927	92.2
^{29}Si	28.976491	4.7

续表

同位素	相对原子质量 ($^{12}C = 12.000000$)	自然丰度 （%）
^{30}Si	29.973761	3.1
^{31}P	30.973763	100
^{32}S	31.972074	95.0
^{33}S	32.971461	0.76
^{34}S	33.967865	4.2
^{35}Cl	34.968855	75.8
^{37}Cl	36.965896	24.2
^{79}Br	78.918348	50.5
^{81}Br	80.916344	49.5
^{127}I	126.904352	100

一般来说，不同元素的各种同位素峰强度之比相当于下式展开项数值之比。

$$(a+b)^n$$

式中：a——较轻同位素的丰度，%；

b——较重同位素的丰度，%；

n——存在于分子中的元素的原子数目。

以 CH_2Cl_2 为例（^{35}Cl 丰度为 0.754，^{37}Cl 丰度为 0.246）

$$(a+b)^n = (0.754+0.246)^2 = 0.568+0.371+0.060$$

相当于 100：65.25：10.60

即：M（$CH_2^{35}Cl_2$）、M+2（$CH_2^{35}Cl\ ^{37}Cl$）和 M+4（$CH_2^{37}Cl_2$）三种离子强度比为 100：65.25：10.60。

当分子由两种不同的同位素（例如 Cl 和 Br）组成时，需用下面的方程：

$$(a+b)^n\ (c+d)^r$$

式中：a、b、c 和 d 系 ^{35}Cl、^{37}Cl、^{79}Br 和 ^{81}Br 的百分丰度，n 和 r 分别是 Cl 原子和 Br 原子的数目。

含氯或溴分子离子（或碎片离子）的丰度示意如图 4-6 所示。

3. 碎片离子

一般电子束电离源能量为 50～70eV，超过了有机化合物的电离能（7～15eV）。分子离子中的某个键易于断裂而产生碎片离子和中性自由基，碎片离子对阐明分子结构具有重要意义。

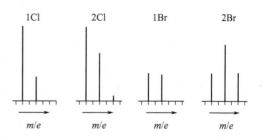

图 4-6　含氯或溴分子离子（或碎片离子）的丰度示意图

$$ABC \ddagger \begin{cases} A^+ + BC \cdot \\ AB^+ + C \cdot \\ \longrightarrow A^+ + B \cdot (\text{或} A \cdot + B^+) \end{cases}$$

例如，丙酮的分子离子经 α 裂解得到氧鎓碎片离子，再失去中性分子 CO 得到 CH_3^+。

$$\underset{\underset{H_3C}{\overset{H_3C}{\diagdown}}}{}C{=}O^{+\cdot} \xrightarrow{-CH_3} H_3C{-}C{\equiv}O^+ \xrightarrow{-CO} \cdot CH_3^+$$

$$M^{+\cdot}\ 58 \qquad\qquad m/e\,43 \qquad\qquad m/e\,15$$

常见碎片离子见表 4-4。

表 4-4 有机化合物质谱中一些常见裂片离子* （正电荷未标出）

m/e	裂片离子	m/e	裂片离子
14	CH_2	55	C_4H_7
15	CH_3	56	C_4H_8
16	O	57	C_4H_9，$C_2H_5C{=}O$
17	OH	58	（CH_3COCH_2+H），$C_2H_5CHNH_2$，
18	H_2O，NH_4		（CH_3）$_2NCH_3$，$C_2H_5CH_2NH$，
19	F	59	（CH_3）$_2COH$，$CH_2OC_2H_5$，
20	HF		$COOCH_3$（NH_2COCH_2+H）
26	$C{\equiv}N$	60	（$CH_2COOH+H$），CH_2ONO
27	C_2H_3	61	$\left(\underset{CHOCH_2}{\overset{O}{\parallel}}+2H\right)$，$CH_2CH_2SH$，$CH_2SCH_3$
28	C_2H_4，CO，N_2		
29	C_2H_5，CHO	68	（CH_2）$_3{\equiv}N$
30	CH_2NH_2，NO	69	C_5H_9，CF_3，C_3H_5CO
31	CH_2OH，OCH_3	70	C_5H_{10}，（C_3H_5CO+H）
33	SH	71	C_5H_{11}，$C_5H_7C{=}O$
34	H_2S	72	$\left(\underset{C_2H_5C{-}CH_2}{\overset{O}{\parallel}}\right)$，$C_3H_7CHNH_2$
35	Cl		
36	HCl	73	$\underset{C{-}OC_2H_5}{\overset{O}{\parallel}}$，$C_3H_7OCH_2$
39	C_3H_3		
40	$CH_2C{\equiv}N$	74	$\left(\underset{H_2C{-}C{-}OCH_3}{\overset{O}{\parallel}}+H\right)$
41	C_3H_6，（$CH_2C{\equiv}N+H$）		
42	C_3H_6	75	（$COOC_2H_5+2H$）$CH_2SC_2H_5$
43	C_3H_7，$CH_3{=}O$	77	C_6H_5
44	CO_2，（CH_2CHO+H），CH_3CHNH_2	78	（C_6H_5+H）
45	CH_3CHOH，CH_2CH_2OH，CH_2OCH_3，$COOH$（CH_3CHO+H）	79	（C_6H_5+2H），Br
46	NO_2	80	![吡咯]$-CH_2$,（CH_3SS+H）,HBr
47	CH_2SH，CH_3S	81	![吡咯]$-CH_2$
48	CH_3S+H		
54	$CH_2CH_2C{\equiv}N$	82	（CH_2）$_4C{\equiv}N$

m/e	裂片离子	m/e	裂片离子
83	C_6H_{11}	103	$(COOC_4H_9+2H)$
85	C_6H_{13}, $C_4H_9C{=}O$	104	$(C_2H_5CHONO_2)$
86	$(C_3H_7COCH_2+H)$, $C_4H_9CHNH_2$	105	$\text{C}_6\text{H}_5\text{—C=O}$, $\text{C}_6\text{H}_5\text{—CH}_2\text{CH}_2$, $\text{C}_6\text{H}_5\text{—CHCH}_3$
87	$COOC_3H_7$		
88	$(CH_2COOC_2H_5+H)$		
89	$(COOC_3H_7+2H)$, $\text{C}_6\text{H}_5\text{—C}$	107	$\text{C}_6\text{H}_5\text{—CH}_2\text{O}$
90	CH_3CHONO_2, $\text{C}_6\text{H}_5\text{—CH}$	108	$(\text{C}_6\text{H}_5\text{—CH}_2\text{O}+H)$, $N\text{-甲基吡咯—C=O}$
91	$\text{C}_6\text{H}_5\text{—CH}_2$, $(\text{C}_6\text{H}_5\text{—CH}_2+H)$, $(\text{C}_6\text{H}_5\text{—CH}_2+2H)$		
92	$(\text{C}_6\text{H}_5\text{—CH}_2+H)$, 吡啶$\text{—CH}_2$	111	噻吩—C=O, $\text{C}_6\text{H}_5\text{—C(CH}_3)_2$, CF_3CF_2
94	$(\text{C}_6\text{H}_5\text{—O}+H)$, 吡咯(NH)$\text{—C=O}$		
95	呋喃—C=O	119	二甲基苯—CHCH_3, 甲基苯—C=O
96	$(CH_2)_5C{\equiv}N$		
97	C_7H_{13}, 噻吩—CH_2	121	邻羟基苯—C=O
98	(呋喃—CH_2O+H)	123	邻氟苯—C=O
99	C_7H_{15}	127	I
100	$(C_4H_9COCH_2+H)$, $C_5H_{11}CHNH_2$	128	HI
		131	C_3F_5
101	$COOC_4H_9$	139	邻氯苯—C=O
102	$(CH_2COOC_3H_7+H)$	149	(邻苯二甲酸酐$+H$)

出现 29、43、57、71 等离子表明有正烷基存在；出现 39、41、50、51、52、65、77、79 表明有苯环存在。

碎片离子的形成与分子结构有密切的关系，大致可归纳成以下几点。

（1）在脂肪族化合物中，分子离子的稳定性随着相对分子质量和碳链支化程度的增加而降低，其裂解部位随着支化程度的增加而有利，即支化度高碳原子处易裂解。

（2）α-烃基饱和环状离子裂解时，α-烃基易失去，而正电荷留在环状碎片上。

（3）含有双键的化合物，其分子离子较稳定，有烯丙式裂解发生。

$$CH_2 \overset{+}{=} CH - CH_2 - R \longrightarrow H_2C^+ - HC = CH_2 + \cdot R$$
$$\updownarrow$$
$$H_2C = CH - CH_2^+$$

（4）烃基取代的芳香环状化合物，裂解常发生于芳香环的 β 键部位，例如，烷基苯。

（5）分子中存在杂原子时，裂解常发生于邻近杂原子的 C—C 键上，正电荷一般保留在杂原子的碎片上。

$$CH_3 - CH_2 - \overset{+}{Y} - R \xrightarrow{-\cdot CH_3} CH_2 = \overset{+}{Y} - R$$

式中：Y=O，N，S。

4. 重排离子

由重排或转位而生成的离子，其成因不能用分子中键的简单断裂来解释，重排过程分任意重排（无规则）和特殊重排（有规重排），典型重排为麦氏重排（Mclafferty）。这种重排发生在醛、酸、酮、酯类化合物中，通过 β 位置键的断裂和 γ 碳原子上 H 原子转移至极性基团（C＝O）上而完成的。其间经过了六元环的过渡态。

5. 多电荷离子

特别是 π 电子云密度较高的分子，如芳环、杂环和不饱和化合物，当轰击能量较大时，会失去一个以上的电子而得到多电荷离子，质荷比为 $m/2e$ 或 $m/3e$ 等。

6. 络合离子

络合离子亦称碰撞粒子，是分子离子在离子源中与未电离的分子相互碰撞发生反应而形成的，常见于胺、腈、醚、酯类化合物。

$$\begin{array}{lll} & (M^+ + M) \longrightarrow (M+H)^+ & \text{质子化离子} \\ \text{或} & (M+F)^+ & \text{F：碎片} \\ \text{或} & (M+M)^+ & \text{M：中性分子或基团} \end{array}$$

例如，$CH_3(CH_2)_3CN+CH_3(CH_2)_3CN^{\ddagger}\longrightarrow CH_3(CH_2)_3CN^+H+\cdots$
$$(M+1)\quad M^{\ddagger}$$

络合离子的丰度与离子源中压力有关，当压力增大时，络合物离子生成概率增大，借此可以辨认络合离子与分子离子，因后者不受离子源压力的影响。

7. 亚稳离子(介稳离子)

质谱中亚稳离子以 $m*$ 表示，其特征：峰形可能是凸型、凹型；一般跨 $2\sim5$ 个质量单位；弥散峰以中心点为准，一般不是整数；峰的强度较弱，只有基峰的 1% 左右。

亚稳离子反映了两个离子裂解的亲缘关系，即 $m_1 \xrightarrow{m*} m_2$，表明由原离子 m_1 变为子离子和中性碎片的过程，有助于确定碎片联结或分子结构的判断。

产生亚稳离子的原因是由于初级离子从电离区到分析器发生缓慢分解的结果，与离子的平均寿命有关。若初级离子的平均寿命 $\geqslant 5\times10^{-6}$ s，到达分析器后被正常记录下来。若平均寿命 $\leqslant 5\times10^{-6}$ s，在加速前就裂解成质量为 m_2 的新离子，结果 m_2 按正常情况被记录下来，在质谱中无 m_1 峰。

$$m_1^+ \longrightarrow m_2^+ + (m_1-m_2)$$

当初级离子的平均寿命 $\leqslant 5\times10^{-6}$ s 时，就会在离子源与磁分析器之间的无场区发生裂解，结果产生一个离子，它虽具有 m_1 的加速度 (v_1)，但在磁场区发生质量偏转却不以 m_1，而是按照 m_2 发生偏转（仍具有 v_1），导致加速质量和偏转质量不一致，产生的离子不按其真实质量 m_2 记录下来，而是按照"表观质量" $m*$ 被记录下来。

$$m*（表观质量）=\frac{（子离子质量）^2}{原离子质量}=\frac{m_2^2}{m_1}$$

例如，$C_4H_9 \xrightarrow{m*}_{29.5} C_3H_4^+ + \cdot CH_4$ 的裂解过程被 $m*=29.5$ 亚稳峰所证实。

八、质谱与分子结构的关系

质谱中裂解离子的丰度和峰位与其结构有关。概括地说，与断裂键的活化能、离子的稳定性、正电荷的离域作用等因素有关。结构因素一般是通过诱导效应、共轭效应和空间效应而起作用，表现出下列一般规律。

（1）直链的母峰越高，支化程度越高，母峰丰度减小。

（2）在同系物中，相对分子质量越小，则母峰越高。

（3）脂肪碳链，分支部分的链优先断裂，而且，正电荷保留在取代较多的碳原子碎片上，所形成阳碳离子的稳定性顺序是：叔阳碳离子>仲阳碳离子>伯阳碳离子，即 $R_3C^+>R_2C^+$ $H>RC^+H_2>CH_3$。

（4）烯链、环状结构，尤其是芳香环的母峰特别高，这是由于 π 电子体系共轭致稳的结果。

（5）双键存在容易产生烯丙基阳离子。

$$[H_2C=CH-CH_2-CH_2-R]^{\ddagger}\longrightarrow H_2C=CH-\overset{+}{C}H_2+\cdot H_2C=R$$

（6）饱和环倾向于 α 键失去支链。正电荷倾向留在环碎片上，不饱和环可以进行逆

Diels—Alder 裂解。

[Ⓢ—CH_2—R]$^+$ ⟶ Ⓢ$^+$ ·H_2C—R　　Ⓢ表示饱和环

逆 Diels—Alder 裂解：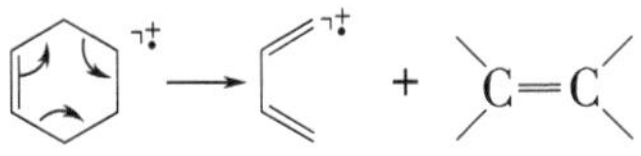

（7）在烷基取代芳香化合物中，相当于环β位置裂解，生成环庚烷离子（鎓离子）。

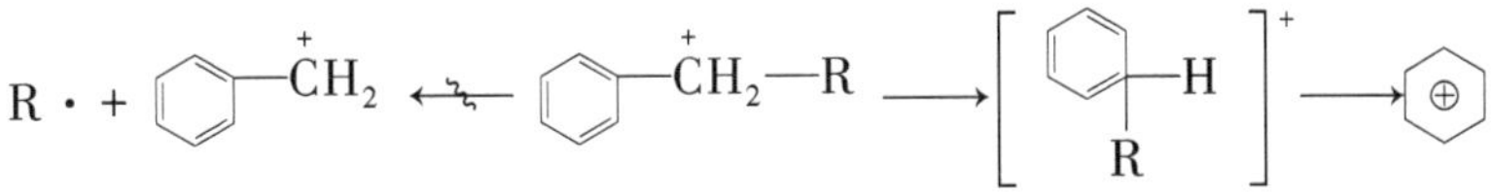

（8）给电子基团降低支链分头处裂解能力，而吸电子基团增加该处的裂解能力。

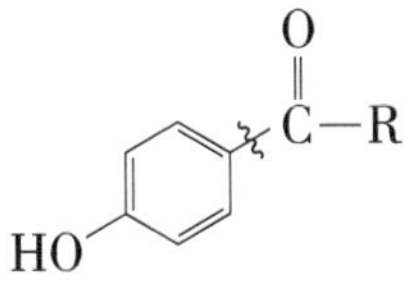
COR⁺离子峰低

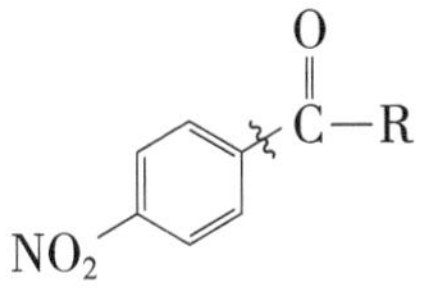
COR⁺离子峰高

（9）相对于杂原子的 β 键（醇、醚、胺）或 α 键（酮）易于断裂，正电荷留在杂原子上。

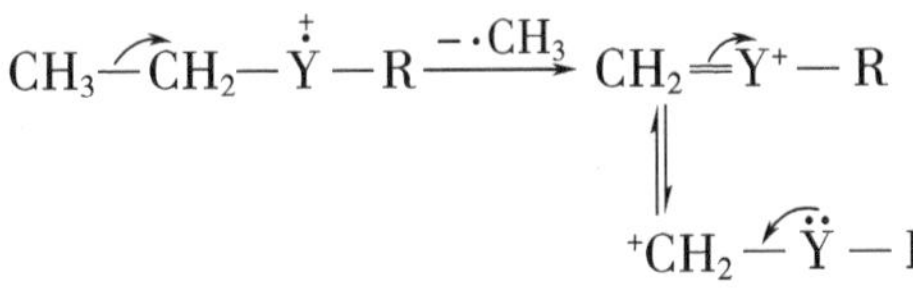
Y=O，N或S

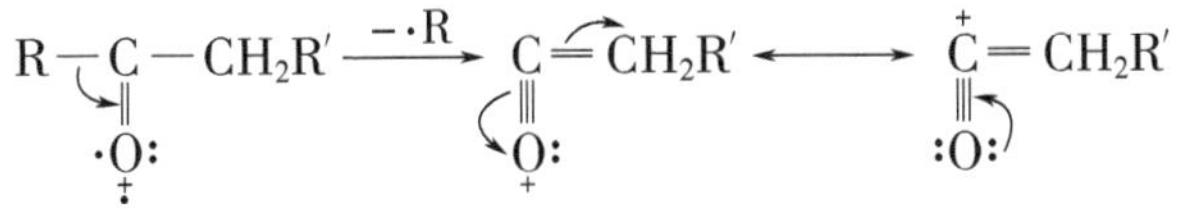

由于裂解离子与杂原子的未成键电子共轭原因增强了稳定性，杂原子对阳离子的致稳次序为 N>S>O>Cl。

第二节　有机化合物质谱各论

了解基本有机化合物的质谱，对于质谱解析来说是必要的。

一、烷类

1. 直链烷烃

分子离子峰的丰度随着相对分子质量的增大而减少。$C_nH_{2n+1}^+$ 和 $C_nH_{2n-1}^+$ 碎片系列占优势，其中 *m/e* 43（$C_3^+H_7$）、*m/e* 57（$C_4^+H_9$）丰度较大，*m/e* 57 为基峰。

2. 支链烷烃

断裂容易发生在支链取代碳原子上，分子离子峰丰度变小，取代碳原子处断裂顺序为：

$$-\overset{|}{\underset{|}{C}}- > H-\overset{+}{\underset{|}{C}}- >H_2\overset{+}{C}-$$

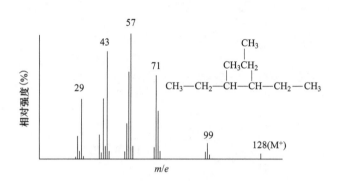

图 4-7 3-甲基-4-乙基己烷的 MS 谱图

由图 4-7 可以推断 3-甲基-4-乙基己烷的裂解过程如下：

$$\left[CH_3-CH_2\overset{\cdot}{\underset{}{\vdots}}\underset{\underset{M^{+}\ m/e\ 128}{}}{CH}-\underset{\underset{CH_2}{CH_3}}{CH}-CH_2-CH_3 \right]^{\ddagger} \longrightarrow CH_3-CH_2-\underset{\underset{CH_3}{CH_3}}{CH^+} $$
$$m/e\ 57$$

$$\underset{m/e\ 71}{CH_3-CH_2-\overset{+}{CH}-CH_2} \xrightarrow{-HC=CH_2} \underset{m/e\ 43}{CH_3-CH_2-CH_2^+}$$

3. 饱和环烷烃

分子离子一般较强，在 α 侧链断裂，产生 m/e 28（$C_2H_4^+$）、m/e 29（$C_2H_5^+$）特征峰。在质荷比为 27、41、55、69、83 处有一系列高丰度（$C_n^+H_{2n-1}$）与烯烃难以区分。

4. 芳香烃

分子离子峰丰度很高，m/e 77($C_6H_5^+$) 峰明显，稠环芳香族化合物很稳定，常常不出现碎片。烷基芳烃 m/e 91（$C_7H_7^+$）为基峰，若侧链 α 位上碳被取代，基峰为 91+14n，图 4-8 是丁苯异构体的 MS 谱图。

m/e 77（$C_6H_5^+$）、m/e 65（$C_6H_5^+$）都是芳香环的峰，故有共同之处。丁苯异构体质谱的不同，在于苯环的支链部分。

（a）谱中 m/e 91，因 134-91=43，裂解分出 C_3H_7，m/e 92 是经麦氏重排而导致的碎片裂解部分。

（b）谱中 m/e 105，是因 134-105=29（$-\dot{C}_2H_5$）碎片裂分的结果，而 m/e 119 为

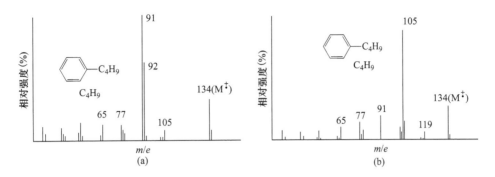

图 4-8 丁苯异构体的 MS 谱

134－119＝15，是甲基脱离的部分。

5. 烯烃类

分子离子峰 $C_nH_{2n}{}^+$ 明显，出现一系列的 41＋14n 的峰，烯丙基裂解产生基峰。

二、羟基化合物

1. 脂肪醇类

分子离子一般较弱或不存在，在 $M^{\ddot{+}}$ 失去 H_2O 产生（M－18）$^+$ 峰，伯醇基峰为 m/e 31

（$^+H_2C—OH \longleftrightarrow H_2C=\overset{\ddot{+}}{O}H$）；仲醇 α 碳原子被一个甲基取代，基峰在 m/e 45（$^+HOHC—$

$CH_3 \longleftrightarrow H_3C-C\overset{+}{=}\overset{|}{\underset{H}{O}}H$)；叔醇基峰在 m/e 59 $[\overset{+}{C}(H_3C)_2-OH \longleftrightarrow C(H_3C)_2\overset{+}{=}OH\cdot]$。

在长侧链的醇类中，有 31+14n（n=0, 1, 2, …）特征系列峰。

例如，正丁醇分子离子峰裂解过程如下：

$$CH_2CH_2CH_2 \!-\! CH_2\overset{\cdot+}{O}H \xrightarrow[\alpha\text{裂解}]{-\cdot CH_2CH_3CH_3} CH_2\!=\!\overset{+}{O}H$$
$$M^{\ddagger} \qquad\qquad\qquad\qquad\qquad\qquad m/e\ 31$$

$$M^+\ m/e\ 74 \xrightarrow[\text{Melafferty重排}]{O} \xrightarrow[\text{脱水反应}]{-H_2O} \cdot CH_2CH_2CH_2CH_2^{+}$$
$$m/e\ 56$$

2. 酚类和芳香醇

酚类的分子离子丰度一般较强，但更强的丰度是（M—CO)$^+$ 和（M—CHO)$^+$。芳香醇存在着（M—2)$^+$ 和（M—3)$^+$ 峰，即芳香醇可以特征失去单个 H，例如苯甲醇。

$$C_6H_5-CH_2\overset{+\cdot}{O}H \xrightarrow[-H\cdot]{-2H} C_6H_5-\overset{\overset{H}{|}}{C}=\overset{+\cdot}{O} \xrightarrow{-H\cdot} C_6H_5\equiv\overset{+}{O}$$

三、醚类化合物

1. 脂肪醚类

分子离子丰度低，在 m/e 31、45、59、73、87、101 有一系列特征峰，存在四种主要裂片。

（1）相对于氧的 α 断裂（$^+OR=31+14n$）。

（2）相对于氧的 β 断裂。

$$R\!-\!\overset{|}{\underset{|}{C}}\!-\!OR_1 \xrightarrow{-R} \overset{|}{C}\!\!\overset{+}{=}OR_1 \longleftrightarrow \overset{|}{\underset{|}{\overset{+}{C}}}\!-\!OR_1 \qquad (45+14n)$$

（3）相对于氧的 α 断裂。

$$R\!-\!\overset{|}{\underset{|}{C}}\!-\!\overset{+\cdot}{O}R_1 \longrightarrow R\!-\!\overset{|}{\underset{|}{\overset{+}{C}}} \qquad (29+14n)$$

（4）相对于氧的 α 断裂，伴有一个 H 原子转位。

$$R-C-O-\overset{\overset{H_2\ C}{|}}{\underset{|}{C}}H-R_1 \rceil^{+} \cdot \longrightarrow R-\overset{|}{C}-OH + H_2C=\overset{|}{\underset{H}{C}}-R_1 \rceil^{+} \cdot \quad (28+14n)$$

图 4-9 为乙基—仲丁基醚的 MS 谱。

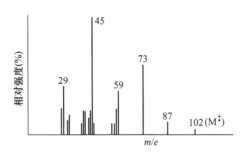

图 4-9 乙基—仲丁基醚的 MS 谱

乙基—仲丁基醚的裂分过程如下：

①α 裂解。

$$CH_3CH_2-\overset{\overset{\cdot\cdot+}{|}}{\underset{\overset{|}{CH_3}}{CH}}-O-CH_2-\overset{}{|}-CH_3 \xrightarrow[-CH_2CH_3]{-\cdot CH_3} CH_3CH_2-\overset{\overset{|}{CH}}{\underset{|}{CH_3}}-\overset{+}{O}=CH_2$$

$$M^{+}\cdot\ m/e\ 102 \qquad \underset{\overset{|}{CH_3}}{\overset{H_3C=\overset{+}{O}\ CH_2CH_3}{|}} \qquad m/e\ 87$$

$$m/e\ 73$$

②离子裂解。

$$CH_3CH_2CH-\overset{\overset{\cdot\cdot+}{|}}{\underset{\overset{|}{CH_3}}{O}}-CH_2CH_3 \longrightarrow CH_3CH_2\overset{\overset{}{CH}}{\underset{\overset{|}{CH_3}}{}}-\overset{\cdot}{O}H\overset{+}{C}H_2CH_3$$

$$M^{+}\cdot\ m/e\ 102 \qquad\qquad\qquad m/e\ 29$$

$$CH_3CH_2\overset{+}{C}H +\overset{\cdot}{O}-CH_2CH_3$$

$$\underset{\overset{|}{CH_3}}{}$$

$$m/e\ 59$$

③四元环重排。

$$\underset{\overset{|}{CH_3}}{\overset{+}{CH}=\overset{+}{O}-CH_2} \xrightarrow{-CH_2CH_3} \underset{\overset{|}{CH_3}}{CH=\overset{+}{O}H}$$

$$m/e\ 73 \qquad\qquad m/e\ 45$$

2. 醛缩醇

分子离子峰很弱，有三种主要断裂方式。

$$R_1-\overset{\underset{\displaystyle OR}{|}}{\underset{\displaystyle OR}{C}}-H \quad\begin{array}{l} \xrightarrow{-OR\cdot} \quad R_1-\overset{\displaystyle OR}{\underset{}{C^+}}-H \\ \\ \xrightarrow{-R_1} \quad RO-\overset{\displaystyle H}{\underset{}{C^+}}-OR \\ \\ \xrightarrow{-H} \quad RO-\overset{\displaystyle R_1}{\underset{}{C^+}}-OR \end{array}$$

3. 酮缩醇

无分子离子峰，失去烷基后产生稳定的氧鎓离子。

$$\overset{+}{\underset{\cdot\cdot}{O}}\diagup\overset{R}{\underset{R_1}{}} \quad\xrightarrow{-R\cdot}\quad \overset{+}{O}\diagdown R_1 \quad\longleftrightarrow\quad \overset{\cdot\cdot}{\underset{+}{O}}\diagup R_1$$

4. 芳香醇

分子离子较强，基峰一般是由环的 β 裂解后接着转位而产生。

$$C_6H_5-O-CH_2\overset{\curvearrowleft}{}CH_2^{\rceil\overset{+}{\cdot}} \quad\longrightarrow\quad C_6H_5-\overset{+\cdot}{O}H+CH_2=CH_2$$

另外还有其他反应。

$$C_6H_5-O-\underset{\underset{\displaystyle H}{|}}{CH_2}^{\rceil\overset{+}{\cdot}} \quad\begin{array}{l}\xrightarrow{CH_3}\quad C_6H_5-\overset{+}{O}-CO \\ \\ \xrightarrow{-CH_2=O}\quad +C_6H_5\end{array}$$

对于某些异构体，存在着特殊的裂解过程。

$$\underset{}{\text{邻-}}(OCH_3)(OCH_3)^{\rceil\overset{+}{\cdot}} \quad\xrightarrow{-CH_3}\quad \overset{+}{O}HCH_3 \quad\xrightarrow{-CO}\quad \overset{+}{O}CH_3$$

$$\underset{}{\text{间-}}(OCH_3)(OCH_3)^{\rceil\overset{+}{\cdot}} \quad\begin{array}{l}\longrightarrow\quad (M-OCH_3)^+ \\ \\ \longrightarrow\quad (M-OCH_2)^+ \\ \\ \longrightarrow\quad (M-OCH)^+ \text{（两个氢转移到芳环上）}\end{array}$$

四、环氧化合物

1. 脂肪族环氧化合物

M^+较弱，分子离子经相对于杂环 γ 位断裂产生一个强峰。

$$\overset{O}{\triangle}-CH_2-CH_2\overset{\cdot}{}CH_2-CH_3^{\rceil\overset{+}{\cdot}} \quad\longrightarrow\quad \overset{O}{\triangle}-CH_2-\overset{+}{C}H_2+\cdot CH_2-CH_3$$

另外，取代环氧化合物有两个类型的麦氏重排。

$$HO^{\overset{+}{\cdot}}CH_2-CH=CH_2 + CH_2=CHCH_3$$

$$H_2\overset{+}{O}-\underset{H}{C}=CH_2 + CH_2=CH-CH_2-CH_3$$

2. 芳香族环氧化合物

（M-1）峰强，跨环断裂产生氧鎓离子。

$$C_5H_6-\underset{H}{C}-CH-R$$

五、羰基化合物

1. 脂肪酮类

$M^{\overset{+}{\cdot}}$强，主要断裂是 α 断裂， $R—\overset{\S}{}—COR_1$ 、 $R—CO—\overset{\S}{}—R_1$ ，长烷基基团断裂产生 $43+14n$ 系列峰群。

$$R-\overset{O^{\overset{+}{\cdot}}}{C}-R \xrightarrow{-R} R-\overset{O^+}{C}$$

另外还会发生麦氏重排。

$$\xrightarrow{-R-CH=CH_2}$$

2. 芳香酮类

$M^{\overset{+}{\cdot}}$强，相对于羰基的 α 断裂而得到基峰。

$$\xrightarrow{-CH_2CH_3} \quad m/e\,105 \quad \xrightarrow{-CO} \quad m/e\,77$$

3. 脂肪醛类

$M^{\overset{+}{\cdot}}$和 $(M-1)^+$ 为强峰。

$$R-\underset{H}{C}=O^{\overset{+}{\cdot}} \xrightarrow{-H\cdot} R-C\equiv O^+ \xrightarrow{-CO} R^+$$

存在着两种开裂方式：

（1）单纯开裂

$$R{-}CHO^{+} \xrightarrow{-R\cdot} HC{\equiv}O^{+}$$

（2）麦氏重排

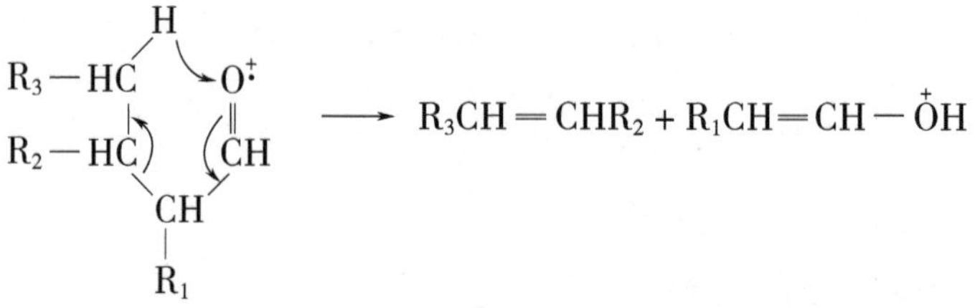

$$\longrightarrow R_3CH{=}CHR_2 + R_1CH{=}CH{-}\overset{+}{O}H$$

丙醛以下的低级脂肪醛，基峰 m/e 29（$HC{\equiv}O^{+}$）。丁醛以上（超过三个碳原子）的直链醛，有麦氏重排，m/e 44（$H_2C{=}CH{-}\overset{+}{O}H$）。

4. 芳香醛类

M^{+} 和（M-1）$^{+}$ 是强峰，有生成苯甲酰阳离子（m/e 105）的倾向，即 ⬡$-C{=}O^{+}$，失去 CO 产生苯基离子（m/e 77），进而失去 $HC{\equiv}CH$ 产生 $C_4H_3^{+}$（m/e 51）。

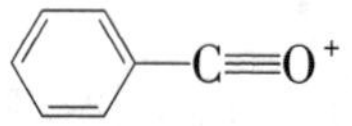

六、羧基化合物

1. 脂肪酸类

M^{+} 较弱，有麦氏重排，m/e 60 $\left(\begin{array}{c} OH \\ | \\ H_2C{=}C{-}\overset{+}{O}H \end{array}\right)$ 为基峰，m/e 45（$\overset{+}{C}OOH$）为强峰，低级脂肪酸有 M-17（—OH）、M-18（—H_2O）和 M-45（—COOH）特征峰。

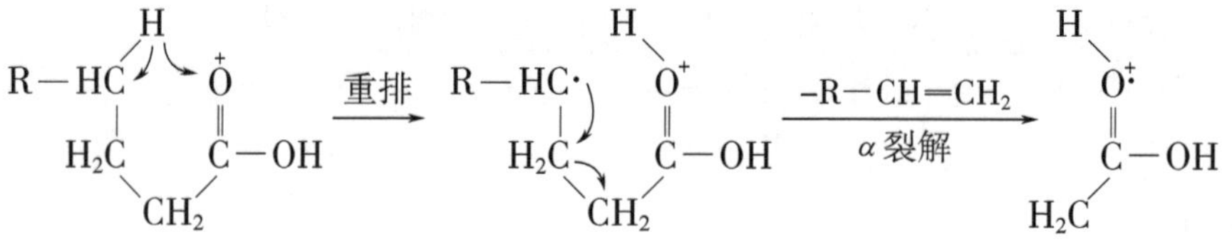

2. 芳香酸类

M^{+} 强峰，M-17、M-18 也较强，当邻近无取代位时，失去—COOH，得到（M-45）强峰。

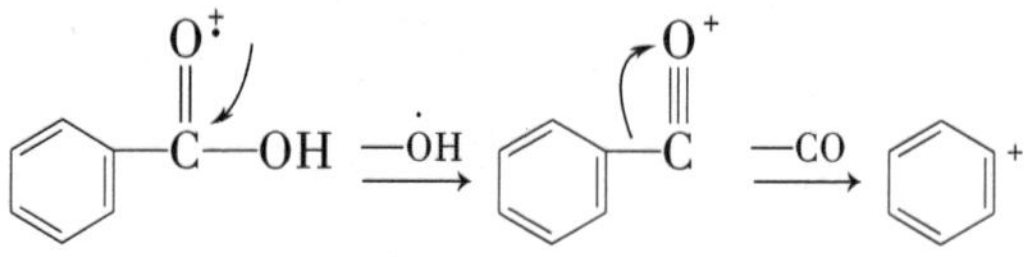

3. 脂肪酸酯类

一般不出现 M^{+}，相对于羰基有 α 裂解。$R{-}CO{-}OR_1 \rceil^{+} \longrightarrow R{-}C{\equiv}O^{+} + \cdot OR_1$，产生

29+14n 系列峰群。

存在麦氏重排，直链甲酯产生 m/e 74（ 结构式 ）为基峰。

乙酯产生 m/e 88（ H_2C—C—OEt ）为基峰，二酸酯类有强的分子离子峰，有两种断裂方式。

4. 内酯类

分子离子峰弱，相对于环有 α 裂解。

5. 芳酯类

$M^{\ddagger}$ 明显，分子峰随着醇部分的增加而迅速下降，至 C_5 时，实际上等于零。甲酯中 M-31、M-59 为强峰。当烷基部分长度增加时，有三种重要断裂形式：

（a）麦氏重排。

（b）失去烯丙基游离基的双氢原子重排。

（c）正电荷留在烷基上。

图 4-10（a）、（b）是甲基苯甲酸甲酯异构体的 MS 谱图。

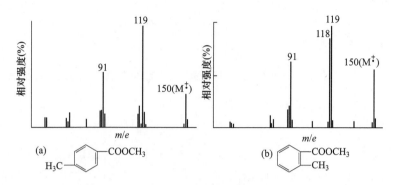

图 4-10 甲基苯甲酸甲酯异构体的 MS 光谱图

间位取代体裂解过程是酯在 α 裂解后发生 CO 脱离。

$$\text{M}^+ \, m/e \, 150 \quad \xrightarrow[\alpha\text{裂解}]{-\dot{O}CH_3} \quad m/e \, 119 \quad \xrightarrow{-CO} \quad m/e \, 91$$

邻位取代体由于两个取代基之间相互作用，故发生对位或间位取代基所没有的裂解作用（称邻位效应）。

$$\xrightarrow{\quad} \quad \xrightarrow{-CH_3OH} \quad m/e \, 118$$

七、含氮化合物

1. 脂肪胺类

M^+ 一般较弱，相对于 N 原子 C_α—C_β 键断裂而产生基峰，α 位无取代的伯胺基峰位 m/e 30（$H_2C=\overset{+}{N}H_2$）。伯胺和叔胺也容易发生 β 开裂，失去大质量碎片得到基峰，断裂与碎片中的 H 原子转位同时发生。

$$H_2C=\overset{+}{\underset{H}{\dot{N}}}\text{—}CH\text{—}CH_2CH(CH_3H)_2 \longrightarrow H_2C=\overset{+}{N}H_2$$

$$H_3C\text{—}CH_2\text{—}\overset{+}{\dot{N}}=CH\text{—}CH_3 \longrightarrow H_2\overset{+}{N}=CH\text{—}CH_3$$

2. 芳胺类

M^+ 强，从胺基上失去一个氢原子而产生的（M-1）峰为中强峰，最常见的环破裂是失去一个 HCN 中性分子，随之再失去一个氢得到 m/e 65 的碎片离子。

3. 脂酰胺类

没有 M^+ 离子，在低相对分子质量酰胺中，α 断裂占优势。

$$R{-}H_2C{-}NH_2^{\urcorner \dotplus} \xrightarrow{-R\cdot} \overset{+}{O}{=}C{-}NH_2 \longleftrightarrow O{=}C{\equiv}\overset{+}{N}H_2 \quad (m/e\ 44)$$

在 $C_1{-}C_3$ 的伯酰胺和异丁酰胺中，m/e 44 是基峰。当 $R>C_3$ 时发生麦氏重排，m/e 59 为基峰。

由羰基 α 断裂得到的 M-16（—NH$_2$）的峰，仲酰胺和叔酰胺会发生 α 断裂和 C—N 键断裂伴有氢重排。

4. 硝基化合物类

（1）脂肪族硝基化合物。除低级同系物外，分子峰很弱或不出现，M-46（M-NO$_2$）为一强峰，m/e 30（NO$^+$）峰和 m/e 46（NO$_2^+$）峰是硝基的佐证。

（2）芳香族硝基化合物。M^+ 很强，M-46（M-NO$_2$）峰明显，在硝基苯中为基峰。M-NO 为苯氧基正离子，邻位效应存在时会失去 OH。

八、卤素化合物

卤代烷的分子离子峰是十分强的，另外，由于卤原子具有强的吸电子性，α 裂解极易进行，一般正电荷保留在碳氢碎片上。

$$R—CH_2—\overset{+\cdot}{X} \xrightarrow{-X\cdot} R—CH_3 \rceil^{\dot+}$$

有时也出现正电荷保留在含卤原子的碎片上，但丰度较弱。卤代烷还存在消除一分子卤代氢的反应。

$$H_3C—H_2C—\overset{+\cdot}{Cl} \xrightarrow{-HCl} H_2C=CH_2 \rceil^{+}$$

卤代苯化合物都有较强分子离子峰，失去卤原子的反应较明显，C—F 键极稳定，故无失去氟原子的情况出现。

九、杂环化合物

芳香族杂环化合物由于具有稳定的芳香核，所以 $M^{\dot+}$ 为强峰，但裂分机理比较复杂，图 4-11 是 4，6-二甲基嘧啶的质谱图。

图 4-11 4，6-二甲基嘧啶的质谱图

4,6-二甲基嘧啶的裂解作用是在两个氮原子中间的位置上发生的，裂解过程如下。

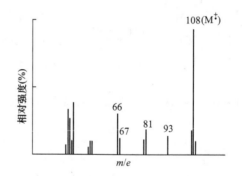

第三节 染料质谱简介

一、分散染料

1. 蒽醌系分散染料

一般蒽醌系分散染料都有强的分子离子峰，蒽醌核上的 OH 和 NH_2 比较稳定，氨基蒽醌的峰很强，失去一个或两个羰基的碎片峰也是很明显的。当取代很复杂时，有取代基碎片产生。单取代氨基存在时，有和质子结合的第一胺裂解出来。在 2-、3-、6-、7-位上的取代基比 1-、4-、5-、8-位上的取代基更容易失去，蒽醌核上有 Cl 和 Br 存在时，可从同位素峰加以辨认。

例如，蓝色蒽醌分散染料的主要裂解过程如下：

$$OH \quad O \quad NHCH_2CH_2COOCH_2CH_2OCH_3$$

$$H_2COH_2CH_2CCOOH_2CH_2CHN \quad O \quad OH$$

↓

$$OH \quad O \quad NHCH_2CH_2COOCH_2CH_2OCH_3$$

$$H_2C{=}\overset{+}{N} \quad O \quad OH$$

m/e 413

$$OH \quad O \quad NHCH_2CH_2{}^+$$

$$H_2C{=}\overset{+}{N} \quad O \quad OH$$

m/e 309

$$OH \quad O \quad NHCH_2{}^+$$

$$H_2C{=}\overset{+}{N} \quad O \quad OH$$

m/e 295

主要碎片离子为 *m/e* 29（$\overset{+}{C}HO$）、*m/e* 45（$HC{=}\overset{+}{O}{-}CH_3$）和 *m/e* 59（$\overset{+}{C}H_2CH_2OCH_3$）。

2. 偶氮型分散染料

单偶氮分散染料，M^+ 较强，且其丰度与侧链取代基的性质和相对分子质量有关，偶氮基的裂解一般发生在 N—C 键上，重氮组分一边的 C—N 键裂解很弱。当分子离子和碎片离子失去 N_2 时，产生联苯衍生物。

双偶氮分散染料，M^+ 强度弱，常会进一步裂解。

二、酸性染料

在酸性染料中，大部分都含有磺酸基团，由于磺酸化合物具有低挥发性，特别是对于成盐状态的磺酸盐染料，比起游离磺酸更难挥发，所以，用电子轰击（EI）、化学电离（CI）和场电离（FI）的方式是比较困难的，对这种高极性、难挥发性染料，采用场解吸质谱（FD-MS）比较合适。

在 FD-MS 中，游离磺酸的 M^+ 较强，大于（M+1）丰度，由于 SO_3 消去现象存在，因而会出现 $[M-SO_3]^+$ 和双电荷离子 $[M-SO_3]^{++}$，$[M+Na]^+$ 或 $[M+K]^+$ 离子出现是由于阳离子化所产生的，磺酸化合物质谱（FD-MS）中主要离子见表 4-5。

表 4-5　磺酸化合物场解吸质谱中主要离子类型

磺酸化合物	相对分子质量	$[M]^+$	$[M+1]^+$	$[M-SO_3]^+$	$[Na]^+$	$[K]^+$	$[M+Na]^+$	结构碎片
H_2NSO_3H	96.983	++++	+++	+++	-	-	-	
乙基磺酸	110.004	-	+++	-	-	-	-	
丁基磺酸	138.035	-	+++	-	-	-	-	
苯磺酸	158.004	++++	++	-	++	++	-	
邻氨基苯磺酸	173.015	++++	++++	++	++++	++++	++	$[M-1-NH_3]^{++}$
间氨基苯磺酸	173.015	++++	+++	-	+++	-	-	
对氨基苯磺酸	173.015	++++	++++	-	-	-	-	
3-樟脑磺胺	232.077	++++	++++	+	-	-	-	$[M+1-H_2O]^+$
6-羟基-7-氨基-3-萘磺酸	239.025	++++	++++	+	++++	++++		$[M+1-NH_3]^+$
4-羟基-6-氨基-2-萘磺酸	293.025	++++	++++	+++	++++	++++	+++	$[M+1-NH_3]^+$
4-氨基-5-氨基-1-萘磺酸	293.025	++++	+++	++++	++++	++++	+	$[M+1-NH_3]^+$
5-硝基-2-萘磺酸	253.005	++++	++++	-	+++	+++		
4-羟基-6-苯胺基-2-萘磺酸	315.057	++++	+++	+++	-	-	-	
5，6-二羟基-1-蒽醌磺酸	319.999	++	+	+	+++	-	-	$[M+1-H_2O]^+$
1，4-二羟基-2-蒽醌磺酸	319.999	+++	+++	++	++++	++++	-	
5-硝基-3-蒽醌磺酸	332.994	+++	+	-	++++	++++	+	$[RSO_3Na+Na]^+$ $[RSO_3Na+Na]^+$ $[RSO_3Na+k]^+$ $[3RSO_3Na+2Na]^{++}$
5-硝基-1-蒽醌磺酸	332.994	+++	+	-	++++	++++	-	
1-碘-8-羟基-5-喹啉磺酸	350.906	++++	+++	+	++++	++++	+	$[I]^+$ $[RSO_3Na+2Na]^{++}$

磺酸盐的场解吸质谱中，M^+ 的强度随着相对分子质量的增大而增加，M^+ 的相对丰度一般低于第一簇离子 $[nM+C]^+$，有双电荷离子 $[M+Na]^{++}$、$[M+2Na]^{++}$ 存在。在磺酸和磺酸盐的场解吸质谱中有时亦出现 $[SO_2]^+$ 离子，一些磺酸盐的场解吸质谱中的主要离子见表 4-6。

表 4-6　磺酸化合物场解吸质谱中主要离子类型

磺酸盐化合物	相对分子质量	$[M]^+$	$[M+C]^+$	$[2M+C]^+$	离子标志
1-氯乙基-2-磺酸钠	165.947	−	++++	+++	
苯环酸钠	179.986	+	++++	++++	
3-硝基苯-1-磺酸钠	224.971	−	++++	++	
1-萘磺酸钠	230.001	++	++++	++++	$[RSO_3H]^+$
7-羟基萘-1-磺酸钠	261.970	−	++++	+++	$[M+Na]^+$、$[2M+Na]^+$
苯-1,3-二磺酸二钠	81.925	−	+++	+	$[2M+Na]^{++}$
蒽醌-2-磺酸钠	309.991	−	++++	++	
5,6-二羟基-1,3-二磺酸二钠	313.914	−	++++	++	$[2M+Na]^{++}$、$[M-H_2O+Na]^{++}$
十二烷基苯磺酸钠	348.174	++	++++	++	$[M+1]^+$　$[RSO_3H+1]^+$
6-对甲苯胺基-3-甲基蒽,吡啶酮-2'-磺酸钠	468.076	++++	++++	+	$[M+Na]^+$、$[M+2Na]^{++}$、$[M+2Na]^+$、$[M+1]^{++}$

图 4-12 和图 4-13 分别是蒽醌-2-磺酸钠染料和 6-对甲苯胺基-3-甲基蒽吡酮-2'-磺酸钠的 FD-MS 图。

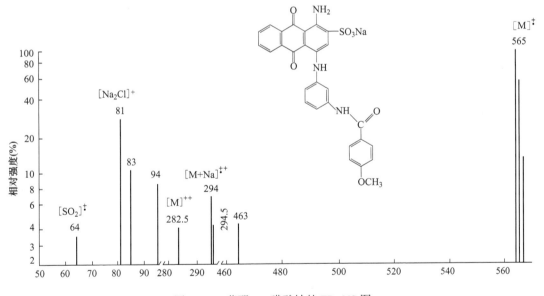

图 4-12　蒽醌-2-磺酸钠的 FD-MS 图

三、阳离子染料

由于阳离子染料为成盐状态,不易挥发,所以在质谱分析时常采取将阳离子染料转变成可挥发的中性分子。例如,用硼氢化钠还原法将阳离子染料转变成中性分子,然后进行质谱分析。例如,碱性磺的裂解过程如下。

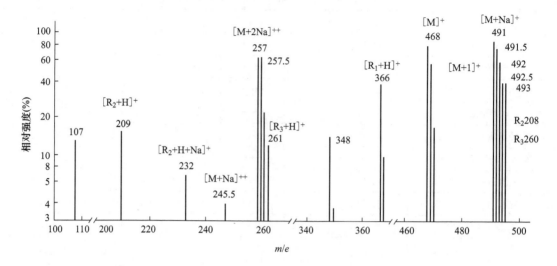

图 4-13 6-对甲苯胺基-3-甲基蒽吡酮-2′-磺酸钠的 FD-MS 图

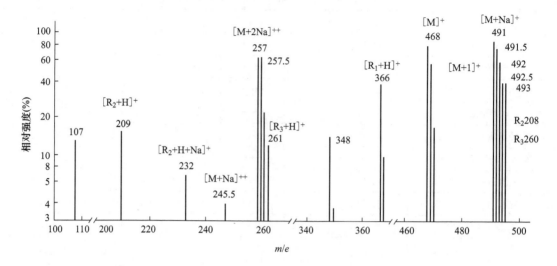

四、还原染料

M⁺明显多于多环染料，随着稠环以及取代基的增加，裂解过程更加复杂。产生大量碎片离子，另外，质谱中常有较多的亚稳离子峰出现。例如，N 取代染料的质谱裂解过程如下。

$$\text{[CH}_2\!-\!\text{CH}_2\!-\!\text{CH}_2\text{OH]}^+$$
$$\alpha \quad \beta \quad \gamma$$

$\overset{-OH, \gamma-裂解}{\underset{M \cdot 327.8}{\longrightarrow}}$ m/e 344 (22.9%) $[C_{21}H_{14}NO_2S]^+$

P^+ m/e 316 (100%)

$\overset{-CH_2OH, \beta-裂解}{\longrightarrow}$ m/e 330 $[C_{20}H_{12}NO_2S]^+$

$\overset{-CH_2CH_2OH, \alpha-裂解}{\underset{M \cdot 276.6}{\longrightarrow}}$ m/e 316 (11.5%) $[C_{19}H_{10}NO_2S]^+$

$\overset{-HCHO}{\longrightarrow}$ m/e 331 (13%) $[C_{20}H_{13}NO_2S]^+$

$\overset{-H_2O}{\longrightarrow}$ m/e 343 (13%) $[C_{21}H_{13}NO_2S]^+$ $\overset{M \cdot 313.7}{\underset{-CH_3}{\longrightarrow}}$ m/e 328 $[C_{20}H_{10}NO_2S]^{\cdot}$ (14.3%)

$\overset{-C_3H_5O}{\longrightarrow}$ m/e 304 $[C_{18}H_{10}NO_2S]^+$ (40%)

$\overset{-C_2H_4O}{\underset{M \cdot 278.4}{\longrightarrow}}$ m/e 317 $[C_{19}H_{11}NOS]^{\ddagger}$ (85.7%)

$\overset{-H_2O}{\underset{M \cdot 269.1}{\longrightarrow}}$ m/e 286 $[C_{18}H_8NOS]^+$

$[C_{18}H_9NO_2S]^{\ddagger}$ m/e 303 (44.3%)

$\overset{-CO \; M \cdot 263.5}{\longrightarrow}$ m/e 289 $[C_{16}H_{11}NOS]^{\ddagger}$ (14.3%)

$\overset{-HCNO}{\longrightarrow}$ m/e 246 $[C_{17}H_{10}S]^{\ddagger}$ (13.1%)

$\overset{-CO}{\underset{M \cdot 232.7}{\longrightarrow}}$ m/e 258 $[C_{17}H_8NS]^+$ (15%) $\overset{M \cdot 208.6}{\longrightarrow}$ m/e 232 $[C_{16}H_8S]^{\ddagger}$ (27.5%)

对于结构比较稳定、难气化、相对分子质量很大的还原染料，通过提高直接进样温度，采用电子轰击源（EI），可得到满意结果，$M^{\ddagger}$明显。

第四节　质谱法的应用

一、确定分子式

利用质谱法确定有机化合物分子式有同位素质量丰度法和高分辨质谱法两种方法。

1. 同位素质量丰度法

组成有机化合物的元素中，除 I、F、P 外，都有天然的同位素存在。质谱中 M+1，M+2 等同位素的强度与分子中含该元素的原子数目及该重同位素的天然丰度有关，各种重同位素与最轻同位素天然丰度比值即相对丰度见表 4-7。

表 4-7　一些重同位素与最轻同位素天然丰度比值

同位素	^{13}C	^{2}H	^{17}O	^{18}O	^{15}N	^{33}S	^{34}S	^{37}Cl	^{81}Br
相对丰度（%）	1.12	0.0145	0.037	0.204	0.366	0.80	4.44	31.06	97.92

以最轻的同位素天然丰度当作 100%，即可求出其他重同位素丰度的相对百分比，例

如:^{13}C 与 ^{12}C 的丰度百分比为:

$$^{13}C/^{12}C = \frac{1.1080}{98.8920} \times 100\% = 1.12\%$$

所以,在甲烷的质谱中,$m/e = 17$ 峰(M+1 峰)的强度为 $m/e = 16$(M 峰)的强度的 1.12%(而 ^2H 的比值仅为 0.0145%,在质谱中可以忽略)。在乙烷分子中,因含两个碳原子,同位素的相对强度(M+1)/M = 2.24%。由此可见,随着化合物分子式不同,M+1 和 M+2 的强度百分比都不一样。因此,由各种分子式可以计算出这些百分比值;反之,当这些百分比一旦计算出来后,即可推定分子式。Beynon 质谱数据表就是根据这一原理编制的。只要根据质谱上测得的 M+1 和 M+2 峰强度百分比值,查 Beynon 表,即可求得分子式。

例 4.4.1 某化合物的质谱中 M、M+1、M+2 峰强度比如下,试求其分子式。

M (150)	100%
M+1 (151)	9.9%
M+2 (152)	0.9%

[解析] 从(M+2)/M = 0.9% < 4.4%,说明这个化合物不含 S、Cl 或 Br。在 Beynon 表中,相对分子质量为 150 的式子共有 29 个。其中(M+1)/M 的百分比在 9%~11% 的分子式有如下 7 个:

分子式	M+1	M+2
$C_7H_{10}N_4$	9.25	0.38
$C_8H_8NO_2$	9.23	0.78
$C_8H_{10}N_2O$	9.61	0.61
$C_8H_{12}N_3$	9.98	0.45
$C_9H_{10}O_2$	9.96	0.84
$C_9H_{12}NO$	10.34	0.68
$C_9H_{14}N_2$	10.71	0.52

其中 $C_8H_8NO_2$、$C_8H_{12}N_3$ 和 $C_9H_{12}NO$ 含有奇数个 N,因此,相对分子质量应该为奇数,与题不符,故可排除。剩下的 4 个式中,M+1 与 9.9% 最接近的是 $C_8H_{10}O_2$。这个分子式的 M+2 也与 0.9% 很接近。因此分子式应该是 $C_9H_{10}O_2$。

例 4.4.2 某化合物的质谱中 M、M+1、M+2 峰强度比如下,求其分子式。

M (104)	100%
M+1 (105)	6.45%
M+2 (106)	4.77%

[解析] 从(M+2)/M = 4.77% > 4.4%,可知此化合物含有一个 S,因 ^{34}S 天然丰度为 4.44%,从 104 减去 S 的质量数 32,剩下 72,另外从 M+1 和 M+2 的百分比中减去 ^{32}S 和 ^{34}S 的百分比。

则:M+1 为   6.45 - 0.78 = 5.67

     M+2 为   4.77 - 4.40 = 0.37

然后查 Beynon 表,相对分子质量为 72 的式子共有 11 个。其中(M+1)/M 的百分比接近 5.67 的式有以下 3 个:

分子式	M+1	M+2
C_5H_{12}	5.60	0.13
$C_4H_{10}N$	4.86	0.09
C_4H_8O	4.49	0.28

其中 $C_4H_{10}N$ 含有一个 N，相对分子质量为偶数，应该排除，剩下式子中 C_5H_{12} 的 M+1 与 5.67% 较接近，因此分子式应该是 $C_5H_{12}S$。

2. 高分辨质谱法

用高分辨质谱计（双聚焦型）测定分子式是基于当以 $^{12}C=12.0000000$ 为基准时，各元素原子质量数严格说来不是整数。例如，根据这一标准，氢原子的精确质量数不是刚好 1 个原子质量单位，而是 1.0078252，氧 ^{16}O 的精确质量数是 15.994914，这种与整数值相差的小数值是由于每个原子的"核敛集率"所引起的。

用低分辨质谱计只能测得整数的质量数，无法辨别符合这一整数值的各种可能分子式，例如，低分辨质谱计测定时，CO、N_2 和 CH_2N 的质量是 28，而用高分辨质谱计则可测得小数后三四位数字，误差为 ±0.006 精密质量数，所以，上述的元素组成，精密质量数各为：

$CO = 27.994914$ $N_2 = 28.006147$ $C_2H_4 = 28.031299$ $CH_2N = 28.018723$

若把由 C、H、O、N 各种组合而成的分子式精密质量数排成表，然后将实测精确分子离子峰质量数核对这个数据表，即可很方便地推定分子式，举例说明如下。

例 4.4.3 用高分辨质谱计测得分子离子峰的质量数为 150.10453，这个化合物的红外光谱上出现明显的羰基吸收峰，求它的分子式。

[解析] 如果质谱测定分子离子质量数的误差是 ±0.006，小数部分应该是 0.0985～0.1105，查 Beynon 表中质量数为 150，小数部分在这个范围的式子有下列 4 个。

分子式	M+1
$C_3H_{12}N_5O_2$	150.099093
$C_5H_{14}N_2O_3$	150.100435
$C_6H_{12}N_3$	150.103117
$C_{10}H_{14}O$	150.104459

其中，第 1 和第 3 个分子式含奇数个 N 原子，与样品相对分子质量为偶数的事实不符，应排除。第 2 个分子式 $C_5H_{14}N_2O_3$ 不饱和度 $\Omega=0$，与分子中含羰基的事实不符，也应排除。因此，所求的分子式只能是 $C_{10}H_{14}O$，与它相当的烃为 $C_{11}H_{16}$，是不饱和的，与红外光谱中出现羰基吸收峰相符合。

二、结构分析

质谱是有机分子结构分析的重要工具。如果与其他波谱技术结合，质谱对于相对分子质量在 150 以下的有机物结构推断具有较高的准确性。

例 4.4.4 有一未知物的 MS 谱如图 4-14 所示，试推测其结构。

[解析] 由 MS 谱可以看出 m/e 136 为母峰，因有 39、51、65、77 和 91 峰，可推知是

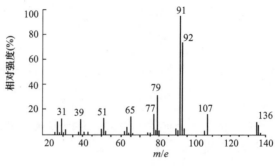

图 4-14　未知物 MS 谱

芳香化合物。

m/e 91 峰由 M-45（-COOH）得到，m/e 31 峰出现，表明分子中含有氧原子。m/e 45 系 OCH_2CH_3 基团，所以该化合物的结构可能是：

（下图结构）

$\text{C}_6\text{H}_5\text{—CH}_2\text{—O—CH}_2\text{CH}_3$ 　　　　　　$\text{C}_6\text{H}_5\text{—CH}_2\text{CH}_2\text{OCH}_3$

（1）　　　　　　　　　　　　　　　　（2）

$\text{C}_6\text{H}_5\text{—CH}_2\text{CH}_2\text{CH}_2\text{OH}$

（3）

因质谱中无 M-OH 或 M-H_2O 峰，即可排除式（3）。m/e 107 峰相当于 M-C_2H_5，说明结构式为（1），这也被 m/e 106（M-OCH_2）丰度比 m/e 107（M-C_2H_5）丰度弱所证实，m/e 91 是由 C_6H_5—CHO 生成苯䓬离子，这也说明上面分析是正确的，其裂解方式为：

（裂解机理图）

m/e107　　　　　　$M^{\ddagger}$ m/e136　　　　　　m/e91

-CH_3-CHO

m/e92

（裂解机理图）

m/e 107　$\xrightarrow{-CO}$　m/e 79　$\xrightarrow{-2H}$　$C_6H_5^{\ddagger}$　m/e 77

例 4.4.5　某有机化合物分子中只含有 C、H、O 三种元素，IR 在 3100 ~ 3700cm^{-1} 间无吸收，谱图如图 4-15 所示，亚稳离子峰是 m/e 56.5，m/e 33.8，试推测其结构。

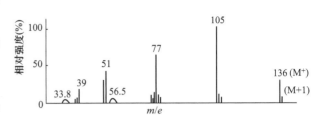

图 4-15　某有机化合物 MS 谱

[解析]　分子峰较强，可能含有芳环，或具有共轭系统等。查 Beynon 表，相对分子质量为 136，含有 C、H、O 化合物有以下式子：

$$C_9H_{12}O \qquad (\Omega=4)$$
$$C_8H_8O_2 \qquad (\Omega=5)$$
$$C_7H_4O_3 \qquad (\Omega=6)$$
$$C_5H_{12}O_3 \qquad (\Omega=0)$$

分析碎片离子可知，m/e 105 为基峰，表示苯甲酰基（C_6H_5CO）结构，苯环的存在由 m/e 39、m/e 50、m/e 51 和 m/e 77 各峰所证实。

亚稳离子说明存在着下列开裂过程：

$$C_6H_5CO^+ \xrightarrow{-CO} C_6H_5^+ \xrightarrow{-C_2H_2} C_4H_3^+$$
$$m/e\ 105 \qquad m/e\ 77 \qquad m/e\ 51$$

证明在分子结构中有 ⬡—CO— 结构，另外 $C_9H_{12}O$（$\Omega=4$）不饱和度不够，$C_7H_4O_3$ 中 H 原子数不够，$C_5H_{12}O_4$ 不饱和度为零而被排除，故唯一可能的分子式为 $C_8H_8O_2$，所以，可能结构为：

（1）苯甲酸甲酯 ⬡—C(=O)—OCH$_3$　　（2）⬡—C(=O)—CH$_2$OH

因 IR 于 3100~3700cm^{-1} 处无吸收，故无—OH，所以，该化合物的结构应为（1）。

例 4.4.6　某脂肪胺的 MS 谱如图 4-16 所示，推测其结构。

[解析]

m/e 44：
$$H_2C=\overset{+}{N}H$$
$$\quad\ \ CH_3$$

m/e 86：
$$H_2C=\overset{+}{N}-CH-CH_3$$
$$\quad\ \ CH_3\ CH_3$$

m/e 114：
$$H_3CH_2C-CH_2-CH_2-\overset{+}{N}=CH-CH_3$$
$$\qquad\qquad\qquad\qquad\qquad CH_3$$

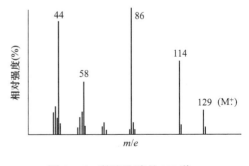

图 4-16　某脂肪胺的 MS 谱

故推测结构为：

$$H_3CH_2CH_2CH_2C$$
$$(H_3C)_2HC$$
$$N-CH_3$$

且被下列裂解过程所证实。

$$H_3CH_2CH_2C-CH_2-\overset{+}{\underset{CH_3}{N}}-CH-CH_3 \longrightarrow H_2C=\overset{+}{\underset{CH_3}{N}}-CH-CH_3 \xrightarrow{\text{四元环重排}} H_2C=\overset{+}{\underset{CH_3}{NH}}$$

$$M^{\ddagger} \ m/e \ 129 \qquad\qquad m/e \ 86 \qquad\qquad m/e \ 44$$

三、定量分析

质谱法定量分析的基本要求有以下几点。

（1）每个组分中必须至少有一个明显不同于其他组分的峰。

（2）各组分对所指定的定量峰的贡献应是线性加和关系。

（3）灵敏度（单位分压的离子流）必须能以大约1%的相对值重现。

（4）必须能得到适宜于标准用的标准。

对于 n 个组分组成的混合物，其各组分含量可以通过下面的方程组求得。

$$i_{11}p_1+i_{12}p_2+\cdots+i_{1n}p_n = I_1$$
$$i_{21}p_1+i_{22}p_2+\cdots+i_{2n}p_n = I_2$$
$$\vdots \qquad \vdots \qquad \vdots \qquad \vdots$$
$$i_{11}p_1+i_{12}p_2+\cdots+i_{1n}p_n = I_1$$

式中：I_m——质量 m 处的峰高（离子流）；

　　i_{mn}——组分 n 在质量 m 处的离子流；

　　p_n——组分 n 的分压强。

第五节　质谱联用技术

一、液相色谱—质谱联用仪

随着计算机技术、色谱分离技术以及质谱仪灵敏度和准确度的大幅度提高，质谱与色谱联用的分析仪器近年来得到了空前发展。集分离和鉴定于一体的高效液相色谱—电喷雾质谱联用仪（HPLC—ESI MS）的推出，进一步促进了质谱在蛋白质组学、组合化学、药学和药物分析学、药物代谢和药代动力学中的应用。而气相色谱—质谱联用仪则可对汽化混合物进行快速分离、结构鉴定及定量分析，使其在有机化学、环境化学、石油化学、毒物学、药物学等领域得到广泛的应用。液—质联用仪的质谱部分一般都同时配有电喷雾电离（ESI）和大气压化学电离（APCI）离子源。仪器类型按质谱分析器不同分为液相色谱—单四极质谱两用仪、液相色谱—离子阱质谱联用仪、液相色谱—三重四级杆质谱联用仪、液相色谱—飞行时间质谱联用仪和液相色谱—扇形磁场质谱联用仪等。

单四级质谱分析器具有全扫描（full scan）和选择离子检测（SIM）模式。全扫描是任何质量检测器都能够采用的一种最常用的扫描方式，该方式可扫描较大质量范围内所有的离子信号，一般用于目标化合物分子质量的鉴定和未知化合物分子质量的测定。选择离子检测扫描是专门对选定的离子质量进行扫描的一种方式，由于目的是检测某个特定质量 m 的离子，SIM 扫描的质量范围通常设为 $m \pm (0.1 \sim x)$ u。x 值的大小决定扫描质量窗口的大小，窗口设置太宽可能会遇到其他离子干扰，太窄则会影响灵敏度。

离子阱质谱分析器除了可进行全扫描和 SIM 扫描之外，还可以进行多级质谱扫描（MS^n）。从化合物的一级质谱（MS 或 MS^1）中选择一个离子使其发生碎裂，扫描碎片离子即可得到该化合物的二级图谱（MS^2）。按上述方法可获得多级质谱（MS^n）。采用 MS^n 技术可以得到化合物的分子结构信息。

三重四极杆质量分析器可以组成多种扫描方式：子离子扫描、母离子扫描、中性丢失选择检测和多反应选择监测（SRM、MRM）。这些扫描由于经过两个质量分析器的选择检测，专属性和抗干扰能力强，不仅利于明确母离子、子离子的关系，而且适合进行定量分析。

除此之外，近代 LC—MS 还有一些杂交的分析器，如 QTOF 分析器（四极和飞行时间分析器结合的分析器）。

LC—ESI MS 适于分析难挥发、极性、热不稳定的化合物，可用于复杂中草药和天然产物的组成分析、合成产物的鉴定、药物代谢物及药代动力学研究、多肽和蛋白质相对分子质量测定、序列分析，以及蛋白质的磷酸化和糖基化分析等。LC—APIC MS 则适用于分析非性化合物。

二、气相色谱—质谱联用仪

气相色谱—质谱联用仪（GC—MS）一般配置 EI 和 CI 两种电离源，与液质联用仪（LC—MS）的情况相似，气—质联用仪的分析器也包括单四极杆分析器、分析器、扇形磁场、离子阱、飞行时间分析器等类型。由于已经建立了化合物的标准 EI 质谱图库，采用 EI 电离源进行 GC—MS 分析时，可通过即时检测迅速确证被测物的相对分子质量和结构。

GC—MS 是复杂混合物中挥发性组分的成分分析、目标成分的鉴定及其定量分析的有效工具之一。植物如中草药、烟草、花草、水果、蔬菜、茶叶中的成分；动物或人体中的性激素、兴奋剂、药物及毒品代谢产物、血液中的有毒物质；环境与土壤中的有害气体、河流底泥沉积物；食品中的添加剂、蔬菜水果中的农药残留物等都可以采用 GC—MS 进行快速准确的定性定量分析。

第六节 Agilent 7890 气相色谱—质谱联用仪及其实验技术

气质联用仪操作讲解

一、仪器简介

从 Agilent 7890A 的上前方，可见到前后进样口和检测器。柱箱门的开关在箱门底部右角，电源开关在箱门左下方。键盘在右前方。气体入口和出口位于仪器后上端，如图 4-17 所示。

如图 4-18 所示，Agilent 7890A 键盘分各个不同的功能区。有运行按键、气相部件按键、信息按键、数字按键、方法存储与自动运行键等。与 6890N 不同，7890A 的键盘增添了第三个检测器的操作功能键，增加了维护按键。

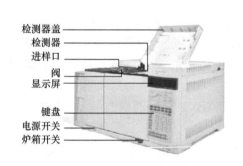

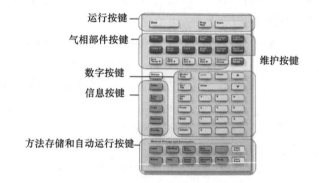

图 4-17 气质联用仪（Agilent 7890A）前视图　　图 4-18 气质联用仪（Agilent 7890A）的键盘

1. 离子源

离子源有两根灯丝，在分析过程中可以使用任意一根。MS ChemStation 可以设置使用哪一根灯丝，同时可以设置灯丝的发射电流。灯丝的发射电流可以改变，但建议使用仪器的缺省值。5973 型和 5975 型的电子能量可以改变。不过通常使用 70eV 的电子能量，以便获得有机分子的经典谱图。新型高温离子源如图 4-19 所示。

推斥极使带正电荷的离子碎片向质量过滤器方向运动。推斥极位于电离室出口对面，它的极性与离子相同。推斥极帮助离子穿过几个透镜，加在推斥极上的电压为正电压，可将离子推出离子源。如果推斥极电压过低，离开离子源的离子就会太少，导致灵敏度和高质量数离子响应降低。如果电压过高，离开离子源的离子速度太快，导致前伸峰，低质量数离子响应低。

图 4-19 新型高温离子源

拉出极帮助带正电荷的碎片向质量滤器方向移动。不同仪器的拉出极功能有所不同。拉出极是由一个圆筒和一个中心带有小孔的圆片组成的。

2. 离子聚焦透镜

如果没有其他部件, 离子穿过拉出极后会发生散射。离子聚焦部件帮助离子成束状进入质量过滤器。离子聚焦带负电, 形成一个电场, 即使离子聚成束, 又防止聚焦部件捕获离子。离子聚焦调节过高或过低都会导致离子响应低。

3. 入口透镜

经过改进的 Turner-Kruger 入口透镜位置紧挨四极杆。作用是使离子加速, 并且抑制四极杆的边缘效应, 防止离子外溢; 保护四极杆末端免受污染。增加入口透镜的电压会增加高质量数离子的丰度而降低低质量数离子的丰度。

4. 电子电离 (EI)

EI 是用电子轰击分子形成离子。由于电子与电子之间的相互作用, 样品分子失去轰击它的电子以及分子内的一个成键电子, 结果分子形成离子并带一个正电荷 (通常是正一价, 但离子也可能带多个正电荷)。最初分子离子的数量依赖于电子轰击的能量, 并随轰击电子的能量增加, 形成离子的数量增加。当达到一定值 (大约 30eV) 时, 电子能量增加形成的分子离子数量不会增加。大多数离子, 至少有机化合物形成的离子, 均非常活泼并带有过剩的能量。在没有其他化合物存在的情况下 (例如在真空状态下), 分子离子断裂或 "碎裂" 成其他离子、游离基 (不带电荷, 但带有不成对电子) 和中性分子。这些碎片的质量和丰度依赖于分子的性质, 这正是质谱法具有鉴定化合物能力的原因 (图 4-20)。

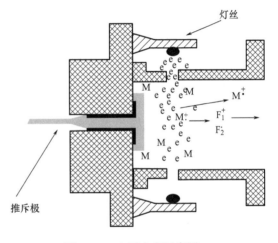

图 4-20 电子电离示意图

用 70eV 电子能量轰击的操作方式被称为标准电子电离 (EI)。在这种方式下, 只有带正电荷的碎片离子才能被检测。值得注意的是, 在这种方式下, 电离效率只有 0.01%。

5. 四极杆

顾名思义, 四极杆质量过滤器是由四个极或杆组成。从四极杆的截面看, 四个杆分别位于正方形的四个角。四极杆的尺寸精密到千分之几英寸以内, 以达到最佳的峰形分辨率。在 5973 MSD、5975 MSD 中, 四极杆由内表面镀金的石英杆组成。

在操作过程中, 对角的两根杆串联成一组。一组加正直流电压 (正极杆), 另一组加直流负电压 (负极杆), 两组电压值相等, 极性相反。另外, 所有四极杆上都同时加 RF 电压 (图 4-21)。

一个离子进入四极杆后, 由于受到 RF 电场和直流电 (DC) 的作用, 发生复杂的振荡运动。假设某一时刻, DC 和 RF 保持恒定, 如果离子的质量太低, 这个离子被推离轴向, 到达正极杆, 而不会到达四极杆的出口。如果离子质量太高, 趋于负极杆的振荡增加, 直到离子撞击到负极杆或从四极杆的边缘被弹出去。只有特定质量的离子在四极杆内的振荡才会稳定,

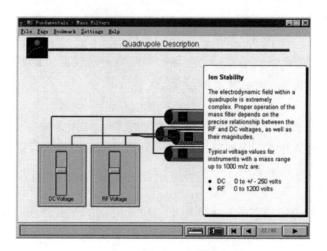

图 4-21　四极杆工作原理示意图

并且只有这样的离子才能从四极杆的末端出去被电子倍增器检测。

二、实验技术

1. 开机

（1）打开载气钢瓶控制阀，设置分压阀压力至 0.5MPa 。

（2）打开计算机，登录进入 Windows XP 系统，初次开机时使用 5975C 的小键盘 LCP 输入 IP 地址和子网掩码，并使用新地址重启，安装并运行 Bootp Service 。

（3）依次打开 7890AGC、5975MSD 电源（若 MSD 真空腔内已无负压，则应在打开 MSD 电源的同时用手向右侧推真空腔的侧板，直至侧面板被紧固地吸住），等待仪器自检完毕 。

（4）双击桌面上 GC—MS 图标，进入 MSD 化学工作站（图 4-22）。

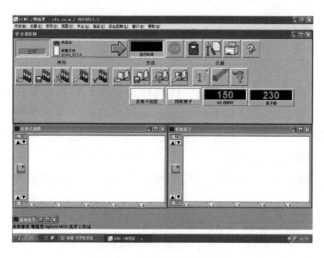

图 4-22　MSD 化学工作站

（5）在上图仪器控制界面下，单击"视图"菜单，选择"调谐及真空控制"进入调谐与真空控制界面，在真空菜单中选择"真空状态"，观察真空泵运行状态。此仪器真空泵配置为分子涡轮泵，状态显示涡轮泵转速，涡轮泵转速应很快达到100%，否则，说明系统有漏气现象，应检查侧板是否压正、放空阀是否拧紧、柱子是否接好。

2. 调谐

调谐应在仪器至少开机 2h 后进行，若仪器长时间未开机，为得到好的调谐结果，将时间延长至 4h。

（1）首先确认打印机已连好并处于联机状态。

（2）在操作系统桌面双击 GC—MS 图标进入工作站系统。

（3）在"仪器控制"界面下，单击"视图"菜单，选择"调谐及真空控制"进入调谐与真空控制界面。

（4）单击"调谐"菜单，选择"自动调谐"，进行自动调谐，调谐结果自动打印。

（5）如果要手动保存或另存调谐参数，将调谐文件保存到 atune. u 中。

（6）单击"视图"，选择"仪器控制"返回到仪器控制界面。

（7）注意。

①自动调谐文件名为 ATUNE. U。

②标准谱图调谐文件名为 STUNE. U。

③其余调谐方式有各自的文件名。

3. 样品测定

（1）方法建立。

①7890A 配置编辑。单击仪器菜单，选择编辑 GC 配置进入画面。在连接画面下，输入 GC Name：GC 7890A；可在 Notes 处输入 7890A 的配置，写 7890A GC with 5975C MSD。单击获得 GC 配置按钮，获取 7890A 的配置。

②柱模式设定。单击 图标，进入柱模式设定画面，在画面中，单击鼠标右键，选择从 GC 下载方法，再用同样的方法选择从 GC 上传方法；单击 1 处进行柱 1 设定，然后选中 On 左边方框；选择控制模式、流速或压力。

③分流、不分流进样口参数设定。

a. 单击 图标，进入进样口设定画面。单击 SSL-后按钮进入毛细柱进样口设定画面。

b. 单击模式右方的下拉式箭头，选择进样方式为：不分流方式，分流比为 50∶1，在空白框内输入进样口的温度为 220℃，然后选中左边的所有方框。

c. 选择隔垫吹扫流量模式标准，输入隔垫吹扫流量为 3mL/min。对于特殊应用也可选择可切换，进行关闭。

④柱温箱温度参数设定。单击 图标，进入柱温参数设定。选中柱箱温度并进行相应柱温的设定，输入柱子的平衡时间为 0.25min。

⑤数据采集方法编辑。从方法菜单中选择"编辑完整方法"项，选中除数据分析外的三项，单击"确定"。编辑关于该方法的注释，然后单击"确定"。

（2）编辑扫描方式质谱参数。

①单击 ![icon] 图标，编辑溶剂延迟时间以保护灯丝，调整倍增器电压模式（此仪器选用增益系数），选择要使用的数据采集模式，如全扫描、选择离子扫描等。

②编辑 SIM 方式参数。单击"参数编辑"，选择离子参数，驻留时间和分辨率参数适用于组里的每一个离子。在驻留列中输入的时间是消耗在选择离子的采样时间。它的缺省值是100ms。它适用于在一般毛细管 GC 峰中选择 2~3 个离子的情况。如果多于 3 个离子，使用短一点的时间（如 30ms 或 50ms）。加入所选离子后点击添加新组，编辑完 SIM 参数后关闭。

（3）采集数据。

①单击 GC—MS 图标，在方法文件夹中选择所要的方法。

②选好方法后，单击 ![icon] 图标，依次输入文件名、操作者、样品名等相关信息，完成后按"确定"键，待仪器准备好后，进样的同时按 GC 面板上的 Start 键，以完成数据的采集。

③当工作站询问是否取消溶剂延迟时，回答 NO 或不选择。如果回答 YES，则质谱开始采集，容易损坏灯丝。

（4）数据分析。

①单击 GC—MS 数据分析图标，单击下图的文件，调出数据文件，图 4-23 为某测试样品的色谱图。

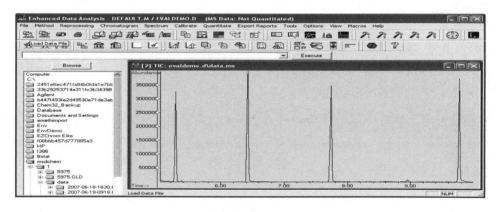

图 4-23　GC—MS 数据分析界面——待测样品的色谱图

②在全扫描方法中要得到某化合物的名称，先右键双击此峰的峰高，其次再右键双击峰附近基线的位置得到本底的质谱图，然后在菜单"文件"下选择"背景扣除"，即可得到扣除本底后该化合物的质谱图，最后右键双击该质谱图，便得到此化合物的名称。

③用鼠标右键在目标化合物 TIC 谱图区域内拖拽可得到该化合物在所选时间范围内的平均质谱图，右键双击则得到单点的质谱图。

④在选择离子扫描方法中不需要"背景扣除"操作。

（5）定量。定量是通过将来自未知量化合物的响应与已测定化合物的响应进行比较而进行的。

手动设置定量数据库，化学工作站设置参数界面如图4-24所示。

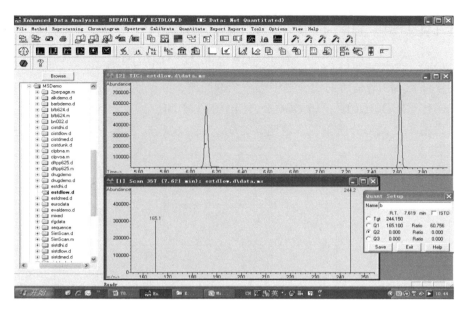

图4-24 化学工作站定量参数设置

①选择"校正/设置定量"，访问定量数据库全局设置页。

②手动检查由测定样品数据文件生成的色谱图。

③通过单击色谱图中化合物的峰分别选择每种化合物。

④在显示的谱图中选择目标离子。

⑤选择此化合物的限定离子。

⑥给化合物命名，如果此化合物是内标，则应标识。

⑦将此化合物的谱图保存至定量数据库中。

⑧对希望添加到定量数据库的每种化合物重复步骤②~⑦。

⑨如果已添加完需要的所有化合物，则选择"校正/编辑化合物"以查看完整列表。

4. 关机

在操作系统桌面双击GC—MS图标进入工作站系统，进入"调谐和真空控制"界面选择"放空"，在跳出的画面中单击"确定"进入放空程序。

本仪器采用的是涡轮泵系统，需要等到涡轮泵转速降至10%以下，同时离子源和四极杆温度降至100℃以下，大概40min后退出工作站软件，并依次关闭MSD、GC电源，最后关掉载气。

习题

1. 某一分子的质量为142，它的M+1峰为其分子离子峰的1.1%，问此分子的可能组成是什么？

2. 某化合物的质谱中具有强分子离子峰，M＝122，碎片峰有 m/e 92，m/e 91 和 m/e 65，亚稳峰为 46.5 和 69.4，推测该化合物的结构。

3. 下述开裂过程中，形成的亚稳离子将出现在何 m/e 值处？

$$\text{⬡—C}\!\equiv\!\overset{+}{\text{O}} \longrightarrow C_6H_5{}^+ + CO$$

4. 题图 4-1 的 MS 谱是所列化合物中哪一个的图谱，并说明各自的裂解过程。

CH_3COOH，$CH_3OCH_2CH_3$，$HCOOCH_3$，$CH_3CH_2CH_2OH$

5. 解析题图 4-2 的部分质量图，说明 m/e 91，m/e 62，m/e 48 三者的关系。

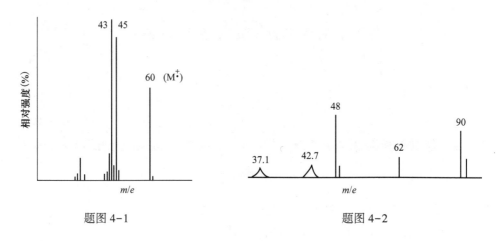

题图 4-1　　　　　　　　　　　　　题图 4-2

6. 预测氯乙烷 C_2H_5Cl 与溴乙烷 C_2H_5Br MS 谱的分子离子峰的相对强度。

7. 有一未知化合物的 MS 谱，仔细观察分子离子峰部分时，其相对强度 m/e 148（100%）、m/e 149（8.83%）、m/e 150（0.94%），求该未知化合物的相对分子质量及分子式。

8. 有一未知化合物，其 MS 谱的分子离子峰的同位素丰度为 M（164）＝100%、（M+1）（165）＝11.1%、（M+2）（166）＝1.04%，从下列分子式中选择出该未知化合物。

$C_9H_{14}N_3$，$C_{10}H_{14}NO$，$C_{10}H_{12}O_2$，$C_9H_{10}NO_2$，$C_7H_{16}O_4$，$C_{11}H_{16}O$

9. 由 C、H、O 组成未知化合物，其分子离子峰为 m/e 288，（M+1）（m/e 289）峰的强度为分子离子峰的 20%，试推断该化合物分子式中的碳原子数目。

10. 某物质中含 C、H 和 O，熔点 40℃，母峰 m/e 为 184（10%），基峰为 m/e 91，并有 m/e 77 和 m/e 65 小峰，亚稳峰出现在 m/e 为 45.0 和 46.5 处，推测其结构。

11. 试用 MS 谱将丁醇的三种异构体加以区分。

$$CH_3CH_2CH_2CH_2OH, \quad \underset{\underset{OH}{|}}{H_3CH_2C\text{—}CH\text{—}CH_3}, \quad \underset{\underset{OH}{|}}{\overset{\overset{CH_3}{|}}{H_3C\text{—}C\text{—}CH_3}}$$

12. 如题图 4-3 所示 MS 谱说明对甲基苯甲酸的裂分作用。

13. 如题图 4-4 所示为 N，N-二乙基苯胺的 MS 谱，试说明其裂分作用。

14. 一化合物 $C_5H_{10}O$ 的 IR 在 1700cm^{-1} 处有强吸收，NMR 在 $\delta_{9\sim10}$ 处无吸收峰，从 MS 得基峰 m/e 57，无 m/e 43 和 m/e 71 峰，确定此化合物的结构式。

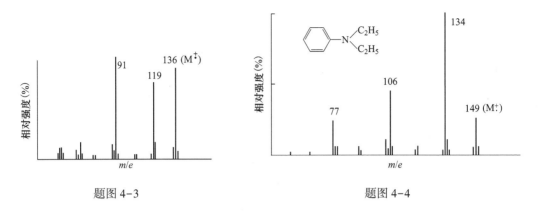

题图 4-3　　　　　　　　　　题图 4-4

15. 由题表 4-1 所给出的同位素丰度和强度比，推断分子内存在卤素原子的数目和类型。

题表 4-1

化合物	P_M	P_{M+2}	P_{M+4}	P_{M+6}	P_{M+8}
A	30	29	10	1	—
B	13	30	19	6	1
C	5	20	30	19	5
D	23	30	7	—	—

16. 某化合物 C_7H_8O 在 1705cm^{-1} 处有一强吸收带，MS 谱如题图 4-5 所示，推测该化合物的结构。

17. 某化合物在 1730cm^{-1} 处出现强吸收，MS 谱题图 4-6 所示，并在 $\delta_{1.25}$（t，3H）、$\delta_{1.82}$（s，6H）、$\delta_{4.18}$（q，2H）为各自的吸收峰。问该化合物的结构是什么？说明其质量数峰的裂解作用。

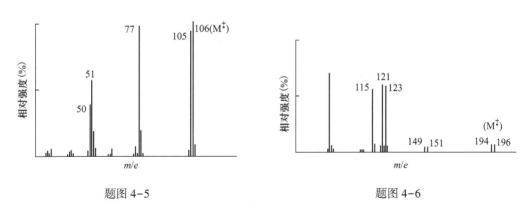

题图 4-5　　　　　　　　　　题图 4-6

18. 某化合物 C_8H_8O 的 MS 谱如题图 4-7 所示，该化合物在 1691cm^{-1} 处具有 C=O 的吸收带，判断其结构式。

19. 如题图 4-8 所示为直链状饱和烃的 MS 谱，试问分子式是什么？

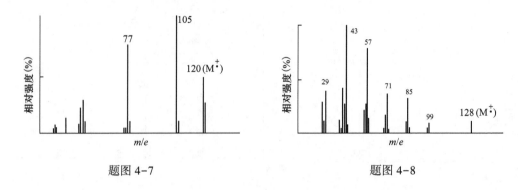

题图 4-7   题图 4-8

20. 某化合物的分子式为 $C_9H_{12}S$，质谱中和 M^+ m/e 152（42%）、碎片离子峰质荷比（m/e）分别为 137（7%）、110（100%）、77（7%）、66（11%）、65（8%）和 43（12%），亚稳峰位 123、79.6、54.1，推断该化合物的结构。

213

第五章 综合解析

在对有机化合物进行波谱分析过程中，常常采用波谱联用解析的方法，这样可以避免单一波谱方法的局限性，从而起到相互补充、相互印证的作用，得到正确的分析结果，下面举一些综合解析的实例。

例 5.1 某有机物的 UV 数据和 IR、NMR、MS 谱图（图 5-1）如下，推测化合物的结构。

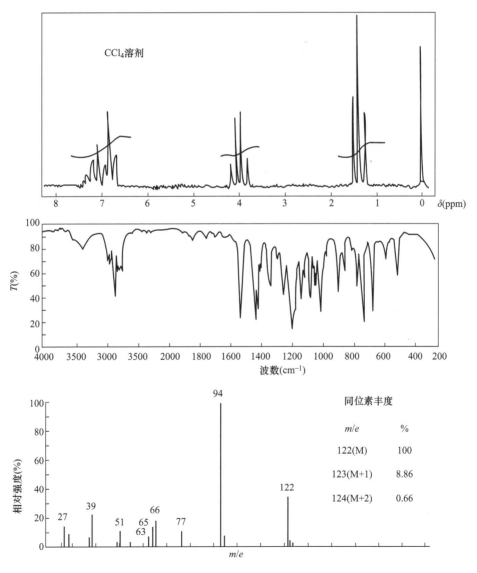

图 5-1 某化合物的 IR，NMR、MS 谱

UV 数据：

$\lambda_{max}^{异辛烷}$	$\lg\varepsilon$
222	3.88
254	3.12
260	3.28
267	3.25

[解析] M^{+} 为强峰，且 $M+2/M < 4.44\%$，所以，该有机物不含 S、Cl 等重同位素。$3000cm^{-1}$ 以上出现吸收峰，初步推断化合物含有芳环，这一推断被 UV 中 222nm 处 E 谱带和 B 谱带的精细结构（254nm、260nm、267nm）所证实。

MS 中 m/e 77、m/e 65 碎片离子来源于苯环，另外，$700cm^{-1}$、$750cm^{-1}$ 以及 $2000 \sim 1600cm^{-1}$（泛频区）的吸收，表明苯环是单取代的。$1245cm^{-1}$ 吸收峰表明存在—C—O。从 NMR 谱的分析可知：$\delta_{7.0}$ 为芳氢信号，且三种非等性质子信号积分强度比为 5∶5∶3，故该化合物的结构式为 ◯—OCH_2CH_3。

例5.2 一未知物沸点219°C，元素分析得 C 为 78.6%、H 为 8.3%，UV、IR、NMR 和 MS 谱如图 5-2 所示，推测其结构。

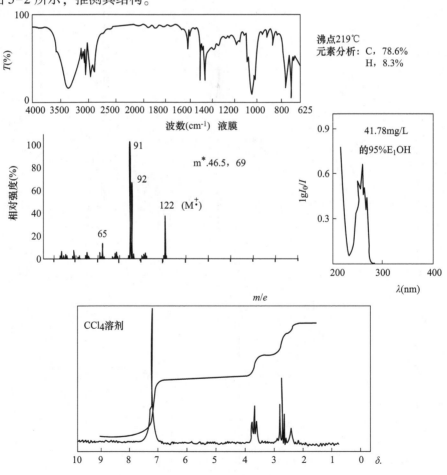

图 5-2　未知物的 UV、IR、NMR 和 MS 谱

[解析]　MS 谱中未出现 M+1 和 M+2 峰，所以，该化合物不含 S 和卤素等原子，基于此，由元素分析数据计算得：C 数 = 8、H 数 = 10、O 数 = 1，未知物的分子式为 $C_8H_{10}O$。

红外光谱表明，3350cm^{-1} 为 ν_{OH} 吸收，峰宽说明有氢键形成，1750 cm^{-1} 附近无强峰，表明无羰基存在，分子中只含有一个氧原子，所以，该化合物为醇类。UV 中 258nm 为苯环的 B 谱带，在 1600~1500 cm^{-1} 范围出现苯环的 $\nu_{C=C}$ 吸收，另外，700cm^{-1}、750cm^{-1} 以及在 2000~1600cm^{-1}（泛频区）的典型吸收，表明苯环是单取代的。

从 NMR 谱可知，$\delta_{7.2}$（5H）簇峰，$\delta_{3.7}$（2H）三重峰，$\delta_{2.7}$（2H）三重峰，$\delta_{2.4}$（1H）宽峰，m/e 91（基峰）为 $\left[\langle \bigcirc \rangle - CH_2 \right]^+$，故未知物的结构式为 $\langle \bigcirc \rangle - CH_2CH_2OH$。

例 5.3　一未知物的分子式为 $C_5H_{12}O$，其 MS、IR 和 NMR 谱如图 5-3 所示，UV>200nm 没有吸收，推测该化合物的结构。

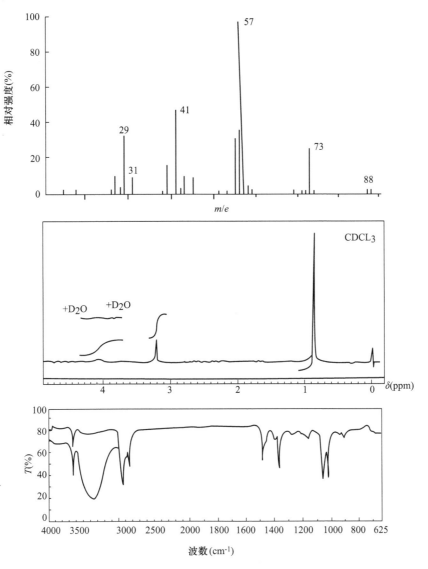

图 5-3　未知物的 MS、IR 和 NMR 谱

[解析] 化合物不饱和度 $\Omega = 0$，未知物为饱和脂肪族化合物，红外光谱中 $3640\mathrm{cm}^{-1}$ 尖峰为游离—OH 基的特征吸收，$3360\mathrm{cm}^{-1}$ 处有一宽峰，并随溶液的稀释而消失，表明存在着分子间的氢键。核磁共振谱中，$\delta_{4.1}$ 宽峰，且能发生重水交换，证实—OH 基存在。另外，$\delta_{4.1}$ 单峰积分值之比为 9：2，由 M^{+} 失去质量 31（—CH$_2$OH）形成基峰 m/e 57，证明—CH$_2$OH 存在，且在分子中必与叔丁基相连，所以，未知物的结构为：

$$\mathrm{H_3C-\underset{\underset{\displaystyle CH_3}{|}}{\overset{\overset{\displaystyle CH_3}{|}}{C}}-CH_2OH}$$

质谱形成过程如下：

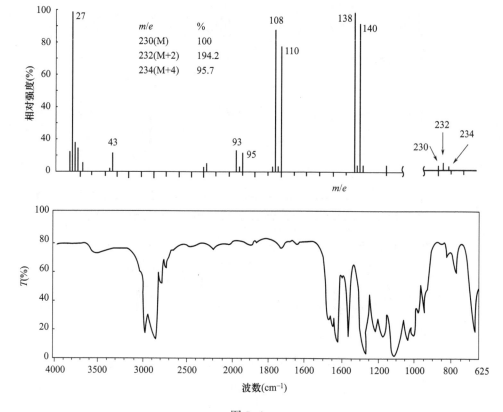

例 5.4 一未知物，其 IR、MS 和 NMR 谱如图 5-4 所示，确定该化合物。

m/e	%
230(M)	100
232(M+2)	194.2
234(M+4)	95.7

图 5-4

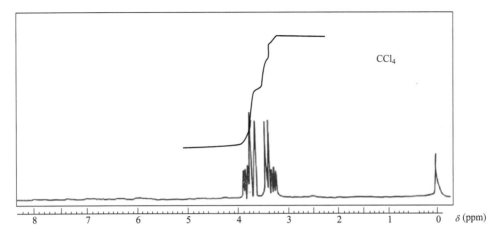

图 5-4 未知物的 IR、MS 和 NMR 谱

[解析]　由质谱得，M：（M+2）：（M+4）= 100：2：95.7，表明未知物中存在着两个溴原子，减去溴质量数，余下质量部分为 72。

红外光谱中 1117cm^{-1} 为 ν_{C-O-C} 吸收，说明有醚键存在，根据质量数 72，查 Beynon 表知只有 C_4H_8O 是合理的，所以，未知物的分子式为 $C_4H_8OBr_2$。

由核磁共振谱峰的对称性，表示未知物的分子可能是对称分子，有两种组合方式：

$$
\begin{array}{cc}
\underset{\displaystyle Br}{\overset{\displaystyle |}{H_3C-CH}}-O-\underset{\displaystyle Br}{\overset{\displaystyle |}{CH}}-CH_3 & BrH_2CH_2C-O-CH_2CH_2Br \\
(A) & (B)
\end{array}
$$

（A）式属 A_3X 自旋系统，在 $\delta_{5.0}$ 附近应有相当于一个质子的四重峰，$\delta_{2.0}$ 附近应有相当于三个质子的二重峰。（B）式属 $AA'BB'$ 自旋系统，显然（B）式是正确的。而形成的 m/e 138、m/e 140（含溴双峰）是由 M^+ 失去—CH_2Br 基，同时出现氢的转移而形成的，m/e 108、m/e 110（含溴双峰）是分子离子失去—OCH_2CH_2Br 基，同时发生氢转移而生成的，m/e 93，m/e 95 则为碎片离子—CH_2Br^+。

例 5.5　某一染料，其质谱 M^+ 为 474.2324，UV、IR 及 NMR 图谱如下，推测该染料的结构。

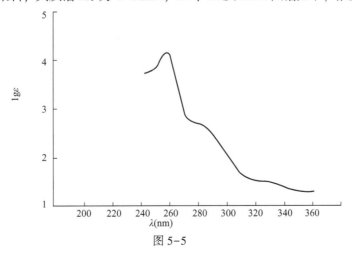

图 5-5

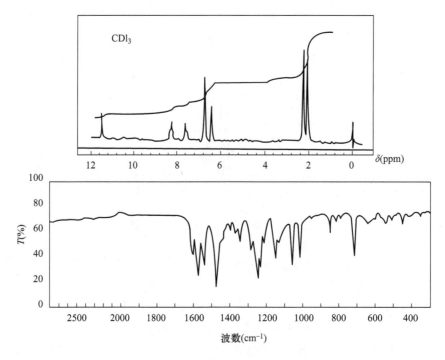

图 5-5 某一染料的 UV、IR 及 NMR 谱

[解析] M^+ 为 474.2324，若误差为 ±0.006，小数部分应在 0.2264~0.2384，查 Beynon 表，知未知物的分子式为 $C_{32}H_{30}N_2O_2$，不饱和度 $\Omega=19$，因此该染料应属芳香族化合物。

红外光谱中 1580cm^{-1} 处是蒽醌结构的特征吸收，1600cm^{-1} 处为 1，4-二氨基蒽醌母核中羰基吸收，说明该染料为 1，4-二氨基取代的蒽醌染料，这一事实亦被紫外光谱中的 255nm 和 282nm 处的吸收波所证实，蒽醌母核的不饱和度为 11，表明还存在两个苯环，且氨基氢被苯环取代，所以，未知物具有下面的碎片结构。

[分子式减去上述碎片，剩余部分为 C_6H_{18}，表示有 6 个甲基存在。核磁共振谱中，$\delta_{8.35}$ 和 $\delta_{7.70}$ 处积分值表示各自具有两个质子，说明蒽醌环一侧无取代基存在，$\delta_{11.6}$ 单峰（2H）为仲氨基质子，$\delta_{6.46}$ 单峰（2H）相当于蒽醌母核另一侧环上的两个质子，化学位移处于高场是由于邻近屏蔽基团氨基的存在。$\delta_{6.83}$ 单峰（4H）显然是苯环上的质子，$\delta_{2.16}$ 单峰（12H）表明有四个甲基，$\delta_{2.28}$ 单峰（6H）表明有两个甲基，所以，取代甲基在苯胺环上只能有两种不同位置的连接，不对称的甲基排列被排除，若为 3，4，5-三取代，苯环上的四个质子因受邻近屏蔽基团氨基的影响，化学位移处在比 $\delta_{6.83}$ 更高场，所以只能是 2，4，6-三取代，所以未知染料的结构式为：

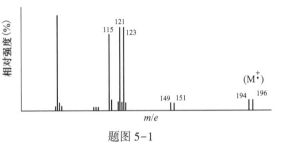

习题

1. 一化合物的 MS 谱如题图 5-1 所示，IR 谱在 $1700cm^{-1}$ 处出现强吸收，NMR 谱各自吸收峰为 $\delta_{1.25}$（t，3H）、$\delta_{1.82}$（s，6 H）、$\delta_{4.18}$（q，2H），该化合物的结构是什么？并说明其裂解过程。

2. 化合物的 IR 和 NMR 谱如题图 5-2 所

题图 5-1

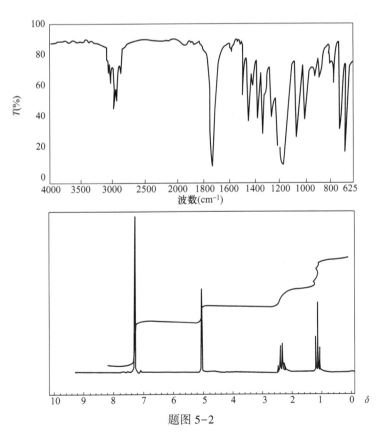

题图 5-2

示，观察分子离子峰，m/e 164 的相对强度为 33.1%，m/e 165 的相对强度为 3.8%，推测该化合物的结构。

3. 化合物的 UV 谱数据以及 IR、MS 和 NMR 谱如题图 5-3 所示，推测该化合物的结构。

UV 光谱数据：

$\lambda_{异辛烷}$	$\lg\varepsilon$
252.5	2.19
258	2.29
261	2.20
264	2.18

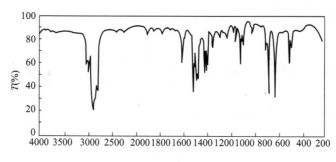

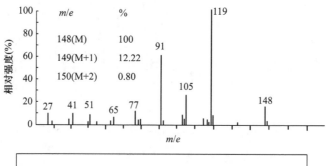

m/e	%
148(M)	100
149(M+1)	12.22
150(M+2)	0.80

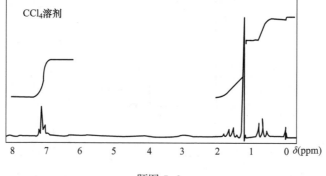

题图 5-3

习题答案

第一章　紫外光谱

1. 甲烷分子 $\sigma \to \sigma^*$ 跃迁来自 C—H 键。乙烷分子除了 C—H 键外，C—C 键能较 C—H 键小，环丙烷带有部分双键性质。

2.（a）$\pi \to \pi^*$

（b）$n \to \sigma^*$

（c）$\pi \to \pi^*$

（d）$n \to \pi^*$

3. $4.1 \times 10^{-4} \text{mol/L}$

4. $10^4 \text{L}/(\text{mol} \cdot \text{cm})$

5.（a）$\lambda_{max} = 227 \text{nm}$

（b）$\lambda_{max} = 232 \text{nm}$

（c）$\lambda_{max} = 234 \text{nm}$

6.（a）前者共轭二烯，后者孤立双键。

（b）后者共轭系统较前者长。

（c）后者空间位阻小，较前者易形成共轭体系。

（d）前者 λ_{max} 较后者大。

（e）前者 λ_{max} 较后者大。

7. 顺式中四个邻位甲基的空间效应使两个苯环不能共平面，发色团即两个苯环的偶氮基不能形成延伸的共轭体系，因而，它们各自的吸收均小于400nm。

反式中因无空间阻碍，分子易成共平面，形成大共轭体系，基频大于400nm，落在可见区，因而有色。

8.（1）链状双键：217nm

1，2-两个烷基取代：$2 \times 5 = 10 \text{nm}$

$\lambda_{max} = 217 + 10 = 227 \text{nm}$

（2）非骈环：217nm

1，2，3，4-四个烷基取代：$5 \times 4 = 20 \text{nm}$

$\lambda_{max} = 217 + 20 = 237 \text{nm}$

（3）非骈环：217nm

1，2，3，4-四个烷基取代：$4 \times 5 = 20 \text{nm}$

环外双键：5nm

$\lambda_{max} = 217+20+5 = 242nm$

（4）链状双烯：217nm

1，2，3，4-四个烷基取代：$4 \times 5 = 20nm$

环外双键：$2 \times 5 = 10nm$

$\lambda_{max} = 217+20+10 = 247nm$

（5）同环双烯：253nm

1，2，3，4，5-五个烷基取代：$5 \times 5 = 25nm$

a，b，c-环外双键：$3 \times 5 = 15nm$

增加一个共轭双键：30nm

$\lambda_{max} = 253+25+15+30 = 323nm$

（6）异环双烯：214nm

三个烷基取代：$3 \times 5 = 15nm$

环外双键：5nm

酰氧基：0nm

$\lambda_{max} = 214+15+5+0 = 234nm$

（7）异环双烯：214nm

三个烷基取代：$3 \times 5 = 15nm$

环外双键：5nm

烷氧基：6nm

$\lambda_{max} = 214+15+5+6 = 240nm$

（8）异环双烯：214nm

三个烷基取代：$3 \times 5 = 15nm$

Br 取代：5nm

环外双键：5nm

$\lambda_{max} = 214+15+5+5 = 239nm$

（9）异环双烯：214nm

三个烷基取代：$3 \times 5 = 15nm$

环外双键：5nm

SR：30nm

$\lambda_{max} = 214+15+5+30 = 264nm$

（10）异环双烯：214nm

五个烷基取代：$5 \times 5 = 25nm$

环外双键：$3 \times 5 = 15nm$

增加共轭双键：30nm

$\lambda_{max} = 214+25+15+30 = 284nm$

（11）同环二烯：253nm

五个烷基取代：$5 \times 5 = 25nm$

酰氧基：0

环外双键：3×5＝15nm

增加共轭双键：2×30＝60nm

$\lambda_{max}=253+25+15+60=353nm$

（12）同环二烯：253nm

环外双键：2×5＝10nm

五个烷基取代：5×5＝25nm

$\lambda_{max}=253+10+25=288nm$

（13）异环双烯：214nm

四个烷基取代：4×5＝20nm

环外双键：2×5＝10nm

$\lambda_{max}=214+20+10=244nm$

（14）异环双烯：214nm

四个烷基取代：4×5＝20nm

环外双键：2×5＝10nm

$\lambda_{max}=214+20+10=244nm$

9.（1）母体异环共轭双烯：214nm

环外双键：5nm

四个烷基取代：4×5＝20nm

$\lambda_{max}=214+5+20=239nm$

（2）母体同环共轭双烯：253nm

环外双键：2×5＝10nm

四个烷基取代：4×5＝20nm

$\lambda_{max}=253+10+20=283nm$

（3）λ_{max} 基本值：114nm

M＝10：+50nm

n＝11：+322.3nm

R（环内）＝2 −33nm

R（环外）＝0

λ_{max} 计算值：114+50+322.3−33+0=453.3nm（计算值）453.0nm

λ_{max} 实测值：452nm

（4）母体六元环烯酮：215nm

α 位—OH 基取代：35nm

β 烷基取代：24nm

$\lambda_{max}^{EtOH}=215+35+24=274nm$

（5）母体五元环烯酮：202nm

增加共轭双键：30nm

环外双键：5nm

β 烷基取代：12nm

r 烷基取代：18nm

δ 烷基取代：18nm

$\lambda_{max}^{EtOH} = 202+30+5+12+18+18 = 285nm$

（6）母体六元环烯酮：215nm

增加 2 个共轭双键：$2\times30 = 60nm$

环外双键：5nm

同环共轭双烯：39nm

β 烷基取代：12nm

3 个 γ 烷基取代：$3\times18 = 54nm$

$\lambda_{max}^{EtOH} = 215+60+5+39+12+54 = 385nm$ （计算值）

实测值：388nm

（7）母体 β，β 双烷基取代：217nm

环外双键：5nm

$\lambda_{max}^{EtOH} = 217+5 = 222nm$ （计算值）

实测值：220nm

（8）α，β，β 三烷基取代羧酸：225nm

五元环内双键：5nm

$\lambda_{max}^{EtOH} = 225+5 = 230nm$ （计算值）

实测值：231nm

（9）β，β 二烷基取代羧酸：217nm

α 位 OR 基取代：35nm

$\lambda_{max}^{EtOH} = 217+35 = 252nm$

（10）母体环烷基酮：246nm

o-环烷基取代：3nm

m-OCH_3 基取代：7nm

p-OCH_3 基取代：25nm

$\lambda_{max}^{EtOH} = 246+3+7+25 = 281nm$ （计算值）

实测值：278nm

（11）母体环烷基酮：246nm

o-环烷基取代：3nm

o-OH 基取代：7nm

m-Cl 基取代：0

$\lambda_{max}^{EtOH} = 246+3+7+0 = 256nm$ （计算值）

实测值：257nm

第二章 红外光谱

1.（1） 19N/cm

（2） 2080cm^{-1}

（3） 2553cm^{-1}

2.（2）；（4） ①，④

3.（1）（a）＞（c）＞（b）

（2）（c）＞（b）＞（a）

5.

7. 环戊醇

10. ，$\nu_{C=O}$ 在 1685cm^{-1}，与芳环共轭吸收能量降低，ν_{OH} 在 3360cm^{-1}，波数降低，由于—OH 与 C=O 形成了氢键。

11. 3160cm^{-1}：ν_{NH}

2940cm^{-1}：ν_{CH}

2250cm^{-1}：$\nu_{C\equiv N}$

1670cm^{-1}：$\nu_{C=O}$

1570cm^{-1}：酰胺 I 谱带及羧酸盐特征吸收

1450cm^{-1}：CH$_2$ 剪切振动及 CO$-$对称伸缩振动

12.（1） 腈纶：$\nu_{C\equiv N}$，羊毛：酰胺 I 谱带

（2） 涤纶：$\nu_{C=O}$，腈纶：$\nu_{C\equiv N}$

（3） 涤纶：$\nu_{C=O}$，羊毛：酰胺 I 谱带

13. 3350cm^{-1}：Ar—NHCO

1730cm^{-1}：$-R-\overset{\overset{\displaystyle O}{\|}}{C}-OCH_3$

1690cm^{-1}：$Ar-NH-\overset{\overset{\displaystyle O}{\|}}{C}-CH_3$

13380cm^{-1}：Ar—NO$_2$

1000~1300cm^{-1}：C—O—C

14. N≡C—C≡C—COOCH$_3$

15.

第三章　核磁共振谱

1. a（两种）；b（四种）；c（五种）。

2. a（无）、b（有）、c（无）、d（有）。

　　e（无）、（有）、（当考虑为远程偶合时）。

3. a. 对二甲苯为两个单峰，乙苯芳氢为单峰，乙基因偶合作用，出现四重峰和三重峰（若符合一级规律时）。

　　b. 丙酮出现单峰，丙醛有三组峰，且醛基质子在低场（$\delta = 9 \sim 10$）。

　　c. 皆有两个单峰，一个为芳 H，另一个为甲基 H，但相对强度不同，对二甲苯为 4 : 6，均三甲苯为 3 : 9。

4. 　$CH_3 \overset{O}{\underset{\|}{C}} \overset{O}{\underset{\|}{C}} CH_3$

5. $CH_2ClCHClCH_2Cl$

6. a. $\delta = 6.1ppm$，$\tau = 3.9ppm$

　　b. δ 值的范围分别为 $0 \sim 1.67$，$0 \sim 4.17$，$0 \sim 16.7$

τ 值的范围分别为 $10 \sim 8.33$，$10 \sim 5.83$，$10 \sim$（-6.67）

质子的化学位移与扫描宽度无关。

7. a. $(CH_3)_4C$

　　b. CH_3OCH_3

　　c. $BrCH_2CH_2Br$

8. a. $CH_3CCl_2CH_2Cl$

　　b. $CH_3OCH_2OCH_3$

　　c. 　$ClH_2C \overset{CH_3}{\underset{CH_3}{\overset{|}{\underset{|}{C}}}} CH_2Cl$

9. a. $CH_3CHBr—CHBrCH_3$

　　b. $CH_3CHBr—CH_2CH_2Br$

10. AX 系统

11. 在 CCl_4 中，CH_3OH 分子间形成氢键，O—H 上的 H 处于迅速交换之中，仪器反映的是它的平均情况，故 CH_3 和 OH 中质子之间没有偶合，表现为两个单峰。在 $(CH_3)_2SO$ 中，CH_3OH 和溶剂分子形成氢键，H 相对来说停留在 OH 的 O 上，可与 CH_3 发生偶合。

12. 甲乙醚的三种一氯代产物的 PMR 信号、峰型和化学位移值情况为：

信号：$\underset{a}{CH_3}\underset{b}{CH_2}O\underset{c}{CH_2}Cl$　　$\underset{a}{CH_3}\underset{b}{CHCl}O\underset{c}{CH_3}$　　$\underset{a}{CH_3}\underset{b}{ClCH_2}O\underset{c}{CH_3}$

峰型：　三　四　单　　　　二　四　单　　　　三　三　单

δ 值：　　c>b>a　　　　　　b>c>a　　　　　a>c>b

13. a. UV，$\lambda_{max} = 217nm$ 者系共轭二烯。

b. PMR，$CH_3CH_2COOCH_3$ 中的—OCH_3 质子信号在 3.8ppm 呈现单峰，$CH_3COOCH_2CH_3$ 中的 CH_3COO^- 质子信号在 1~2ppm，单峰。

c. IR，反式=C—H 弯曲吸收在 $970cm^{-1}$。

d. PMR，

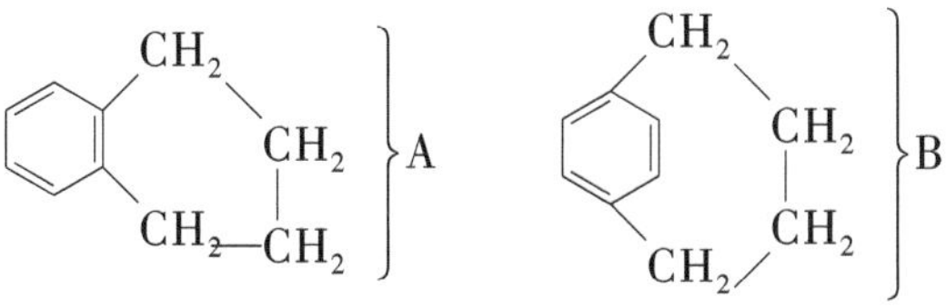

B 的 4H 的 δ 值较 A 的 4H 的 δ 值小，因 B 的 4H 处于苯环平面上方的屏蔽区。

14. $\underset{a}{CH_3}\underset{b}{CH_2}\underset{c}{CH_2}NO_2$ $\underset{a}{CH_3}\underset{b}{\underset{|}{CH}}\underset{c}{CH_3}$
    $\quad\quad\quad\quad\quad\quad\quad\quad\quad NO_2$

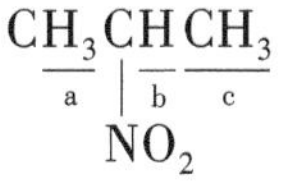

15. a. 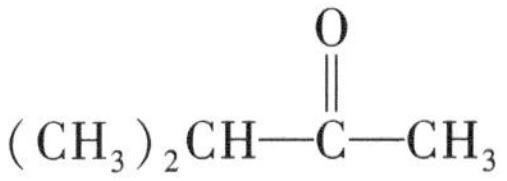 $(CH_3)_2CH\overset{\displaystyle O}{\overset{\|}{-C}}-CH_3$

b. 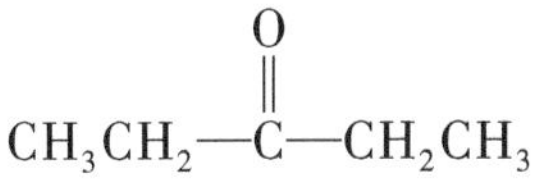 $CH_3CH_2\overset{\displaystyle O}{\overset{\|}{-C}}-CH_2CH_3$

c. $(CH_3)_3C-CHO$

16. a. $CH_3CH_2CH_2COOH$，

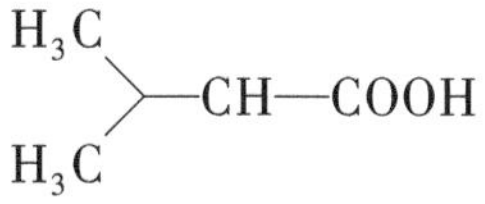

b. $HOOC-CH_2CH_2CH_2-COOH$，

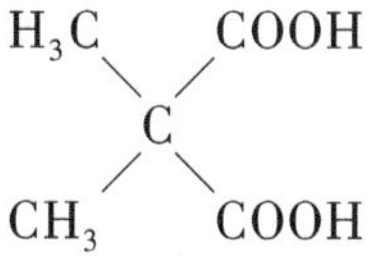

17. 乙醇形成分子间氢键，醋酸分子中—OH 与 C=O 形成分子内氢键。

18.

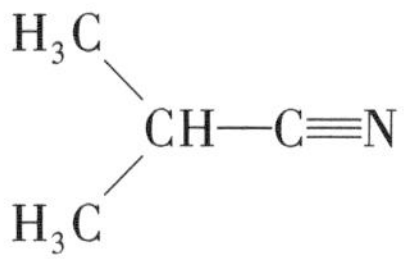

19.

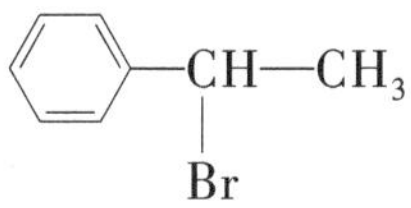

20.

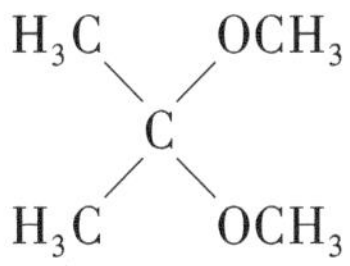

21.

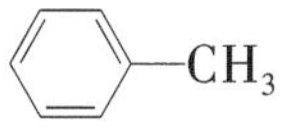

22.

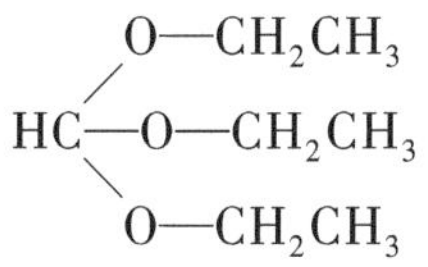

23.
$$\text{（苯环）}\text{CH}_2\text{—O—}\overset{\overset{\displaystyle O}{\|}}{C}\text{—CH}_2\text{CH}_3$$

24. $\text{H}_3\text{CO—}\text{（苯环）}\text{—}\overset{\overset{\displaystyle O}{\|}}{C}\text{—H}$

第四章　质谱法

1. CH_3I

2. （苯环）$\text{—CH}_2\text{CH}_2\text{OH}$

3. $m^* = 56.5$

4. CH_2COOH

5. $m/e\ 99 \rightarrow m/e\ 62 \rightarrow m/e\ 48$

6. $M/(M+2) \approx 3/1$（$\text{C}_2\text{H}_5\text{Cl}$）

$M/(M+2) \approx 1/1$（$\text{C}_2\text{H}_5\text{Br}$）

7. $\text{C}_8\text{H}_4\text{O}_3$

8. $\text{C}_{10}\text{H}_{12}\text{O}_2$

9. 18

10. （苯环）$\text{—O—CH}_2\text{—}$（苯环）

11. $\text{H}_3\text{CH}_2\text{CH}_2\text{C—CH}_2\text{—}\overset{+\cdot}{\text{O}}\text{H} \xrightarrow{-\text{CH}_3\text{CH}_2\text{CH}_2} \text{H}_2\text{C}=\overset{+}{\text{O}}\text{H}$
$m/e\ 31$

$$\text{H}_3\text{C}\atop\text{H}_3\text{CH}_2\text{C}}\text{CH—}\overset{+\cdot}{\text{O}}\text{H}$$

$\xrightarrow{-\text{CH}_3} \text{H}_3\text{CH}_2\text{CHC}=\overset{+}{\text{O}}\text{H}$
$m/e\ 59$

$\xrightarrow{-\text{CH}_2\text{CH}_3} \text{H}_3\text{CH}_2\text{C}=\overset{+}{\text{O}}\text{H}$
$m/e\ 59$

$$\text{H}_3\text{C}\atop\text{H}_3\text{C—}\atop\text{H}_3\text{C}}\text{C—}\overset{+\cdot}{\text{O}}\text{H} \xrightarrow{-\text{CH}_3} {\text{H}_3\text{C}\atop\text{H}_3\text{C}}\text{C}=\overset{+}{\text{O}}\text{H}$$
$m/e\ 59$

12.

$$H_3C-\!\!\!\!\bigcirc\!\!\!\!-\overset{\overset{\displaystyle O^{+}}{\|}}{C}\!-\!OH \xrightarrow{-OH} H_3C-\!\!\!\!\bigcirc\!\!\!\!-\overset{\overset{\displaystyle O^{+}}{\|\|}}{C} \xrightarrow{-CO} H_3C-\!\!\!\!\bigcirc\!\!\!\! +$$

M⁺ *m/e* 149   *m/e* 119   *m/e* 91

$$\bigcirc\!\!\!\!-\overset{+}{\underset{\underset{CH_2CH_3}{|}}{N}}\!\!-CH_2-CH_3 \xrightarrow{-CH_3} \bigcirc\!\!\!\!-\overset{CH_2}{\underset{\underset{CH_2-CH_3}{|}}{\overset{\|}{N^+}}}\!\!-H \xrightarrow{-CH_2=CH_2}$$

M⁺ *m/e* 149   *m/e* 134

13.

$$\bigcirc\!\!\!\!-\overset{\overset{\displaystyle CH_2}{\|}}{\underset{+}{NH}} \xrightarrow{-CH_2=NH_2} \bigcirc\!\!\!\!^+$$

m/e 106   *m/e* 77

14.

$$H_3CH_2C-\overset{\overset{\displaystyle O}{\|}}{C}-CH_2CH_3$$

15. A（3Cl），B（5Cl），C（4Br），D（1Cl, 1Br）

16.

$$\bigcirc\!\!\!\!-\overset{\overset{\displaystyle O}{\|}}{C}-H$$

17.

$$H_3C-\overset{\overset{\displaystyle Br}{|}}{\underset{\underset{CH_3}{|}}{C}}-\overset{\overset{\displaystyle O}{\|}}{C}-OCH_2CH_3$$ 裂解过程如下：

$$H_3C-\overset{\overset{\displaystyle Br}{|}}{\underset{\underset{CH_3}{|}}{C}}-\overset{\overset{\displaystyle O^{+}}{\|}}{C}-OCH_2CH_3 \xrightarrow{-\overset{\cdot}{O}CH_3CH_3} H_3C-\overset{\overset{\displaystyle Br}{|}}{\underset{\underset{CH_3}{|}}{C}}-\overset{\overset{\displaystyle O^{+}}{\|\|}}{C} \xrightarrow{-CO} H_3C-\overset{\overset{\displaystyle Br}{|}}{\underset{\underset{CH_3}{|}}{C}}\!\!^+$$

M⁺ *m/e* 149   *m/e* 149   *m/e* 121

↓ -Br

$$H_3C-\overset{+}{\underset{\underset{CH_3}{|}}{C}}-\overset{\overset{\displaystyle O}{\|}}{C}-OCH_2CH_3 \quad m/e\ 115$$

18.

$$\bigcirc\!\!\!\!-COCH_3$$

19. C₉H₂₀

20.

$$\bigcirc\!\!\!\!-S-\overset{\overset{\displaystyle CH_3}{|}}{\underset{\underset{CH_3}{|}}{CH}}$$

第五章　综合解析

1. $H_3C-\overset{\overset{\displaystyle Br}{|}}{\underset{\underset{\displaystyle CH_3}{|}}{C}}-\overset{\overset{\displaystyle O}{\|}}{C}-OCH_2CH_3$

从 MS 谱知含有一个溴原子，IR、NMR 谱分析为乙酯，氢总数 11。

$$H_3C-\overset{\overset{\displaystyle Br}{|}}{\underset{\underset{\displaystyle CH_3}{|}}{C}}-\overset{\overset{\displaystyle O^{\dagger}}{\|}}{C}-OCH_2CH_3 \xrightarrow{-\cdot OCH_2CH_3} H_3C-\overset{\overset{\displaystyle Br}{|}}{\underset{\underset{\displaystyle CH_3}{|}}{C}}-\overset{\overset{\displaystyle O}{\|}}{C} \xrightarrow{-CO} H_3C-\overset{\overset{\displaystyle Br}{|}}{\underset{\underset{\displaystyle CH_3}{|}}{C}}{}^{+}$$

$M^{\ddagger}$ m/e 194　　　　　　　　　　　　　　　　m/e 194　　　　　m/e 121

$\downarrow —\cdot Br$

$$H_3C-\overset{}{\underset{\underset{\displaystyle CH_3}{|}}{C}}{}^{+}-\overset{\overset{\displaystyle O}{\|}}{C}-OCH_2CH_3$$

m/e 115

2. $\text{C}_6\text{H}_5-CH_2-O-\overset{\overset{\displaystyle O}{\|}}{C}-CH_2CH_3$

M^+ 峰强，说明有芳环存在，这一判断亦被 IR（ν_{Ar-H} 3000cm^{-1} 以上，$\nu_{C\cdots C}$）和 NMR（$\delta_{7\sim8}$）所证实。由 NMR 谱可知该化合物存在四种化学环境不同的质子，另外，芳环为单取代，依据 ν_C 峰的存在和化学位移值，推测化合物的结构式为：

$$\text{C}_6\text{H}_5-CH_2-O-\overset{\overset{\displaystyle O}{\|}}{C}-CH_2CH_3$$

3. $\text{C}_6\text{H}_5-C(CH_3)_2CH_2CH_3$

UV 数据为苯环的 B 谱带的精细结构，在略大于 3000cm^{-1} 处出现的吸收带，结合 M^{+} 峰较强和 $\delta_{7.2}$ 附近出现的共振信号，说明该化合物为芳香族化合物。依据 MS 数据，查得元素组成为 $C_{11}H_{16}$，IR 中 ν_{Ar-H} 吸收峰表明芳环为单取代类型，NMR 谱中出现四个共振信号，说明有四种化学环境不同的氢核存在。由三重峰和四重峰的出现，说明分子式中存在—CH_2CH_3 结构形式，强单峰为—CH_3 信号，所以，结构式为：

$$\text{C}_6\text{H}_5-C(CH_3)_2CH_2CH_3$$

参 考 文 献

[1] 梁晓天. 核磁共振（高分辨氢谱的解析和应用）[M]. 北京：科学出版社，1976.

[2] 洪山海. 光谱解析法在有机化学中的应用 [M]. 北京：科学出版社，1981.

[3] 陈耀祖. 有机分析 [M]. 北京：高等教育出版社，1983.

[4] 沈德言. 红外光谱法在高分子研究中的应用 [M]. 北京：科学出版社，1982.

[5] 游效普. 结构分析导论 [M]. 北京：科学出版社，1982.

[6] 杨锦宗. 染料的分析与剖析 [M]. 北京：化学工业出版社，1987.

[7] 北原文雄，早野茂夫，原一郎. 表面活性剂分析和试验法 [M]. 毛培坤，译. 北京：轻工业出版社，1988.

[8] 高桥浩. 波谱有机化学 [M]. 程能林，译. 北京：化学工业出版社，1982.

[9] R. M. Silverstein, G. C. Bassler, T. C. Morrill. Spectrometric Identification of Organic Compounds [M]. 3rd Ed. . John Wiley and Sons. InC. , New York, 1974.

[10] D. A. Skoog, D. M. west. Principles of instrumental analysis [M]. Holt, Rinehart and winston, Inc. 1971.

[11] J. C. Cocuron, E. Tsogtbaatar, A. P. Alonso. High-throughput quantification of the levels and labeling abundance of free amino acids by liquid chromatography tandem mass spectrometry [J]. Journal of Chromatography A, 2017, 1490：148-155.

[12] L. Carbone, S. Munoz, M. Gobet, et al. Characteristics of glyme electrolytes for sodium battery：nuclear magnetic resonance and electrochemical study [M]. England：Electrochimica Acta, 2017, 231：223-229.

[13] S. Plattner, R. F. Pitterl, H. J. Brouwer, et al. Formation and characterization of covalent guanosine adducts with electrochemistry-liquid chromatography-mass spectrometry [J]. Journal of Chromatography B, 2012, s883-884（C）：198-204.

[14] J. C. Cocuron, E. T. sogtbaatar, A. P. Alonso. High-throughput quantification of the levels and labeling abundance of free amino acids by liquid chromatography tandem mass spectrometry [J]. Journal of Chromatography A, 2017.

[15] 宦双燕. 波谱分析 [M]. 北京：中国纺织出版社，2008.

[16] 孟令芝，龚淑玲，何永炳，等. 有机波谱分析 [M]. 4 版. 武汉：武汉大学出版社，2016.

[17] 邓芹英，刘岚，邓慧敏. 波谱分析教程 [M]. 2 版. 北京：科学出版社，2007.

[18] 陈洁，宋启泽. 有机波谱分析 [M]. 北京：北京理工大学出版社，2011.

[19] 杨定国. 波谱分析基础及应用 [M]. 北京：中国纺织出版社，1993.

[20] 常建华，董绮功. 波谱原理及解析 [M]. 3 版. 北京：科学出版社，2012.

[21] 潘铁英，张玉兰，苏克曼. 波谱解析法 [M]. 2 版. 上海：华东理工大学出版社，2009.

[22] 罗素琴. 波谱学基础 [M]. 北京：化学工业出版社，2012.

[23] 冯卫生. 波谱解析 [M]. 北京：人民卫生出版社，2012.

[24] 贾林艳. 波谱分析基础 [M]. 哈尔滨：哈尔滨地图出版社，2010.

[25] 林贤福. 现代波谱分析方法 [M]. 上海：华东理工大学出版社，2009.